"十二五"职业教育国家规划教材

高等数学

（第三版）

GAODENG SHUXUE

主　编　亢莹利　王理凡
副主编　郑红艳　李惠芬
　　　　王春勇　方晓华
　　　　王金生

U0307032

新形态
教材

中国教育出版传媒集团

高等教育出版社·北京

内容提要

本教材是"十二五"职业教育国家规划教材,是在第二版的基础上修订而成的.

本教材主要内容包括:函数、极限与连续,导数、微分及其应用,积分及其应用,微分方程,向量与空间解析几何,二元函数微积分,级数与拉普拉斯变换.

本教材是新形态一体化教材,配套同步的习题集与相关教学资源.教学资源包含PPT课件、实验录屏、教材练习和习题集参考答案等.其中部分资源以二维码形式在书中呈现,其他资源可以通过封底的联系方式获取.

本教材教学课时数为94～122,适合作为高等职业教育各专业数学课程教学用书,也可作为广大数学学习者的自学参考用书.

图书在版编目(CIP)数据

高等数学/亢莹利,王理凡主编.—3版.—北京:
高等教育出版社,2022.8
ISBN 978-7-04-058990-0

Ⅰ.①高… Ⅱ.①亢… ②王… Ⅲ.①高等数学-高
等职业教育-教材 Ⅳ.①O13

中国版本图书馆 CIP 数据核字(2022)第 126703 号

策划编辑 谢永铭 责任编辑 张尕琳 谢永铭 封面设计 张文豪 责任印制 高忠富

出版发行	高等教育出版社	网　址	http://www.hep.edu.cn
社　址	北京市西城区德外大街4号		http://www.hep.com.cn
邮政编码	100120	网上订购	http://www.hepmall.com.cn
印　刷	江苏德埔印务有限公司		http://www.hepmall.com
开　本	787mm×1092mm　1/16		http://www.hepmall.cn
印　张	17	版　次	2013年8月第1版
字　数	362千字		2022年8月第3版
购书热线	010-58581118	印　次	2022年8月第1次印刷
咨询电话	400-810-0598	定　价	38.00元

配套学习资源及教学服务指南

二维码链接资源

本书配套视频、文本、图片等学习资源，在书中以二维码链接形式呈现。手机扫描书中的二维码进行查看，随时随地获取学习内容，享受学习新体验。

打开书中附有二维码的页面　　　　扫描二维码　　　　查看相应资源

在线自测

本书提供在线交互自测，在书中以二维码链接形式呈现。手机扫描书中对应的二维码即可进行自测，根据提示选填答案，完成自测确认提交后即可获得参考答案。自测可以重复进行。

打开书中附有二维码的页面　　　　扫描二维码开始答题　　　　提交后查看自测结果

教师教学资源索取

本书配有课程相关的教学资源，例如，教学课件、习题及参考答案等。选用教材的教师，可扫描下方二维码，关注微信公众号"高职智能制造教学研究"；或联系教学服务人员（021-56961310/56718921，800078148@b.qq.com）索取相关资源。

本书二维码资源列表

章	页码	类型	说　　明	章	页码	类型	说　　明
1	2	视频	刘徽割圆术	3	76	视频	不定积分计算
	7	视频	函数图像绘制		77	动画	面积近似求法演示
	10	文本	分段函数与初等函数		80	文本	数学哲思3
	11	文本	走近刘徽		81	自测	测一测5
	14	文本	数学哲思1		83	文本	数学哲思4
	14	自测	测一测1		87	视频	定积分计算
	15	文本	问题思考		93	动画	旋转体微元演示
	17	视频	极限计算		98	视频	MATLAB软件介绍3
	17	文本	两个重要极限	4	111	文本	分离变量法拓展
	19	自测	测一测2		117	自测	测一测6
	20	文本	无穷小性质及其应用		119	视频	方程的复数解
	21	文本	间断点的分类		125	自测	测一测7
	24	视频	解高次方程		125	视频	解微分方程
	25	视频	MATLAB软件介绍1		128	视频	MATLAB软件应用1
2	35	动画	切线演示		133	文本	传染病模型
	37	文本	切线与法线方程	5	136	文本	神舟飞船与空间向量
	38	文本	左、右导数		137	动画	空间直角坐标系演示
	41	自测	测一测3		146	视频	数量积计算
	42	视频	复合函数的导数计算		148	视频	向量积计算
	43	文本	对数求导法		150	图片	例1彩图
	43	视频	隐函数的导数计算		153	视频	平面绘制
	44	文本	数学哲思2		154	图片	直线图
	45	视频	二阶导数计算		161	视频	球面绘制
	46	文本	微分的应用		163	动画	圆柱面演示
	49	图片	例4图		166	动画	旋转抛物面演示
	51	图片	例6图		167	视频	二次曲面绘制
	52	图片	例8图		169	文本	图5-39绘制
	57	视频	MATLAB软件介绍2		172	动画	例7空间图形演示
3	69	自测	测一测4		173	视频	MATLAB软件应用2

章	页码	类型	说　　明	章	页码	类型	说　　明
6	185	自测	测一测 8	7	226	动画	函数及其展开级数的图形对照
	185	视频	二元函数图像绘制		227	动画	图形对照
	186	图片	图 6-6 彩图		228	视频	傅里叶级数介绍
	198	动画	曲顶柱体演示		230	图片	例 2 的和函数图形
	208	视频	MATLAB 软件应用 3		231	图片	例 3 的和函数图形
7	221	自测	测一测 9		247	视频	MATLAB 软件应用 4
	222	视频	级数审敛				

前　言

本教材自 2013 年首次出版以来,在全国各地高等职业院校得到了广泛使用,受到广大教师和学生的普遍欢迎.鉴于职业教育的快速发展,结合职业院校的发展需求,为了落实教育部《高等学校课程思政建设指导纲要》(教高〔2020〕3 号)文件精神,将课程思政元素融入教材,进而带入课堂,形成"三全育人"的教学格局,编者在深入调研教学改革新需求和广泛收集使用反馈意见的基础上,集中研讨修订方案后,完成了本教材的修订.

本次修订在保留上一版的主体内容和编写风格的基础上,对内容进行了适当调整、更新和完善.主要变动如下:

1. 调整、修改、补充了教材的部分习题,丰富例题和练习题的层次性和知识点覆盖面,以满足不同专业的学习需求及部分学生学历提升的需求.

2. 适应教学信息化需求,增加了"测一测""数学哲思"二维码链接资源,辅助师生及时检测学习效果,巩固知识,同时,将思政教育有机地融入课堂.

3. 基于 MATLAB 软件具有强大的数值计算和绘图功能,在电子、机械、计算机等专业中应用广泛,是数学建模的重要工具之一,本次修订将第 1 章高级计算器(Microsoft Mathematics 4.0)的相关内容,更新为以 MATLAB 软件(适用于 7.1 及以上版本)作为支撑课程学习的基本软件,同时更新了全书的"软件链接"模块内容.

4. 对本教材配套的同步练习习题集作了部分内容的增加.

本教材由亢莹利、王理凡担任主编,由郑红艳、李惠芬、王春勇、方晓华、王金生担任副主编,参与本教材修订工作的还有潘天娟、徐展峰、张向平、李雅馨、陈晓月、姚远.全书由亢莹利负责统稿.

感谢金华职业技术学院和广西制造工程职业技术学院对本次修订工作的大力支持.感谢全国使用本教材的教师和学生.由于编者水平有限,加之时间仓促,书中难免有错误和疏漏之处,敬请各位专家和广大读者批评指正,欢迎提出意见和建议,以便再版时能够得到改进和完善.

编　者

2022 年 6 月

目　录

1

第 1 章
函数、极限与连续

我国魏晋时期数学家刘徽提出了"割圆术",将圆内接(或外切)正多边形的边数成倍增长,采用逐渐逼近的思想来求圆的面积和圆的周长,提出"割之弥细,所失弥少,割之又割,以至于不可割,则与圆周合体而无所失矣".

如图 1-1 所示,在圆内接正六边形把圆周等分为六条弧的基础上,继续等分,把每段弧再分割为两段,做出一个圆内接正十二边形,这个正十二边形的周长就要比正六边形的周长更接近圆的周长.如果把圆周再继续分割,做成一个圆内接正二十四边形,那么这个正二十四边形的周长必然又比正十二边形的周长更接近圆的周长.可以看到,圆周分割得越细,其内接正多边形的周长就越接近圆的周长.如此不断地分割下去,一直到圆周无法再分割为止,也就是到了圆内接正多边形的边数无限多的时候,它的周长就与圆周"合体"而完全一致了.

视频:刘徽割圆术

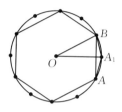

图 1-1

刘徽利用这种思想,根据关系式:圆周率＝圆的周长÷圆的直径,科学地求出了圆周率的近似值 $\frac{157}{50}$ 的结果,居于世界领先地位.

本章将深入研究刘徽提出的数学思想.在高中阶段数学知识的基础上,对函数的概念及性质继续进行研究.学习初等函数的概念与性质,认识函数的极限,研究函数的连续性.同时学习应用数学软件来解决绘制函数图像、计算函数的极限、计算方程的近似解等问题.这些内容都是学习高等数学课程的重要基础,同时也是学习高职各专业课程的重要基础.所涉及的思想方法对极限概念具有重要的启迪和导引作用.

1.1 函数

1.1.1 反函数

知识回顾

我们曾经学习过函数的概念.大家知道,在某个变化过程中,有两个变量 x 和 y,设 D 是实数集的某个子集,如果对于任意的 $x \in D$,按照某种确定的法则 f,存在唯一的 y 与之对应,则称 f 是定义在数集 D 上的一个**函数**,记作 $y = f(x)$.其中,x 叫作**自变量**,y 叫作**因变量**,实数集 D 叫作这个函数的**定义域**.

自变量 x 取定义域 D 中的数值 x_0 时,对应的数值 y_0 叫作函数 $y = f(x)$ 在 x_0 点处的**函数值**,记作 $f(x_0)$ 或 $y|_{x=x_0}$.当 x 遍取 D 内的所有数值时,对应函数值所组成的集合叫作函数的**值域**.

定义域和对应法则是函数的两个要素.

在定义域的不同子集内,对应法则由不同的解析式所确定的函数称为**分段函数**.例如,

$$f(x) = \begin{cases} x, & x < 0, \\ x+1, & 0 \leqslant x \leqslant 1, \\ x^2, & x > 1. \end{cases}$$

其中,$x = 0$, $x = 1$ 称为分段函数 $f(x)$ 的**分段点**.

高中阶段重点研究了幂函数、指数函数、对数函数及三角函数.它们的定义域、图像及主要性质见表 1-1.

表 1-1

函　　数	定义域	图　　像	主要性质
幂函数	$y = x$　　　**R**		奇函数 单调增加函数

函　数	定义域	图　像	主要性质
幂函数　$y = x^2$	$\mathbf{R}$		偶函数 $(-\infty, 0)$内单调减少函数 $(0, +\infty)$内单调增加函数
$y = x^3$	$\mathbf{R}$		奇函数 单调增加函数
$y = x^{-1}$	$(-\infty, 0) \bigcup (0, +\infty)$		奇函数 $(-\infty, 0)$内单调减少函数 $(0, +\infty)$内单调减少函数
$y = \sqrt{x}$	$[0, +\infty)$		单调增加函数
指数函数　$y = a^x$ $(a > 1)$	$\mathbf{R}$		单调增加函数
$y = a^x$ $(0 < a < 1)$	$\mathbf{R}$		单调减少函数
对数函数　$y = \log_a x$ $(a > 1)$	$(0, +\infty)$		单调增加函数

续　表

函　　数		定义域	图　　像	主要性质
对数函数	$y = \log_a x$ $(0 < a < 1)$	$(0, +\infty)$		单调减少函数
三角函数	$y = \sin x$	$\mathbf{R}$		奇函数 周期函数 周期为 2π
	$y = \cos x$	$\mathbf{R}$		偶函数 周期函数 周期为 2π
	$y = \tan x$	$\left\{ x \,\middle|\, x \neq k\pi + \dfrac{\pi}{2}, \right.$ $\left. k \in \mathbf{Z} \right\}$		奇函数 周期函数 周期为 π

问题

一个装有液体的圆柱形容器,其底面直径为 d,高为 h,则容器内液体体积 y 与液面高度 x 的函数关系为

$$y = \frac{1}{4}\pi d^2 x, \ 0 \leqslant x \leqslant h.$$

知道液面高度 x,就可以知道容器内液体体积 y.反过来,知道了容器内液体体积 y,如何求得液面高度 x 呢?

新知识

解决提出的问题之前,先来研究函数图像的一个特征.

作出函数 $y = 2x + 1$ 与函数 $y = x^2$ 的图像(图1-2).观察图像发现,函数 $y = 2x + 1$ 的图像[图1-2(1)]与任何水平直线相交的交点最多有一个,具有这种特征的函数称为**一对一函数**;而函数 $y = x^2$ 的图像[图1-2(2)]与水平直线相交的交点会多于1个,具有这种特

征的函数称为非一对一函数.

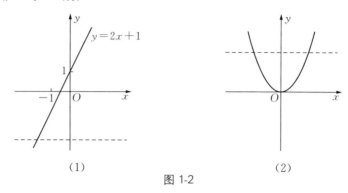

图 1-2

对于一对一函数,值域中的每个函数值只有唯一的一个自变量值与之对应,因此可以用函数 y 来表示自变量 x.例如,$y=2x+1$ 可以写成 $x=\dfrac{y-1}{2}$,这样就构成一个以函数值 y 为自变量的新函数,叫作原来函数的**反函数**.按照数学习惯,仍然用字母 x 表示自变量,用字母 y 表示函数.这样,函数 $y=2x+1$ 的反函数就是 $y=\dfrac{x-1}{2}$.

函数 $f(x)$ 的反函数一般记作 $f^{-1}(x)$,如 $f(x)=2x+1$ 的反函数为 $f^{-1}(x)=\dfrac{x-1}{2}$.

显然,函数 $f(x)$ 的定义域是反函数 $f^{-1}(x)$ 的值域,函数 $f(x)$ 的值域是反函数 $f^{-1}(x)$ 的定义域.

求一对一函数的反函数的基本步骤是:

(1) 用函数 y 来表示自变量 x;

(2) 自变量和函数互换字母.

知识巩固

例 1 求函数 $y=\sqrt{x}$ 的反函数,并在同一个平面直角坐标系内作出它们的图像.

解 函数 $y=\sqrt{x}$ 的定义域为 $[0,+\infty)$,值域为 $[0,+\infty)$.

将 $y=\sqrt{x}$ 两边平方,整理,得

$$x=y^2.$$

互换字母,得

$$y=x^2.$$

由于函数 $y=\sqrt{x}$ 的值域为 $[0,+\infty)$,故函数 $y=\sqrt{x}$ 的反函数的定义域为 $[0,+\infty)$.因此所求反函数为

$$y=x^2, \quad x\in[0,+\infty).$$

作出函数的图像,如图 1-3 所示.

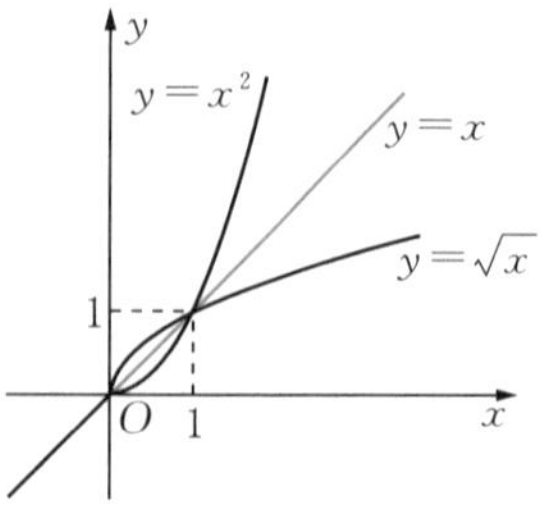

图 1-3

可以看到,这两个函数的图像关于直线 $y=x$ 对称.这个特征可以推广.

一般地,函数 $f(x)$ 的图像与其反函数 $f^{-1}(x)$ 的图像关于直线 $y=x$ 对称.

软件链接

利用 MATLAB 可以方便地作出函数的图像,详见数学实验 1.

例如,作函数 $y=\sqrt{x}$, $y=x$, $y=x^2$ 图像的操作如下:

在命令窗口输入:

```
>>x = 0:0.0001:2;
>>y1 = x.^(1/2);
>>plot(x,y1,'r');
>>hold on
>>y2 = x;
>>plot(x,y2,'k');
>>hold on
>>y3 = x.^2;
>>plot(x,y3)
>>xlabel('x');
>>ylabel('y');
>>legend('y1 = x^1/2','y2 = x','y3 = x^2')
```

按 Enter 键,显示(图 1-4):

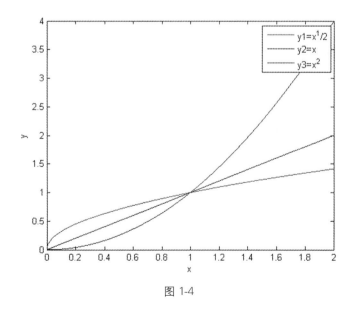

图 1-4

视频:函数图像绘制

想一想

指数函数与对数函数是否互为反函数？你是如何判断的？

新知识

显然，不同角的同名三角函数值有可能相等，例如，$\sin\dfrac{\pi}{6}=\sin\dfrac{13\pi}{6}=\dfrac{1}{2}$. 也就是说，正弦函数图像与平行于 x 轴的直线 $y=\dfrac{1}{2}$ 的交点会多于一个（图 1-5），所以三角函数不是一对一的函数.

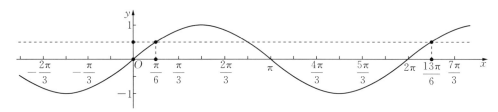

图 1-5

为保证三角函数存在反函数，需要改变三角函数的定义域，使之在所定义的区间上为一对一函数.因此将反三角函数定义如下：

正弦函数 $y=\sin x$ 在 $\left[-\dfrac{\pi}{2},\dfrac{\pi}{2}\right]$ 上的反函数叫作**反正弦函数**，记作 $y=\arcsin x$，其定义域为 $[-1,1]$，值域为 $\left[-\dfrac{\pi}{2},\dfrac{\pi}{2}\right]$，函数图像如图 1-6(1) 所示.

常用的反正弦函数值有

$$\arcsin 0=0,\ \arcsin\left(\pm\dfrac{1}{2}\right)=\pm\dfrac{\pi}{6},$$

$$\arcsin\left(\pm\dfrac{\sqrt{3}}{2}\right)=\pm\dfrac{\pi}{3},\ \arcsin(\pm 1)=\pm\dfrac{\pi}{2}.$$

余弦函数 $y=\cos x$ 在 $[0,\pi]$ 上的反函数叫作**反余弦函数**，记作 $y=\arccos x$，其定义域为 $[-1,1]$，值域为 $[0,\pi]$，函数图像如图 1-6(2) 所示.

常用的反余弦函数值有

$$\arccos(-1)=\pi,\ \arccos\left(-\dfrac{1}{2}\right)=\dfrac{2\pi}{3},\ \arccos 0=\dfrac{\pi}{2},$$

$$\arccos\dfrac{1}{2}=\dfrac{\pi}{3},\ \arccos\dfrac{\sqrt{3}}{2}=\dfrac{\pi}{6},\ \arccos 1=0.$$

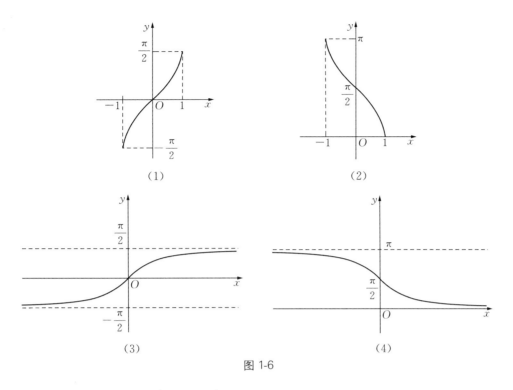

图 1-6

正切函数 $y = \tan x$ 在 $\left(-\dfrac{\pi}{2}, \dfrac{\pi}{2}\right)$ 上的反函数叫作 **反正切函数**，记作 $y = \arctan x$，其定义域为 $(-\infty, +\infty)$，值域为 $\left(-\dfrac{\pi}{2}, \dfrac{\pi}{2}\right)$，函数图像如图 1-6(3) 所示.

常用的反正切函数值有

$$\arctan 0 = 0, \ \arctan(\pm 1) = \pm \frac{\pi}{4},$$

$$\arctan(\pm\sqrt{3}) = \pm \frac{\pi}{3}, \ \arctan\left(\pm\frac{\sqrt{3}}{3}\right) = \pm \frac{\pi}{6}.$$

余切函数 $y = \cot x$ 在 $(0, \pi)$ 上的反函数叫作反余切函数，记作 $y = \operatorname{arccot} x$，其定义域为 $(-\infty, +\infty)$，值域为 $(0, \pi)$，函数图像如图 1-6(4) 所示.

常用的反余切函数值有

$$\operatorname{arccot} 0 = \frac{\pi}{2}, \ \operatorname{arccot} 1 = \frac{\pi}{4}, \ \operatorname{arccot}\sqrt{3} = \frac{\pi}{6},$$

$$\operatorname{arccot}(-1) = \frac{3\pi}{4}, \ \operatorname{arccot}\left(-\frac{\sqrt{3}}{3}\right) = \frac{2\pi}{3}.$$

做一做

利用 MATLAB 依次作出反正弦函数、反余弦函数、反正切函数、反余切函数的图像，并分析函数的性质.

求出下列函数的反函数,并在同一个平面直角坐标系内作出它们的图像.

(1) $y = \dfrac{3}{2}x + 6$;

(2) $y = x^{\frac{3}{2}}$.

1.1.2 初等函数

问题

正弦函数 $y = \sin x$ 与正弦型函数 $y = \sin(\omega x + \varphi)$ 是同一个函数吗?

新知识

根据函数的定义,这两个函数不是同一个函数.正弦型函数 $y = \sin(\omega x + \varphi)$ 是由正弦函数 $y = \sin u$ 和一次函数 $u = \omega x + \varphi$ 复合而成的.

一般地,设函数 $y = f(u)$ 是 u 的函数, $u = g(x)$ 是 x 的函数,如果由 x 通过 g 所确定的 u 使得 y 有意义,则把 y 叫作由函数 $y = f(u)$ 和 $u = g(x)$ 复合而成的**复合函数**,记作

$$y = f[g(x)],$$

其中, x 叫作自变量, u 叫作中间变量.

注意

(1) 不是任何两个函数都可以复合而成复合函数的.例如, $y = \sqrt{u}$ 和 $u = -3 - x^2$ 就不能复合而成复合函数,因为对于函数 $u = -3 - x^2$ 的定义域 **R** 中的任何 x 值,对应的 u 值都是负数,从而使得函数 $y = \sqrt{u}$ 无意义.

(2) 复合函数的中间变量可以不止一个.例如, $y = \mathrm{e}^{\sin 3x}$ 由 $y = \mathrm{e}^u$, $u = \sin t$, $t = 3x$ 复合而成,其中, u 和 t 都是中间变量.

常数函数、幂函数、指数函数、对数函数、三角函数、反三角函数通称为**基本初等函数**.

由基本初等函数经过有限次的四则运算和有限次的复合所构成,并且能用一个式子表示的函数叫作**初等函数**.

在研究问题的时候,通常将比较复杂的函数看作是由几个简单函数复合而成的,从而使问题变得简单一些.这里所说的简单函数一般指由基本初等函数经过有限次的四则运算所构成的函数.

知识巩固

例 2 设函数 $y = u^2$, $u = \cos v$, $v = 2x$,试将 y 写成 x 的函数.

解 $y = (\cos v)^2 = \cos^2 2x$.

文本:分段
与初等函数

说明 这个函数由三个函数复合而成:幂函数 $y=u^2$,三角函数 $u=\cos v$,幂函数与常数的四则运算所构成的函数 $v=2x$.

例 3 指出下列函数的复合过程.

(1) $y=\sqrt{5+2x}$;   (2) $y=\mathrm{e}^{-x^2-1}$;   (3) $y=\lg\sin^2 x$.

解 (1) 函数 $y=\sqrt{5+2x}$ 是由 $y=\sqrt{u}$,$u=5+2x$ 复合而成的;

(2) 函数 $y=\mathrm{e}^{-x^2-1}$ 是由 $y=\mathrm{e}^u$,$u=-x^2-1$ 复合而成的;

(3) 函数 $y=\lg\sin^2 x$ 是由 $y=\lg u$,$u=v^2$,$v=\sin x$ 复合而成的.

说明 分析复合函数的复合过程是非常重要的.设复合函数 $y=f\{\varphi[g(x)]\}$,对于给定的 x 值,计算函数值的顺序是先计算函数值 $g(x)=v$,再计算函数值 $\varphi(v)=u$,最后计算函数值 $f(u)=y$,即"由内向外"逐层计算,并且每一层都是计算一个简单函数的值. 分析函数的复合顺序的过程恰好与计算函数值的顺序相反,是"由外向内"逐层复合.

练习 1.1.2

1. 指出下列函数的复合过程.

(1) $y=\sin^3(8x+5)$;   (2) $y=5(x+2)^2$.

2. 写出由以下各函数复合而成的函数并求其定义域.

(1) $y=\ln u$,$u=4-v^2$,$v=\cos x$;   (2) $y=\sqrt{u}$,$u=x^3+8$.

1.2 极限

1.2.1 极限的定义

刘徽在"割圆术"中提到,如果不断地分割下去,直到圆周无法再分割为止,即圆内接正多边形的边数无限多的时候,正多边形的周长就与圆的周长"合体"而完全一致了.下面对这种数学思想做进一步研究,主要研究在自变量 x 的某种变化趋势下,函数 $y=f(x)$ 的变化趋势.

文本:走近刘徽

自变量的变化趋势分为两大类:

第一类是自变量 x 的绝对值无限增大,记作 $x\to\infty$.当 x 只取正数而无限增大时,记作 $x\to+\infty$;当 x 只取负数而绝对值无限增大时,记作 $x\to-\infty$.

第二类是自变量 x 无限趋近于某定值 x_0,记作 $x\to x_0$.当 x 从左侧无限趋近于 x_0(即

只取小于 x_0 的值)时,记作 $x \to x_0^-$;当 x 从右侧无限趋近于 x_0(即只取大于 x_0 的值)时,记作 $x \to x_0^+$①.

1. $x \to \infty$ 时,函数 $y = f(x)$ 的极限

探究

利用 MATLAB 作出函数 $y = \dfrac{1}{x}$ 的图像(图 1-7),观察图像,研究当 x 的绝对值无限增大时,函数值 y 的变化情况.

新知识

观察图 1-7 发现,随着自变量 x 绝对值的增大,图像越来越接近 x 轴,说明函数 $y = \dfrac{1}{x}$ 的绝对值越来越小,并且无限趋近于 0.

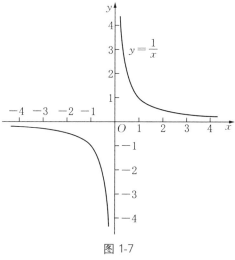

图 1-7

一般地,设 $f(x)$ 对任意大的 $|x|$ 有意义,如果当 $x \to \infty$(或 $x \to -\infty$,$x \to +\infty$)时,$f(x)$ 的值无限趋近于确定的常数 A,则把常数 A 叫作函数 $f(x)$ 当 $x \to \infty$(或 $x \to -\infty$,$x \to +\infty$)时的**极限**,记作 $\lim\limits_{x \to \infty} f(x) = A$(或 $\lim\limits_{x \to -\infty} f(x) = A$,$\lim\limits_{x \to +\infty} f(x) = A$).还可以记作 $f(x) \to A$($x \to \infty$,或 $x \to -\infty$,$x \to +\infty$).

符号 $x \to \infty$ 包括 $x \to -\infty$ 与 $x \to +\infty$,因此

$$\lim\limits_{x \to -\infty} f(x) = \lim\limits_{x \to +\infty} f(x) = A \Leftrightarrow \lim\limits_{x \to \infty} f(x) = A.$$

知识巩固

例 1 作出下列函数的图像,写出 $x \to \infty$ 时的极限.

(1) $y = \dfrac{1}{|x|}$;   (2) $y = \arctan x$.

解 (1)利用 MATLAB 作出函数 $y = \dfrac{1}{|x|}$ 图像(图 1-8),观察图像知,$\lim\limits_{x \to \infty} \dfrac{1}{|x|} = 0.$

---

① 有些教材将 $x \to x_0^-$ 记作 $x \to x_0 - 0$,将 $x \to x_0^+$ 记作 $x \to x_0 + 0$.

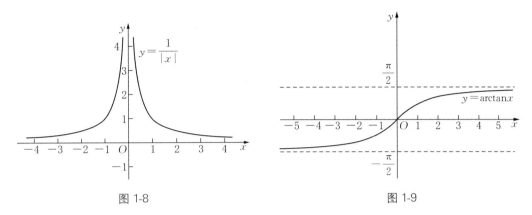

图 1-8 图 1-9

（2）利用 MATLAB 作出函数 $y = \arctan x$ 图像（图 1-9），观察图像知，$\lim\limits_{x \to -\infty} \arctan x = -\dfrac{\pi}{2}$，$\lim\limits_{x \to +\infty} \arctan x = \dfrac{\pi}{2}$. 因为

$$\lim_{x \to -\infty} \arctan x \neq \lim_{x \to +\infty} \arctan x,$$

所以 $\lim\limits_{x \to \infty} \arctan x$ 不存在.

2. $x \to x_0$ 时，函数 $y = f(x)$ 的极限

探究

观察函数 $y = x + 1$（图 1-10）与 $y = \dfrac{x^2 - 1}{x - 1}$ 的图像（图 1-11），研究当 x 无限趋近于 1 时，函数值 y 的变化情况.

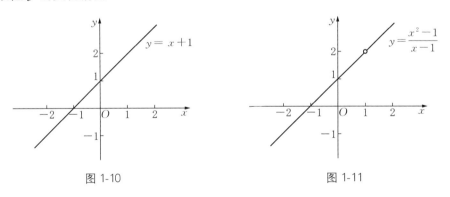

图 1-10 图 1-11

新知识

当 $x \neq 1$ 时，

$$y = \frac{x^2 - 1}{x - 1} = \frac{(x + 1)(x - 1)}{x - 1} = x + 1.$$

函数 $y = \dfrac{x^2 - 1}{x - 1}$ 的图像就是在函数 $y = x + 1$ 的图像中挖去点 $(1，2)$. 当自变量 x 从 1

的左侧无限趋近于 1 时,函数值无限趋近于 2;当自变量 x 从 1 的右侧无限趋近于 1 时,函数值无限趋近于 2;当自变量从 1 的两侧无限趋近于 1 时,函数值都无限趋近于 2.

一般地,设 $f(x)$ 在点 x_0 的邻域①有定义(在点 x_0 处可以没有定义),如果当 $x \to x_0$ 时,$f(x)$ 的值无限趋近于确定的常数 A,则把常数 A 叫作函数 $f(x)$ 当 $x \to x_0$ 时的**极限**,记作 $\lim\limits_{x \to x_0} f(x) = A$,还可以记作 $f(x) \to A (x \to x_0)$.x 从左侧趋近点 x_0 时的极限叫作**左极限**,记作 $\lim\limits_{x \to x_0^-} f(x) = A$;$x$ 从右侧趋近点 x_0 时的极限叫作**右极限**,记作 $\lim\limits_{x \to x_0^+} f(x) = A$.

文本:数学哲思 1

符号 $x \to x_0$ 包括 $x \to x_0^-$ 与 $x \to x_0^+$,故

$$\lim_{x \to x_0^-} f(x) = \lim_{x \to x_0^+} f(x) = A \Leftrightarrow \lim_{x \to x_0} f(x) = A.$$

知识巩固

例 2 已知函数 $f(x) = \begin{cases} x+1, & x < 0, \\ 0, & x = 0, \\ x-1, & x > 0. \end{cases}$

(1) 求当 $x \to 1$ 时,函数 $f(x)$ 的极限;

(2) 求当 $x \to 0$ 时,函数 $f(x)$ 的极限.

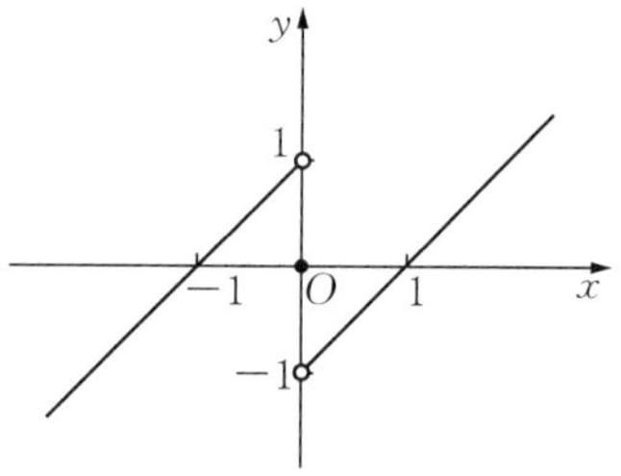

解 作出函数图像(图 1-12),观察图像知:

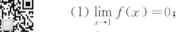

图 1-12

(1) $\lim\limits_{x \to 1} f(x) = 0$;

(2) $\lim\limits_{x \to 0^-} f(x) = 1$,$\lim\limits_{x \to 0^+} f(x) = -1$.因为 $\lim\limits_{x \to 0^-} f(x) \neq \lim\limits_{x \to 0^+} f(x)$,所以当 $x \to 0$ 时,$f(x)$ 的极限不存在.

自测:测一测 1

练习 1.2.1

1. 利用函数图像求下列极限.

(1) $\lim\limits_{x \to x_0} C$($C$ 为常数);

(2) $\lim\limits_{x \to -\infty} 2^x$;

(3) $\lim\limits_{x \to +\infty} \left(\dfrac{1}{2}\right)^x$;

(4) $\lim\limits_{x \to 0} \sin x$.

2. 作出函数 $f(x) = \begin{cases} 2x, & 0 \leqslant x \leqslant 1, \\ 3-x, & 1 < x \leqslant 2 \end{cases}$ 的图像,并求 $\lim\limits_{x \to 1} f(x)$.

---

① 设 δ 为任一正数,开区间 $(x_0 - \delta, x_0 + \delta)$ 称为点 x_0 的邻域.$0 < |x - x_0|$ 表示 $x \neq x_0$,$0 < |x - x_0| < \delta$ 表示去心的 δ 邻域.

1.2.2 极限的运算

做一做

利用 MALAB 作出并观察函数图像,可以得到下列几个常用极限:

(1) $\lim\limits_{x \to \infty} \dfrac{1}{x^{\alpha}} = 0(\alpha$ 为正实数);

(2) $\lim\limits_{x \to \infty} C = C(C$ 为常数);

(3) $\lim\limits_{x \to x_0} C = C(C$ 为常数);

(4) $\lim\limits_{x \to x_0} x = x_0$;

(5) $\lim\limits_{x \to x_0} x^{\alpha} = x_0^{\alpha}$(当 $\alpha < 0$ 时,$x_0 \neq 0$).

新知识

计算函数的极限时,经常要用到极限的下列运算法则(证明略):

设 $\lim\limits_{x \to x_0} f(x) = A$,$\lim\limits_{x \to x_0} g(x) = B$,则

(1) $\lim\limits_{x \to x_0} [f(x) \pm g(x)] = \lim\limits_{x \to x_0} f(x) \pm \lim\limits_{x \to x_0} g(x) = A \pm B$;

(2) $\lim\limits_{x \to x_0} [f(x) \cdot g(x)] = \lim\limits_{x \to x_0} f(x) \cdot \lim\limits_{x \to x_0} g(x) = A \cdot B$,特别地,当 $g(x) = C(C$ 为常数) 时,有 $\lim\limits_{x \to x_0} Cf(x) = C \lim\limits_{x \to x_0} f(x) = CA$;

(3) $\lim\limits_{x \to x_0} \dfrac{f(x)}{g(x)} = \dfrac{\lim\limits_{x \to x_0} f(x)}{\lim\limits_{x \to x_0} g(x)} = \dfrac{A}{B}(B \neq 0)$.

以上极限的运算法则对于 $x \to \infty$ 的情况也成立,并且法则(1)与法则(2)还可推广到存在极限的有限个函数的情形.

利用极限的运算法则和上述几个常用极限,可以计算函数的极限.

文本:问题思考

知识巩固

例 3 求 $\lim\limits_{x \to 2}(2x^3 + 2)$.

解 因为 $\lim\limits_{x \to 2} x^3 = 2^3 = 8$,所以

$$\lim\limits_{x \to 2}(2x^3 + 2) = \lim\limits_{x \to 2} 2x^3 + \lim\limits_{x \to 2} 2$$
$$= 2\lim\limits_{x \to 2} x^3 + 2$$
$$= 2 \times 8 + 2 = 18.$$

例 4 求 $\lim\limits_{x \to 1} \dfrac{2x^2 + 1}{x - 3}$.

解 因为 $\lim\limits_{x \to 1}(x - 3) = -2 \neq 0$ 且 $\lim\limits_{x \to 1}(2x^2 + 1) = 3$,所以

$$\lim\limits_{x \to 1} \dfrac{2x^2 + 1}{x - 3} = \dfrac{\lim\limits_{x \to 1}(2x^2 + 1)}{\lim\limits_{x \to 1}(x - 3)} = -\dfrac{3}{2}.$$

例 5 求 $\lim\limits_{x \to -3} \dfrac{x^2 - 9}{x + 3}$.

解 因为 $\lim\limits_{x \to -3}(x + 3) = 0$，所以不能直接应用极限的运算法则来计算.考虑到函数的分子和分母存在公因式 $(x + 3)$，于是，可以先约去公因式，再求极限，即

$$\lim_{x \to -3} \frac{x^2 - 9}{x + 3} = \lim_{x \to -3} \frac{(x + 3)(x - 3)}{x + 3} = \lim_{x \to -3}(x - 3) = -6.$$

例 6 求 $\lim\limits_{x \to 0} \dfrac{\sqrt{1 + 2x} - 1}{x}$.

解 当 $x \to 0$ 时，虽然分子和分母的极限都存在，但是因为分子和分母的极限都为零，所以不能直接应用极限的运算法则来计算.考虑到分子为无理式，可先对分子进行有理化，约去零公因式后再求极限，即

$$\lim_{x \to 0} \frac{\sqrt{1 + 2x} - 1}{x} = \lim_{x \to 0} \frac{(\sqrt{1 + 2x} - 1)(\sqrt{1 + 2x} + 1)}{x(\sqrt{1 + 2x} + 1)} = \lim_{x \to 0} \frac{2}{\sqrt{1 + 2x} + 1} = 1.$$

例 7 求 $\lim\limits_{x \to 1}\left(\dfrac{1}{x - 1} - \dfrac{3}{x^3 - 1}\right)$.

解 当 $x \to 1$ 时，两分式分母的极限都为零，可先通分，约去零公因式后再求极限，即

$$\frac{1}{x - 1} - \frac{3}{x^3 - 1} = \frac{(x - 1)(x + 2)}{x^3 - 1} = \frac{x + 2}{x^2 + x + 1}.$$

于是

$$\lim_{x \to 1}\left(\frac{1}{x - 1} - \frac{3}{x^3 - 1}\right) = \lim_{x \to 1} \frac{x + 2}{x^2 + x + 1} = 1.$$

例 8 求 $\lim\limits_{x \to \infty} \dfrac{x^2 + x}{2x^2 + x - 1}$.

解 当 $x \to \infty$ 时，$(x^2 + x) \to \infty$，$(2x^2 + x - 1) \to \infty$，即分子和分母的极限都不存在，故不能直接应用极限的运算法则来计算.考虑到分子和分母都是多项式，可以先将分子、分母同时除以分母中自变量的最高次幂，然后再求极限，即

$$\lim_{x \to \infty} \frac{x^2 + x}{2x^2 + x - 1} = \lim_{x \to \infty} \frac{1 + \dfrac{1}{x}}{2 + \dfrac{1}{x} - \dfrac{1}{x^2}}$$

$$= \frac{\lim\limits_{x \to \infty} 1 + \lim\limits_{x \to \infty} \dfrac{1}{x}}{\lim\limits_{x \to \infty} 2 + \lim\limits_{x \to \infty} \dfrac{1}{x} - \lim\limits_{x \to \infty} \dfrac{1}{x^2}}$$

$$= \frac{1 + 0}{2 + 0 - 0} = \frac{1}{2}.$$

软件链接

利用 MATLAB 可以方便地计算函数的极限,详见数学实验 1.

例如,计算例 8 的操作如下:

在命令窗口中输入:

$>>$syms x;

$>>$f = (x^2 + x)/(2 * x^2 + x - 1);

$>>$z = limit(f,x,inf)

按 Enter 键,显示:

z = 1/2

即

$$\lim_{x\to\infty}\frac{x^2+x}{2x^2+x-1}=\frac{1}{2}.$$

视频:极限计算

请读者自己操作一下,利用 MATLAB 验证下列两个重要极限:

(1) $\lim\limits_{x\to 0}\dfrac{\sin x}{x}=1$;　　　　　　(2) $\lim\limits_{x\to\infty}\left(1+\dfrac{1}{x}\right)^x=\mathrm{e}.$

新知识

极限 $\lim\limits_{x\to 0}\dfrac{\sin x}{x}=1$ 和 $\lim\limits_{x\to\infty}\left(1+\dfrac{1}{x}\right)^x=\mathrm{e}(\mathrm{e}=2.718\,28\cdots$ 为无理数$)$ 称为**两个重要极限**.将它们作为公式,通过换元的手段,可以计算一些比较复杂的极限.

文本:两个重要极限

知识巩固

例 9 求 $\lim\limits_{x\to 0}\dfrac{\sin mx}{\sin nx}$.

解 当 $x\to 0$ 时,$mx\to 0$,$nx\to 0$,$\lim\limits_{mx\to 0}\sin mx=0$,$\lim\limits_{nx\to 0}\sin nx=0$.

设 $t_1=mx$,$t_2=nx$,原式可以写作

$$\lim_{x\to 0}\left(\frac{\sin mx}{mx}\cdot\frac{nx}{\sin nx}\cdot\frac{m}{n}\right)=\lim_{t_1\to 0}\frac{\sin t_1}{t_1}\cdot\lim_{t_2\to 0}\frac{\sin t_2}{t_2}\cdot\frac{m}{n}.$$

从而利用重要极限的结果进行计算.通常省略换元的过程,将其表述为

$$\lim_{x\to 0}\frac{\sin mx}{\sin nx}=\lim_{mx\to 0}\frac{\sin mx}{mx}\cdot\lim_{nx\to 0}\frac{nx}{\sin nx}\cdot\frac{m}{n}=\frac{m}{n}.$$

例 10 求 $\lim\limits_{x\to\infty}\left(1+\dfrac{2}{x}\right)^x$.

解　当 $x \to \infty$ 时, $\dfrac{x}{2} \to \infty$, 设 $t = \dfrac{x}{2}$, 原式可以写作

$$\lim_{x \to \infty}\left(1 + \frac{2}{x}\right)^{x} = \lim_{x \to \infty}\left(1 + \frac{2}{x}\right)^{\frac{x}{2} \cdot 2} = \lim_{t \to \infty}\left[\left(1 + \frac{1}{t}\right)^{t}\right]^{2}.$$

从而利用重要极限的结果进行计算.通常省略换元的过程,将其表述为

$$\lim_{x \to \infty}\left(1 + \frac{2}{x}\right)^{x} = \lim_{x \to \infty}\left[\left(1 + \frac{2}{x}\right)^{\frac{x}{2}}\right]^{2} = \mathrm{e}^{2}.$$

*例 11　求 $\displaystyle\lim_{x \to \infty}\left(1 - \frac{4}{x}\right)^{x+5}$.

解　$\displaystyle\lim_{x \to \infty}\left(1 - \frac{4}{x}\right)^{x+5} = \lim_{x \to \infty}\left[\left(1 + \frac{4}{-x}\right)^{\frac{-x}{4} \cdot (-4)}\left(1 - \frac{4}{x}\right)^{5}\right]$

$$= \lim_{x \to \infty}\left[\left(1 + \frac{4}{-x}\right)^{\frac{-x}{4}}\right]^{-4} \cdot \lim_{x \to \infty}\left(1 - \frac{4}{x}\right)^{5} = \mathrm{e}^{-4}.$$

练习 1.2.2

计算下列极限.

(1) $\displaystyle\lim_{x \to 2}(3x^2 - 5x + 2)$;

(2) $\displaystyle\lim_{x \to \infty}\frac{x^3 + x}{x^4 - 3x^2 + 1}$;

(3) $\displaystyle\lim_{x \to 3}\frac{x - 3}{x^2 + 1}$;

(4) $\displaystyle\lim_{x \to 3}\frac{x^2 - 9}{x - 3}$;

(5) $\displaystyle\lim_{x \to 1}\frac{\sqrt{x + 2} - \sqrt{3}}{x - 1}$;

(6) $\displaystyle\lim_{x \to 1}\left(\frac{2}{x^2 - 1} - \frac{1}{x - 1}\right)$;

*(7) $\displaystyle\lim_{x \to 0}\frac{\sin 5x}{2x}$;

*(8) $\displaystyle\lim_{x \to \infty}\left(1 + \frac{2}{x}\right)^{x+3}$.

1.2.3　无穷小量

新知识

《庄子·天下篇》中有一个命题:"一尺之棰,日取其半,万世不竭."意思是说,一尺长的木棍,今天取其一半,明天取其一半的一半……如是"日取其半"无限地取下去,总会有剩下的存在.显然,当时间趋近无穷时,所剩的木棍的长度是以零为极限的量.

在生活和科研中,经常遇到某一个过程中极限为零的量.

一般地,若 $\displaystyle\lim_{\substack{x \to x_0 \\ (x \to \infty)}} f(x) = 0$,则函数 $f(x)$ 叫作当 $x \to x_0$(或 $x \to \infty$)时的**无穷小量**,简

称无穷小.

注意

(1) 无穷小是一个以零为极限的函数,不是很小的数.但数"0"是一个例外,数"0"是无穷小,那是因为数"0"可以视为常函数并且 $\lim\limits_{\substack{x \to x_0 \\ (x \to \infty)}} 0 = 0$.

(2) 一个函数是否为无穷小,取决于它的自变量的变化趋势.例如,由 $\lim\limits_{x \to 0} x^2 = 0$ 知, x^2 是当 $x \to 0$ 时的无穷小;由 $\lim\limits_{x \to 1} x^2 = 1$ 知, x^2 不是当 $x \to 1$ 时的无穷小.因此,说某一函数是无穷小,必须指明自变量的变化趋势.

当 $x \to 0$ 时,函数 x, x^2, x^3 都是无穷小.观察图 1-13 可以看出,它们趋近于 0 的速度是不同的,乘方的次数越高,趋近于 0 的速度越快.

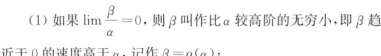

为了反映出在自变量的同一变化过程中,不同函数变化过程的差异,需要进行无穷小的比较.

一般地,设 α 和 β 是同一自变量的同一变化过程中的无穷小,即 $\lim \alpha = 0$, $\lim \beta = 0$,则

(1) 如果 $\lim \dfrac{\beta}{\alpha} = 0$,则 β 叫作比 α 较高阶的无穷小,即 β 趋近于 0 的速度高于 α,记作 $\beta = o(\alpha)$;

(2) 如果 $\lim \dfrac{\beta}{\alpha} = \infty$,则 β 叫作比 α 较低阶的无穷小,即 β 趋近于 0 的速度低于 α;

(3) 如果 $\lim \dfrac{\beta}{\alpha} = C$($C$ 为非零常数),则 β 叫作与 α 同阶的无穷小,即 β 趋近于 0 的速度与 α 相当.特别地,当 $C = 1$ 时,即 $\lim \dfrac{\beta}{\alpha} = 1$ 时, β 叫作与 α 等价的无穷小,记作 $\alpha \sim \beta$,读作" α 等价于 β".

知识巩固

例 12　比较下列各组无穷小.

(1) 当 $x \to 1$ 时,比较 $x - 1$ 与 $x^2 - 1$;

(2) 当 $x \to 0$ 时,比较 x^2 与 $\dfrac{x^2}{1-x}$.

自测:测一测 2

解　(1) 因为

$$\lim_{x \to 1} \frac{x-1}{x^2-1} = \lim_{x \to 1} \frac{x-1}{(x+1)(x-1)} = \lim_{x \to 1} \frac{1}{(x+1)} = \frac{1}{2},$$

所以当 $x \to 1$ 时, $x - 1$ 与 $x^2 - 1$ 是同阶无穷小.

文本:无穷小性质
及其应用

（2）因为

$$\lim_{x \to 0} \frac{x^2(1-x)}{x^2} = \lim_{x \to 0}(1-x) = 1,$$

所以当 $x \to 0$ 时，x^2 与 $\frac{x^2}{1-x}$ 是等价无穷小，即当 $x \to 0$ 时，$x^2 \sim \frac{x^2}{1-x}$.

新知识

可以证明，当 $x \to 0$ 时，$\sin x \sim x$，$\tan x \sim x$，$\ln(1+x) \sim x$，$1-\cos x \sim \frac{1}{2}x^2$，$e^x - 1 \sim x$，请读者自行验证.

设当 $x \to x_0$ 时，$\alpha \sim \alpha'$，$\beta \sim \beta'$，则

$$\lim_{x \to x_0} \frac{\beta}{\alpha} = \lim_{x \to x_0} \frac{\beta}{\beta'} \cdot \frac{\alpha'}{\alpha} \cdot \frac{\beta'}{\alpha'} = \lim_{x \to x_0} \frac{\beta'}{\alpha'}.$$

上式说明，在求函数极限的过程中，可以利用等价无穷小的关系，对函数进行替换，以达到化简函数、便于运算的目的.

要注意，一般情况下，无穷小的替换只适用于函数为乘积的形式.

* **例 13** 求 $\lim\limits_{x \to 0} \dfrac{\tan 2x}{\sin 5x}$.

解 因为当 $x \to 0$ 时，$\tan 2x \sim 2x$，$\sin 5x \sim 5x$，所以

$$\lim_{x \to 0} \frac{\tan 2x}{\sin 5x} = \lim_{x \to 0} \frac{2x}{5x} = \frac{2}{5}.$$

* **例 14** 求 $\lim\limits_{x \to 0} \dfrac{\tan x - \sin x}{x^3}$.

解 因为 $\tan x - \sin x = \tan x(1 - \cos x)$，又当 $x \to 0$ 时，$\tan x \sim x$，$1 - \cos x \sim \frac{1}{2}x^2$，所以

$$\lim_{x \to 0} \frac{\tan x - \sin x}{x^3} = \lim_{x \to 0} \frac{\tan x(1 - \cos x)}{x^3} = \lim_{x \to 0} \frac{x \cdot \frac{1}{2}x^2}{x^3} = \frac{1}{2}.$$

练习 1.2.3

1. 当 $x \to 1$ 时，比较无穷小 $1-x$ 和 $1-x^3$.

2. 当 $x \to 1$ 时，比较无穷小 $1-x$ 和 $\frac{1}{2}(1-x^2)$.

*3. 利用等价无穷小求下列极限.

（1）$\lim\limits_{x \to 0} \dfrac{\tan(2x^2)}{1-\cos x}$；

（2）$\lim\limits_{x \to 0} \dfrac{\ln(1+x)}{\sin 3x}$.

连续

1.3.1　函数连续性的概念

观察

观察函数 $f(x) = \begin{cases} 2-x, & x < 1, \\ x^2-1, & x \geqslant 1 \end{cases}$ 的图像(图 1-14),曲线在 $x=2$ 附近是连续的,并且 $\lim\limits_{x \to 2} f(x) = 3 = f(2)$;曲线在 $x=1$ 处是断开的,此时 $f(1)=0$,而 $\lim\limits_{x \to 1} f(x)$ 不存在.

新知识

设函数 $y=f(x)$ 在点 x_0 处及其邻域有定义,且 $\lim\limits_{x \to x_0} f(x) = f(x_0)$,则称函数 $y = f(x)$ 在点 x_0 处**连续**,点 x_0 叫作函数 $y=f(x)$ 的**连续点**.

如果 $\lim\limits_{x \to x_0^-} f(x) = f(x_0)$,那么称函数 $y = f(x)$ 在点 x_0 处**左连续**;如果 $\lim\limits_{x \to x_0^+} f(x) = f(x_0)$,那么称函数 $y=f(x)$ 在点 x_0 处**右连续**.

可以证明,**函数 $y = f(x)$ 在点 x_0 处连续的充要条件是函数在点 x_0 处既左连续,又右连续.**

由此可知,函数 $y = f(x)$ 在点 x_0 处连续必须满足下面三个条件:

(1) 函数 $y=f(x)$ 在点 x_0 处及其邻域有定义;

(2) $\lim\limits_{x \to x_0} f(x)$ 存在,即 $\lim\limits_{x \to x_0^-} f(x) = \lim\limits_{x \to x_0^+} f(x)$;

(3) $\lim\limits_{x \to x_0} f(x) = f(x_0)$.

上述三个条件中,只要有一条不满足,函数 $y=f(x)$ 在点 x_0 处就不连续,此时点 x_0 称为**间断点**.

由此可知,$x=2$ 是图 1-14 所示函数的连续点,而 $x=1$ 是该函数的间断点.

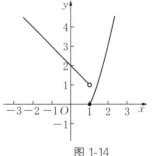

图 1-14

文本:间断点的分类

知识巩固

例 1　设函数 $f(x) = \begin{cases} x, & x < 0, \\ x^2, & 0 \leqslant x \leqslant 1, \\ 2, & x > 1. \end{cases}$ 试讨论函数在 $x=0$ 及 $x=1$ 处的连续性.

解　作出函数 $f(x)$ 的图像(图 1-15).

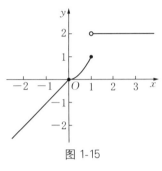

图 1-15

（1）因为 $f(x)$ 在 $x=0$ 处有定义，且

$$\lim_{x \to 0^-} f(x) = \lim_{x \to 0^-} x = 0, \lim_{x \to 0^+} f(x) = \lim_{x \to 0^+} x^2 = 0,$$

所以 $\lim_{x \to 0} f(x) = 0.$

又因为 $f(0) = 0^2 = 0$，即 $\lim_{x \to 0} f(x) = f(0) = 0$，所以，函数 $f(x)$ 在 $x=0$ 处连续.

（2）虽然函数 $f(x)$ 在 $x=1$ 处有定义，但由于 $\lim_{x \to 1^-} f(x) = \lim_{x \to 1^-} x^2 = 1,\ \lim_{x \to 1^+} f(x) = \lim_{x \to 1^+} 2 = 2$，所以，$\lim_{x \to 1} f(x)$ 不存在.因此，$f(x)$ 在 $x=1$ 处不连续.

在区间 I 上的每一个点都连续的函数，叫作在区间 I 上的**连续函数**，或者说函数在区间 I 上连续，区间 I 叫作函数的连续区间.如果区间 I 包括端点，那么区间 I 上的连续函数在右端点处左连续，在左端点处右连续.

观察图 1-15 知，$(-\infty, 1]$，$(1, +\infty)$ 均为函数 $f(x) = \begin{cases} x, & x < 0, \\ x^2, & 0 \leqslant x \leqslant 1 \\ 2, & x > 1 \end{cases}$ 的连续区间.

练习 1.3.1

1. 设函数 $f(x) = \begin{cases} x-1, & x < 0, \\ 2x^2, & 0 \leqslant x \leqslant 1, \\ 3-x, & x > 1. \end{cases}$

（1）作出函数图像，讨论函数在 $x=0$ 及 $x=1$ 处的连续性；

（2）指出函数的连续区间.

2. 若函数 $f(x) = \begin{cases} 2x, & -1 \leqslant x < 1, \\ a - 3x, & 1 \leqslant x < 2 \end{cases}$ 在 $x=1$ 处连续，则 a 的值为多少？

1.3.2 初等函数的连续性

1. 利用函数的连续性求极限

新知识

在 1.1.2 节中学习了初等函数，知道初等函数在其定义区间的图形是一条连续不断的曲线.因此，**初等函数在其定义区间内都是连续函数**.利用这个特征可以方便地求出初等函数的极限.

设 $f(x)$ 为初等函数，x_0 是其定义域中的点，则

$$\lim_{x \to x_0} f(x) = f(\lim_{x \to x_0} x) = f(x_0).$$ （极限符号与函数符号可交换顺序.）

知识巩固

例2 求 $\lim\limits_{x \to 2} \sqrt{9-x^2}$.

解 因为函数 $f(x) = \sqrt{9-x^2}$ 是初等函数,其定义域为 $[-3, 3]$,$2 \in [-3, 3]$,所以

$$\lim_{x \to 2} \sqrt{9-x^2} = \sqrt{\lim_{x \to 2}(9-x^2)} = \sqrt{9-2^2} = \sqrt{5}.$$

2. 闭区间上连续函数的性质

观察

我们已经知道,闭区间上的连续函数的图像是一条连续不断的曲线.设闭区间 $[a, b]$ 上的连续函数 $y = f(x)$ 的图像如图 1-16 所示.

观察图像发现:

(1) 函数 $f(x)$ 在点 $x = q$ 时取得最大值 M,即对任意的 $x \in [a, b]$,都有 $f(x) \leqslant f(q)$;

(2) 函数 $f(x)$ 在点 $x = p$ 时取得最小值 m,即对任意的 $x \in [a, b]$,都有 $f(x) \geqslant f(p)$;

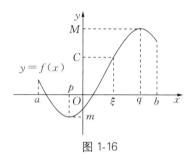

图 1-16

(3) 对于介于 m 与 M 之间的任意值 C,存在 $\xi \in [a, b]$,使得 $f(\xi) = C$.

新知识

一般地,闭区间 $[a, b]$ 上的连续函数 $f(x)$ 具有下列性质:

性质1 若函数 $f(x)$ 在闭区间 $[a, b]$ 上连续,则它在这个区间上一定有最大值和最小值.

性质2 若函数 $f(x)$ 在闭区间 $[a, b]$ 上连续,m 和 M 分别为 $f(x)$ 在 $[a, b]$ 上的最小值和最大值,则对介于 m 与 M 之间的任意实数 C,至少存在一点 $\xi \in (a, b)$,使得 $f(\xi) = C$.

性质3 若函数 $f(x)$ 在闭区间 $[a, b]$ 上连续,且 $f(a) \cdot f(b) < 0$,则至少存在一点 $\xi \in (a, b)$,使得 $f(\xi) = 0$.

性质3的几何意义是:闭区间 $[a, b]$ 上的连续曲线 $f(x)$,当两个端点分别位于 x 轴的上方与下方时,该曲线至少会穿过 x 轴一次.设曲线与 x 轴的交点为 $C(\xi, 0)$,则有 $f(\xi) = 0$,即 ξ 是方程 $f(x) = 0$ 的根.

例3 试证方程 $x^4 - 3x = 1$ 在区间 $(1, 2)$ 内至少有一个实根.

证明 构造函数 $f(x) = x^4 - 3x - 1$,则 $f(x)$ 在闭区间 $[1, 2]$ 上连续,且

$$f(1) = -3 < 0, \quad f(2) = 9 > 0.$$

由性质3可知,至少存在一点 $\xi \in (1, 2)$,使得 $f(\xi) = 0$,即 $\xi^4 - 3\xi = 1$.此等式说明方程 $x^4 - 3x = 1$ 在区间 $(1, 2)$ 内至少有一个实根 ξ.

软件链接

视频：解高次方程

用 MATLAB 可以方便地求出一元 n 次方程的解，详见数学实验 1.

例如，求解方程 $-x^3-3x+5=0$ 的实根的操作如下：

在命令窗口中输入：

>>p=[-1 0 -3 5];

>>r=roots(p)

按 Enter 键，显示：

r=

   -0.5771+1.9998i

   -0.5771-1.9998i

   1.1542

即方程的实数近似解为 $x\approx1.154\,2$.

练习 1.3.2

1. 计算下列极限.

(1) $\lim\limits_{x\to2}2^x$；

(2) $\lim\limits_{x\to3}\dfrac{\sqrt{x-2}+2}{\sqrt{x+6}+1}$；

(3) $\lim\limits_{x\to0}\dfrac{1}{1+\cos x}$；

(4) $\lim\limits_{x\to\frac{\pi}{3}}\sin^2 x$.

2. 利用 MATLAB 求方程 $x^3+1.1x^2+0.9x-1.4=0$ 的实数近似解（精确到 0.000 1）.

数学实验 1　MATLAB 软件主要功能介绍 1

实验目的

(1) 认识 MATLAB 软件的工作界面和基本操作.

(2) 利用 MATLAB 软件作一元函数的图像.

(3) 利用 MATLAB 软件计算函数的极限.

(4) 利用 MATLAB 软件解一元 n 次方程.

实验内容

1. 初识 MATLAB 7.1

MATLAB 是由 MathWorks 公司开发的，适用于多学科的功能强大的科学计算软件.

具有易学、适用范围广、功能强、开放性强、网络资源丰富等特点,能够帮助使用者从繁重的计算工作中解脱出来,把精力集中于研究、设计及基本理论的理解上.

　　本教材结合 MATLAB 7.1 版本讲解软件的基本操作①,进入 MATLAB 官方网站或者相关论坛可以获得更多的学习资源.

　　下面介绍 MATLAB 软件的启动、工作界面与退出.

（1）启动.

方法 1:使用 Windows"开始"菜单;

方法 2:在"所有程序"中运行 MATLAB 软件启动程序;

方法 3:双击 MATLAB 软件快捷图标.

（2）工作界面(图 1-17).

视频:MATLAB
软件介绍 1

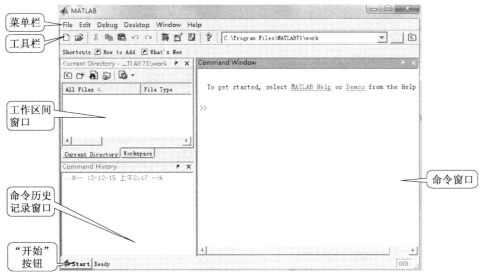

图 1-17

　　初学者一般不要轻易改变窗口布局,一旦有所改变,可以通过选择"Desktop"下拉菜单中的"Desktop Layout",选择"Default"来恢复.

（3）退出.

方法 1:在"File"下拉菜单中选择"Exit MATLAB";

方法 2:在命令窗口中输入"exit"或"quit";

方法 3:单击工作界面右上角的"关闭"按钮;

方法 4:双击工作界面左上角的 MATLAB 图标,在弹出的菜单中选择"关闭".

　　下面介绍启动软件后,如何进行一般的计算.

_____

　　① 亦适用其他版本。

在 MATLAB 中,命令的输入与输出均需要在命令窗口中完成.加、减、乘、除、乘方运算分别用"＋""－""＊""/""∧"来表示,其运算顺序与一般运算的规则一致,即先乘方,后乘除,最后是加减,要改变顺序可以使用小括号"()".

输入一行命令后,输入符号";",单击 Enter 键则运行换行;不输入符号";",单击 Enter 键则运行显示.

2. 利用 MATLAB 软件作一元函数的图像

(1) 准备图形数据.需要选定数据的范围,如在区间 $[a, b]$ 上以 h 为步长,即 x＝a:h:b;

(2) 使用 plot 函数绘制图形;

(3) 为了更好地观察各个数据点的位置,使用"grid on"给背景设置网格线;

(4) 可给图形添加一些注释.

例 1　作出函数 $y = x^2 \sin x$ 的图像.

操作　在命令窗口中输入:

```
>>x = -2*pi:0.01:2*pi;        %定义自变量的范围
>>y = x.^2.*sin(x);
>>plot(x, y);                 %绘图
>>grid on
>>xlabel('x');                %x 坐标
>>ylabel('y');                %y 坐标
>>legend('y = x^2*sin(x)')    %函数图例
```

按 Enter 键,显示(图 1-18):

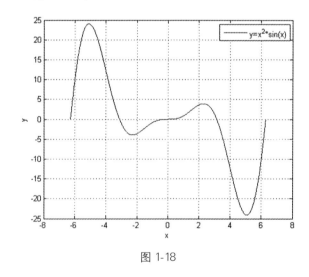

图 1-18

说明

(1) 符号">>"不需要输入,由命令窗口自动生成(变量的使用方法后续再详细介绍);另外,所有命令都要按 Enter 键,否则不显示结果.

（2）表达式中所有符号的输入，均需切换到英语输入法状态下进行．

（3）符号"％"表示注释．"％"后面是输入语句的相关说明，实际操作并不输入，后续都采用这种格式．

3. 利用 MATLAB 软件计算函数的极限

在 MATLAB 中，用于求极限的命令是"limit（函数，自变量，极限点）"，常见输入格式及含义见表 1-2.

表 1-2

输入格式	含义
limit(f(x)，x，a)	求 $\lim\limits_{x \to a} f(x)$
limit(f(x)，x，a，'left')	求 $\lim\limits_{x \to a-} f(x)$
limit(f(x)，x，a，'right')	求 $\lim\limits_{x \to a+} f(x)$
limit(f(x)，x，−inf)	求 $\lim\limits_{x \to -\infty} f(x)$
limit(f(x)，x，+inf)	求 $\lim\limits_{x \to +\infty} f(x)$

例 2 求 $\lim\limits_{x \to \infty} \dfrac{x^2 + x}{2x^2 + x - 1}$.

操作 在命令窗口中输入：

```
>>syms x;                      %定义变量
>>f = (x^2+x)/(2*x^2+x-1);     %输入并命名函数解析式
>>z = limit(f, x, inf)         %输入求极限命令
```

按 Enter 键，显示：

z = 1/2

4. 利用 MATLAB 软件解一元 n 次方程

解一元 n 次方程，即求多项式的根，一般步骤如下：

（1）用 p＝$[a_0\ a_1 \cdots a_n]$ 来表示多项式 $p(x) = a_0 x^n + a_1 x^{n-1} + \cdots + a_n$;

（2）使用 roots 进行求解：r＝roots(p).

例 3 解方程 $x^4 - 2x^3 + 3x^2 - 6x + 4 = 0$.

操作 在命令窗口中输入：

```
>>p = [1   -2   3   -6   4];
>>r = roots(p)
```

按 Enter 键，显示：

```
r =
  −0.2390 + 1.6277i
  −0.2390 − 1.6277i
  1.4780
  1.0000
```

实验作业

1. 作出函数 $f(x)=x^5+3x^3-12x+3$，$x\in[-2,2]$ 的图像.

2. 求下列极限.

(1) $\lim\limits_{n\to\infty}\left(1-\dfrac{1}{n}\right)^n$；

(2) $\lim\limits_{x\to\infty}\dfrac{\sin x}{x}$；

(3) $\lim\limits_{x\to0}\dfrac{\sin 2x}{2x}$；

(4) $\lim\limits_{x\to2}\mathrm{e}^{\frac{1}{x}}$.

3. 求方程 $x^2-0.2x-1.7=0$ 的近似解.

4. 探究 MATLAB 的其他功能.

第 1 章 小 结

一、基本概念

函数,分段函数,反函数,复合函数,基本初等函数,初等函数,函数的极限,函数的左（右）极限,无穷小,函数的连续,初等函数的连续性,闭区间上连续函数的性质.

二、基础知识

1. 函数

(1) 函数的图像与任何水平直线相交的交点最多有一个,具有这种特征的函数称为**一对一函数**.

(2) 对于一对一函数,可以用函数 y 来表示自变量 x.这样就构成一个以函数值 y 为自变量的新函数,叫作原函数的**反函数**.互为反函数的两个函数的图像关于直线 $y=x$ 对称.

(3) 设函数 $y=f(u)$ 是 u 的函数,$u=g(x)$ 是 x 的函数,如果由 x 通过 g 所确定的 u 使得 y 有意义,则把 y 叫作由函数 $y=f(u)$ 和 $u=g(x)$ 复合而成的**复合函数**.

(4) 常数函数、幂函数、指数函数、对数函数、三角函数、反三角函数通称为**基本初等函数**.

(5) 由基本初等函数经过有限次的四则运算和有限次的复合所构成,并且能用一个式子来表示的函数叫作**初等函数**.

2. 极限

(1) $x\to\infty$ 时函数的极限与 $x\to-\infty$，$x\to+\infty$ 时函数的极限的关系：

$$\lim_{x\to-\infty}f(x)=\lim_{x\to+\infty}f(x)=A\Leftrightarrow\lim_{x\to\infty}f(x)=A.$$

(2) 函数的极限与左、右极限的关系：

$$\lim_{x\to x_0^-}f(x)=\lim_{x\to x_0^+}f(x)=A\Leftrightarrow\lim_{x\to x_0}f(x)=A.$$

（3）极限的运算法则：设 $\lim\limits_{x \to x_0} f(x) = A$，$\lim\limits_{x \to x_0} g(x) = B$，则

① $\lim\limits_{x \to x_0} [f(x) \pm g(x)] = \lim\limits_{x \to x_0} f(x) \pm \lim\limits_{x \to x_0} g(x) = A \pm B$；

② $\lim\limits_{x \to x_0} [f(x) \cdot g(x)] = \lim\limits_{x \to x_0} f(x) \cdot \lim\limits_{x \to x_0} g(x) = A \cdot B$，

　　$\lim\limits_{x \to x_0} Cf(x) = C \lim\limits_{x \to x_0} f(x) = CA$（$C$ 为常数）；

③ $\lim\limits_{x \to x_0} \dfrac{f(x)}{g(x)} = \dfrac{\lim\limits_{x \to x_0} f(x)}{\lim\limits_{x \to x_0} g(x)} = \dfrac{A}{B}$（$B \neq 0$）.

以上极限的运算法则对于 $x \to \infty$ 的情况也成立，并且法则①与法则②可推广到存在极限的有限个函数的情形.

（4）若 $\lim\limits_{\substack{x \to x_0 \\ (x \to \infty)}} f(x) = 0$，则函数 $f(x)$ 叫作当 $x \to x_0$（或 $x \to \infty$）时的无穷小.设 α 和 β 是同一自变量的同一变化过程中的无穷小，即 $\lim \alpha = 0$，$\lim \beta = 0$，则如果 $\lim \dfrac{\beta}{\alpha} = 0$，则 β 叫作比 α 较高阶的无穷小；如果 $\lim \dfrac{\beta}{\alpha} = \infty$，则 β 叫作比 α 较低阶的无穷小；如果 $\lim \dfrac{\beta}{\alpha} = C$（$C$ 为非零常数），则 β 叫作与 α 同阶的无穷小，当 $C = 1$ 时，β 叫作与 α 等价的无穷小.

3. 连续

（1）函数 $y = f(x)$ 在点 x_0 处连续必须满足下面三个条件：

① 函数 $y = f(x)$ 在点 x_0 处及其邻域有定义；

② $\lim\limits_{x \to x_0} f(x)$ 存在，即 $\lim\limits_{x \to x_0^-} f(x) = \lim\limits_{x \to x_0^+} f(x)$；

③ $\lim\limits_{x \to x_0} f(x) = f(x_0)$.

（2）初等函数在其定义区间内都是连续函数.

三、核心能力

（1）复合函数复合过程的分析.分析比较复杂的函数的复合过程是"由外向内"逐层分析的，计算复合函数的函数值是"由内向外"逐层计算的.

（2）简单的极限计算.利用极限的运算法则和几个常用极限计算函数的极限；利用初等函数的连续性计算函数的极限.

（3）结合函数的图像，讨论函数的连续性.

（4）数学软件的使用.利用 MATLAB 绘制函数图像、求函数的极限、求方程的近似解.

曲线的渐近线

观察函数 $y = \dfrac{1}{x-1} - 1$ 的图像（图 1-19）.

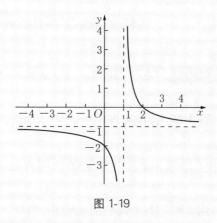

图 1-19

当曲线上的动点的横坐标的绝对值无限增大时，动点与直线 $y = -1$ 无限接近，即

$$\lim_{x \to \infty}\left(\frac{1}{x-1} - 1\right) = -1.$$

当曲线上的动点的横坐标的绝对值无限接近 1 时，动点与直线 $x = 1$ 无限接近，其纵坐标的绝对值无限增大，即

$$\lim_{x \to 1}\left(\frac{1}{x-1} - 1\right) = \infty.$$

直线 $y = -1$ 是曲线 $y = \dfrac{1}{x-1} - 1$ 的水平渐近线；直线 $x = 1$ 是曲线 $y = \dfrac{1}{x-1} - 1$ 的垂直渐近线.

一般地，$x = a$ 为曲线 $y = f(x)$ 垂直渐近线的充要条件是 $\lim\limits_{x \to a} f(x) = \infty$；$y = b$ 为曲线 $y = f(x)$ 水平渐近线的充要条件是 $\lim\limits_{\substack{x \to \infty \\ (x \to -\infty \text{或} x \to +\infty)}} f(x) = b$.

不与坐标轴平行的渐近线称为曲线的**斜渐近线**. 设曲线 $y = f(x)$ 存在斜渐近线 l（图 1-20），下面研究如何求渐近线的方程.

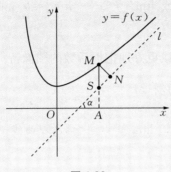

图 1-20

由于斜渐近线不与坐标轴平行,故设其方程为 $y = ax + b$,倾斜角为 α. $|MN|$ 为曲线上的点 $M(x, y)$ 到渐近线的距离,$|MS|$ 为当横坐标相同时,曲线上对应点 M 的纵坐标与渐近线上对应点 S 的纵坐标之差的绝对值,则

$$|MS| = \frac{|MN|}{|\cos \alpha|} \quad \left(\alpha \neq \frac{\pi}{2}\right),$$

故

$$|MN| = |\cos \alpha| \, |MS|.$$

由于 l 为斜渐近线,故有 $\lim\limits_{x \to +\infty} |MN| = \lim\limits_{x \to +\infty} |\cos \alpha| \, |MS| = 0$,故必须有 $\lim\limits_{x \to +\infty} |MS| = 0$,即

$$\lim_{x \to +\infty} [f(x) - ax - b] = 0. \tag{1.1}$$

于是

$$\lim_{x \to +\infty} x \left[\frac{f(x)}{x} - a - \frac{b}{x}\right] = 0.$$

故必须有

$$\lim_{x \to +\infty} \left[\frac{f(x)}{x} - a - \frac{b}{x}\right] = 0.$$

由于

$$\lim_{x \to +\infty} \frac{b}{x} = 0,$$

故有

$$\lim_{x \to +\infty} \left[\frac{f(x)}{x} - a\right] = 0,$$

即

$$a = \lim_{x \to +\infty} \frac{f(x)}{x}.$$

由式(1.1)有

$$b = \lim_{x \to +\infty} [f(x) - ax].$$

一般地,若 $\lim\limits_{x \to \infty} \dfrac{f(x)}{x} = a \left(\text{或} \lim\limits_{x \to -\infty} \dfrac{f(x)}{x} = a, \text{或} \lim\limits_{x \to +\infty} \dfrac{f(x)}{x} = a\right)$, $\lim\limits_{x \to \infty} [f(x) - ax] =$

b(或 $\lim\limits_{x \to -\infty}[f(x)-ax]=b$,或 $\lim\limits_{x \to +\infty}[f(x)-ax]=b$),则直线 $y=ax+b$ 为曲线 $y=f(x)$ 的一条**斜渐近线**.

研究了曲线的渐近线,可以更好地把握函数的图像特征.

例 求曲线 $y=\dfrac{x^2}{1+x}$ 的渐近线.

解 因为 $\lim\limits_{x \to -1^+} y=+\infty$, $\lim\limits_{x \to -1^-} y=-\infty$,所以曲线 $y=\dfrac{x^2}{x+1}$ 有垂直渐近线 $x=-1$.

又因为

$$a=\lim_{x \to \infty}\frac{f(x)}{x}=\lim_{x \to \infty}\frac{\dfrac{x^2}{1+x}}{x}=\lim_{x \to \infty}\frac{x}{1+x}=1,$$

而

$$\lim_{x \to \infty}[f(x)-ax]=\lim_{x \to \infty}\left(\frac{x^2}{1+x}-x\right)=\lim_{x \to \infty}\frac{-x}{1+x}=-1,$$

所以曲线有斜渐近线

$$y=x-1.$$

函数图像及渐近线如图 1-21 所示.

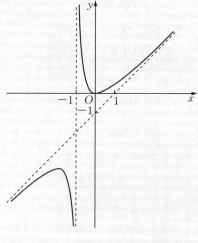

图 1-21

2

第 2 章
导数、微分及其应用

在平面解析几何中,我们将与圆只有一个交点的直线定义为圆的切线.如图 2-1 所示,直线 L 是过圆周上一点 P 的切线.

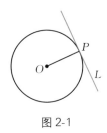

图 2-1

但是对其他曲线,这样的定义就不一定合适.例如,图 2-2 中的直线虽然与曲线只有一个交点,但是不能确定它们一定是曲线的切线.

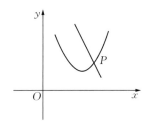 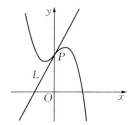

图 2-2

那么,对于一般曲线,如何定义和研究过曲线上一点的切线呢?

本章将从研究曲线的切线入手,研究函数相对于自变量变化速度的快慢即变化率的问题,学习导数与微分的概念、计算及应用.这些内容是高等数学的核心基础知识,在机械加工、工程技术、电工电子等许多领域都有非常重要的作用.

2.1 导数与微分

2.1.1 导数的概念

知识回顾

设直线 $y = kx + b$ 的倾斜角为 α，点 $P_1(x_1, y_1)$ 和点 $P_2(x_2, y_2)$ 为直线上的任意两点，则当 $x_1 \neq x_2$ 时，直线的斜率为

$$k = \tan \alpha = \frac{y_2 - y_1}{x_2 - x_1}.$$

新知识

下面采用动态处理的方法定义一般曲线的切线.

如图 2-3 所示，研究经过曲线上一点 P 的切线. 选取曲线上的任意点 Q，作割线 QP；然后让点 Q 沿着曲线趋近于点 P，判断此时割线斜率的极限是否存在，如果存在，就把以这个极限值为斜率的直线定义为**曲线在点 P 的切线**.

图 2-3

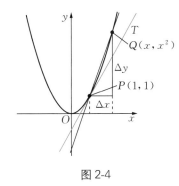

图 2-4

动画:切线演示

大家知道，二次函数 $y = x^2$ 的图像是抛物线，点 $P(1, 1)$ 为抛物线上的点(图 2-4). 依据上面的切线定义，求抛物线在点 $P(1, 1)$ 处的切线.

设 $Q(x, x^2)$ 为抛物线 $y = x^2$ 上任意一点，在点 $P(1, 1)$ 处，$\Delta x = x - 1$ 为自变量的增量，$\Delta y = x^2 - 1$ 为函数的相应增量，则割线 QP 的斜率为

$$\frac{\Delta y}{\Delta x} = \frac{x^2 - 1}{x - 1}.$$

当点 Q 沿着抛物线趋近于点 P 时, $\Delta x \to 0$, 此时 $x \to 1$, 割线 QP 的极限位置为 PT. 因为

$$\lim_{\Delta x \to 0} \frac{\Delta y}{\Delta x} = \lim_{x \to 1} \frac{x^2 - 1}{x - 1} = \lim_{x \to 1} (x + 1) = 2.$$

故抛物线在点 $P(1，1)$ 处切线的斜率为 2. 因此, 切线 PT 的方程为

$$y - 1 = 2(x - 1), \text{即 } y = 2x - 1.$$

一般地, 设 $P(x_0，y_0)$ 是曲线 $f(x)$ 上的一个定点, $Q(x，y)$ 是曲线 $f(x)$ 上异于 P 的任意一点, 则割线 PQ 的斜率为

$$\tan \varphi = \frac{y - y_0}{x - x_0} = \frac{f(x) - f(x_0)}{x - x_0},$$

其中, φ 为割线 PQ 的倾斜角. 当 $x \to x_0$ 时, 如果极限

$$\lim_{x \to x_0} \frac{f(x) - f(x_0)}{x - x_0}$$

存在, 那么, 这个极限值就是曲线 $f(x)$ 在点 x_0 处的切线 PT 的斜率.

做一做

采用同样的思路来研究非匀速直线运动物体的瞬时速度.

设一个物体作非匀速直线运动, 其路程与时间的关系为 $s = s(t)$. 求该物体在 t_0 时刻的瞬时速度 $v(t_0)$.

在 t_0 附近的一段时间间隔内, 即从 t_0 到 $t_0 + \Delta t$ 这段时间内, 物体走过的路程为

$$\Delta s = s(t_0 + \Delta t) - s(t_0).$$

当 Δt 很小时, 我们把变速运动近似地看成是匀速运动. 因此, 可以用这段时间间隔的平均速度

$$v = \frac{\Delta s}{\Delta t} = \frac{s(t_0 + \Delta t) - s(t_0)}{\Delta t}$$

近似地描述瞬时速度. 由于速度是变化的, 所以对任意的固定的 Δt, 它只是一个近似值. 但是在 Δt 无限变小的过程中, 平均速度 $\bar{v}$ 无限接近 t_0 时刻的瞬时速度 $v(t_0)$. 因此, 当 Δt 趋近于零时, 如果极限

$$\lim_{\Delta t \to 0} \frac{\Delta s}{\Delta t} = \lim_{\Delta t \to 0} \frac{s(t_0 + \Delta t) - s(t_0)}{\Delta t}$$

存在, 那么, 这个极限值就是非匀速直线运动的瞬时速度 $v(t_0)$, 即

$$v(t_0) = \lim_{\Delta t \to 0} \frac{\Delta s}{\Delta t} = \lim_{\Delta t \to 0} \frac{s(t_0 + \Delta t) - s(t_0)}{\Delta t}.$$

新知识

以上两个例子的具体意义虽然不同,但抽象出的数量关系却相同——研究当自变量的增量趋近于 0 的过程中,函数增量与自变量增量之比的极限.

一般地,设函数 $y=f(x)$ 在点 x_0 的某个领域内有定义,在点 x_0 处自变量的增量为 $\Delta x = x - x_0$,对应函数的增量为 $\Delta y = f(x_0 + \Delta x) - f(x_0)$,若当 $\Delta x \to 0$ 时,极限

$$\lim_{\Delta x \to 0} \frac{\Delta y}{\Delta x} = \lim_{\Delta x \to 0} \frac{f(x_0 + \Delta x) - f(x_0)}{\Delta x}$$

存在,则称函数 $y=f(x)$ 在点 x_0 处**可导**,并将极限值叫作函数在点 x_0 处的**导数**,记作 $f'(x_0)$,$y'|_{x=x_0}$,$\left.\dfrac{\mathrm{d}y}{\mathrm{d}x}\right|_{x=x_0}$ 或 $\left.\dfrac{\mathrm{d}f(x)}{\mathrm{d}x}\right|_{x=x_0}$,即

$$y'|_{x=x_0} = \lim_{\Delta x \to 0} \frac{\Delta y}{\Delta x} = \lim_{\Delta x \to 0} \frac{f(x_0 + \Delta x) - f(x_0)}{\Delta x}.$$

若 $\displaystyle\lim_{\Delta x \to 0} \frac{\Delta y}{\Delta x} = \lim_{\Delta x \to 0} \frac{f(x_0 + \Delta x) - f(x_0)}{\Delta x}$ 不存在,则称函数 $y=f(x)$ 在点 x_0 处不可导.

注意

(1) 导数是一种特殊的极限,是概括了各种各样的变化率概念而得出的一个更具一般性,也更抽象的概念.

(2) 比值 $\dfrac{\Delta y}{\Delta x}$ 是函数 $y=f(x)$ 在区间 $[x_0, x_0+\Delta x]$ 上的平均变化率,而导数 $f'(x_0) = \left.\dfrac{\mathrm{d}y}{\mathrm{d}x}\right|_{x=x_0}$ 则反映函数 $y=f(x)$ 在点 x_0 处的瞬时变化率,它实际反映了函数随自变量变化而变化的"快慢程度".

(3) 函数 $y=f(x)$ 在点 x_0 处的导数的几何意义是曲线 $y=f(x)$ 在点 x_0 处切线的斜率.

若函数 $y=f(x)$ 在区间 (a, b) 内有定义,且在区间 (a, b) 内的每一点处都可导,则称函数 $y=f(x)$ 在区间 (a, b) 内可导. 这时,函数对于每一点 $x \in (a, b)$,都有一个确定的导数值与之对应,这就构成了 x 的一个新函数,这个新函数叫作函数 $y=f(x)$ 的**导函数**,记作 $f'(x)$,y',$\dfrac{\mathrm{d}y}{\mathrm{d}x}$ 或 $\dfrac{\mathrm{d}f(x)}{\mathrm{d}x}$,即

文本:切线与法线方程

$$y' = f'(x) = \lim_{\Delta x \to 0} \frac{\Delta y}{\Delta x} = \lim_{\Delta x \to 0} \frac{f(x + \Delta x) - f(x)}{\Delta x}.$$

显然,函数 $y=f(x)$ 在点 x_0 处的导数就是导函数在点 $x=x_0$ 处的函数值,即

$$f'(x_0) = f'(x)|_{x=x_0}.$$

文本:左、右导数

今后,在不引起混淆的情况下,导函数和导数统称为**导数**.

利用定义求函数 $y=f(x)$ 的导数,一般包括下面三个步骤:

(1) 求函数的增量 $\Delta y=f(x+\Delta x)-f(x)$;

(2) 求比值 $\dfrac{\Delta y}{\Delta x}=\dfrac{f(x+\Delta x)-f(x)}{\Delta x}$;

(3) 求极限 $y'=f'(x)=\lim\limits_{\Delta x \to 0}\dfrac{f(x+\Delta x)-f(x)}{\Delta x}$.

知识巩固

例 1 求函数 $y=C$(C 是常数) 的导数.

解 (1) 求函数的增量 $\Delta y=f(x+\Delta x)-f(x)=C-C=0$;

(2) 求比值 $\dfrac{\Delta y}{\Delta x}=0$;

(3) 求极限 $y'=\lim\limits_{\Delta x \to 0}\dfrac{\Delta y}{\Delta x}=\lim\limits_{\Delta x \to 0}0=0$,即

$$(C)'=0.$$

所以常数的导数等于 0.

例 2 求函数 $y=x^2$ 的导数.

解 (1) 求函数的增量

$$\Delta y=f(x+\Delta x)-f(x)=(x+\Delta x)^2-x^2=2x\Delta x+(\Delta x)^2;$$

(2) 求比值

$$\frac{\Delta y}{\Delta x}=\frac{2x\Delta x+(\Delta x)^2}{\Delta x}=2x+\Delta x;$$

(3) 求极限

$$y'=\lim\limits_{\Delta x \to 0}\frac{\Delta y}{\Delta x}=\lim\limits_{\Delta x \to 0}(2x+\Delta x)=2x.$$

故
$$(x^2)'=2x.$$

练习 2.1.1

1. 用定义求函数 $y=\dfrac{1}{x}$ 在 $x=2$ 处的导数.

2. 求抛物线 $y=x^2$ 在点 $P(2,4)$ 处的切线方程.

2.1.2 导数的运算法则

1. 初等函数的导数及导数的运算法则

新知识

基本初等函数的导数及导数的运算法则,作为公式介绍如下.

基本初等函数的导数公式:

(1) $(C)' = 0 (C$ 为常数$)$;   (2) $(x^a)' = ax^{a-1}$;

(3) $(\sin x)' = \cos x$;   (4) $(\cos x)' = -\sin x$;

(5) $(\tan x)' = \sec^2 x$;   (6) $(\cot x)' = -\csc^2 x$;

(7) $(\sec x)' = \sec x \tan x$;   (8) $(\csc x)' = -\csc x \cot x$;

(9) $(a^x)' = a^x \ln a (a > 0, a \neq 1)$;   (10) $(e^x)' = e^x$;

(11) $(\log_a x)' = \dfrac{1}{x \ln a} (a > 0, a \neq 1)$;   (12) $(\ln x)' = \dfrac{1}{x}$;

(13) $(\arcsin x)' = \dfrac{1}{\sqrt{1-x^2}} (-1 < x < 1)$;

(14) $(\arccos x)' = -\dfrac{1}{\sqrt{1-x^2}} (-1 < x < 1)$;

(15) $(\arctan x)' = \dfrac{1}{1+x^2} (x \in \mathbf{R})$;

(16) $(\text{arccot}\, x)' = -\dfrac{1}{1+x^2} (x \in \mathbf{R})$.

导数的运算法则:

设 $u = u(x)$ 和 $v = v(x)$ 在点 x 处都可导,则

(1) $(u \pm v)' = u' \pm v'$;

(2) $(uv)' = u'v + uv'$;

(3) $(Cu)' = Cu' (C$ 为常数$)$;

(4) $\left(\dfrac{u}{v}\right)' = \dfrac{u'v - uv'}{v^2}$.

利用上述导数公式和运算法则,可以求出函数的导数.

知识巩固

例 3 求函数 $y = 5x^2 - \dfrac{1}{x} + 4\sin x$ 的导数.

解

$$y' = (5x^2)' - (x^{-1})' + (4\sin x)'$$

$$=5(2x)-(-x^{-2})+4(\cos x)$$

$$=10x+\frac{1}{x^2}+4\cos x.$$

例 4 求函数 $y=x^3\ln x$ 的导数.

解 $y'=(x^3)'\ln x+x^3(\ln x)'=3x^2\ln x+x^2.$

例 5 已知 $f(x)=x^3+4\cos x+\sin\dfrac{\pi}{2}$,求 $f'(x)$ 及 $f'\left(\dfrac{\pi}{2}\right)$.

解 $f'(x)=3x^2-4\sin x$,所以

$$f'\left(\frac{\pi}{2}\right)=\frac{3}{4}\pi^2-4.$$

例 6 求函数 $y=\dfrac{x+1}{x-1}$ 的导数.

解

$$y'=\frac{(x+1)'(x-1)-(x+1)(x-1)'}{(x-1)^2}=\frac{-2}{(x-1)^2}.$$

例 7 已知 $y=\sin x\cdot\sqrt{x}$,求 $y'|_{x=\frac{\pi}{2}}$.

解

$$y'=(\sin x)'\sqrt{x}+\sin x(\sqrt{x})'$$

$$=\cos x\cdot\sqrt{x}+\sin x\cdot\frac{1}{2}x^{-\frac{1}{2}}$$

$$=\cos x\cdot\sqrt{x}+\frac{\sin x}{2\sqrt{x}},$$

故

$$y'|_{x=\frac{\pi}{2}}=\frac{1}{\sqrt{2\pi}}.$$

练习 2.1.2.1

(1) $y=2x^3-\ln x+5$,求 y';

(2) $y=\sqrt{x}+xe^x$,求 $y'|_{x=1}$;

(3) $y=\dfrac{1}{3x-4}$,求 $y'|_{x=-2}$;

(4) $y=x\tan x-2\sec x$,求 y'.

2. 复合函数的导数

想一想

我们来计算函数 $y=\sin 2x$ 的导数.考虑到 $\sin 2x=2\sin x\cos x$,所以

$$(\sin 2x)' = (2\sin x \cos x)'$$
$$= 2[(\sin x)'\cos x + \sin x(\cos x)']$$
$$= 2[\cos^2 x - \sin^2 x] = 2\cos 2x.$$

如果直接应用公式 $(\sin x)' = \cos x$ 计算可以得到 $(\sin 2x)' = \cos 2x$.

两个计算结果为什么不一样呢?

新知识

产生上面问题的原因是:函数 $y = \sin 2x$ 不是正弦函数,是正弦函数 $y = \sin u$ 与一次函数 $u = 2x$ 的复合函数,所以计算 $\sin 2x$ 的导数的时候,不能直接应用正弦函数的导数公式.

计算复合函数的导数一般需要采用下面的方法(证明略).

设 $u = \varphi(x)$ 在 x 处可导, $y = f(u)$ 在对应的 u 处可导,则复合函数 $y = f[\varphi(x)]$ 的导数为

$$y' = f'(u) \cdot \varphi'(x),$$

还可以记作　　　　　　$y'_x = y'_u \cdot u'_x$　或　$\dfrac{\mathrm{d}y}{\mathrm{d}x} = \dfrac{\mathrm{d}y}{\mathrm{d}u} \cdot \dfrac{\mathrm{d}u}{\mathrm{d}x}.$

知识巩固

例 8　求下列函数的导数.

(1) $y = \sin 2x$; 　　　　　　　(2) $y = (2x-1)^{10}$.

解　(1) $y = \sin 2x$ 由 $y = \sin u$ 和 $u = 2x$ 复合而成,所以

$$y' = (\sin 2x)' = \cos 2x \cdot (2x)' = 2\cos 2x ;$$

(2) $y = (2x-1)^{10}$ 由 $y = u^{10}$ 和 $u = 2x-1$ 复合而成,所以

$$y' = 10(2x-1)^9 \cdot (2x-1)' = 20(2x-1)^9.$$

例 9　求下列函数的导数.

(1) $y = \sin x^2$; 　　　　　　　(2) $y = \sin^2 x$.

解

(1) $y = \sin x^2$ 由 $y = \sin u$ 和 $u = x^2$ 复合而成,所以

$$y' = (\sin x^2)' = \cos x^2 \cdot (x^2)' = 2x\cos x^2 ;$$

(2) $y = \sin^2 x$ 由 $y = u^2$ 和 $u = \sin x$ 复合而成,所以

$$y' = (\sin^2 x)' = 2\sin x \cdot (\sin x)' = 2\sin x \cdot \cos x = \sin 2x.$$

自测:测一测 3

注意　复合函数分解出的内外函数不同时,利用复合函数求导法则求导后的结果也会不同.

软件链接

利用 MATLAB 可以方便地求出复合函数的导数,详见数学实验 2.

例如,计算例 8(1)的操作如下:

视频:复合函数的
导数计算

在命令窗口中输入:

$>>$syms x;

$>>$diff(sin(2 $*$ x))

按 Enter 键,显示:

ans $= 2 * \cos(2 * x)$

即
$$y' = 2\cos 2x.$$

练习 2.1.2.2

求下列函数的导数并利用 MATLAB 进行验证.

(1) $y = e^{-x} + x\sqrt{x}$;　　　　(2) $y = \ln(1 + x^2)$;　　　　(3) $y = \sqrt{1 - 2x^2}$.

3. 隐函数的导数

问题

如果函数关系以方程的形式给出,如 $2x^2 - y^2 = 9$,写成一般函数形式需要进行开平方运算,不能写成唯一的一个解析式,如何求导数呢?

新知识

如果变量 y 与 x 的函数关系以某一方程的形式表示,则称这种函数为由方程所确定的**隐函数**,以函数解析式 $y = f(x)$ 表示函数关系的函数叫作**显函数**.有些隐函数可以非常方便地转化为显函数,如 $2x - y + 1 = 0$ 可以转化为 $y = 2x + 1$;有些隐函数完成这种转化则是非常困难的,如 $xy = 2^x + y^3$.

因此,求隐函数的导数时,一般采用方程两端同时对自变量 x 求导的方法.需要注意,当遇到含有函数 y 的项时,必须将 y 视为 x 的函数,应用复合函数求导法则,这样就得到一个含有 y' 的等式,从而求得 y'.

知识巩固

例 10　求由方程 $2x^2 - y^2 = 9$ 所确定的隐函数 y 的导数.

解　方程两边同时对 x 求导,得

$$(2x^2)' - (y^2)' = (9)'.$$

注意到 y 是 x 的函数,得 $\qquad 4x - 2yy' = 0.$

整理,得
$$y' = \frac{2x}{y}.$$

例 11 求由方程 $\mathrm{e}^y + xy - \mathrm{e} = 0$ 所确定的隐函数 y 的导数.

解 方程两边同时对 x 求导,得
$$\mathrm{e}^y y' + x' y + x y' = 0,$$

即
$$\mathrm{e}^y y' + y + x y' = 0.$$

整理,得
$$y' = -\frac{y}{x + \mathrm{e}^y}.$$

说明 可以看到,隐函数的导数中,可以含有因变量 y.

例 12 求函数 $y = x^x (x > 0)$ 的导数.

解 对方程两边取对数,得
$$\ln y = x \ln x.$$

文本:对数求导法

方程两边同时对 x 求导,得
$$\frac{1}{y} y' = \ln x + 1.$$

整理,得
$$y' = y(\ln x + 1) = x^x (\ln x + 1).$$

说明 例 12 中介绍的先取对数再求导的求导方法又称为对数求导法.

软件链接

利用 MATLAB 可以方便地求出隐函数的导数,详见数学实验 2.

例如,计算例 11 的操作如下:

在命令窗口中输入:

```
>>Dy_dx = maple('implicitdiff(exp(y) + x * y - exp(1) = 0, y, x)')
```

按 Enter 键,显示:

```
Dy_dx = - y/(exp(y) + x)
```

视频:隐函数的导数计算

即
$$y' = -\frac{y}{\mathrm{e}^y + x}.$$

练习 2.1.2.3

求下列各隐函数的导数.

(1) $4x^2 + y^2 = 9$;　　　　(2) $xy = 2^x + y^3$;　　　　(3) $xy - x^2 + \mathrm{e}^y = 5.$

2.1.3 高阶导数

做一做

连续计算函数 $y = \mathrm{e}^{2x}$ 的导数.我们发现,第一次计算得 $y' = 2\mathrm{e}^{2x}$,仍然是变量 x 的函数;再一次求导得 $(y')' = 4\mathrm{e}^{2x}$,仍然是变量 x 的函数……显然,导数的计算可以一直进行下去.

新知识

文本:数学哲思2

一般地,函数 $y = f(x)$ 的导数 $y' = f'(x)$ 仍是 x 的函数.如果它在 x 处仍可导,那么把函数 $y' = f'(x)$ 的导数叫作函数 $y = f(x)$ 在点 x 处的**二阶导数**,记作 y'' 或 $f''(x)$ 或 $\dfrac{\mathrm{d}^2 y}{\mathrm{d}x^2}$,即

$$y'' = (y')' \text{ 或 } f''(x) = [f'(x)]' \text{ 或 } \frac{\mathrm{d}^2 y}{\mathrm{d}x^2} = \frac{\mathrm{d}}{\mathrm{d}x}\left(\frac{\mathrm{d}y}{\mathrm{d}x}\right).$$

类似地,二阶导数的导数,叫作**三阶导数**……一般地,$(n-1)$ 阶导数的导数,叫作 **n 阶导数**.同时把 $f'(x)$ 叫作 $y = f(x)$ 的**一阶导数**.函数 $y = f(x)$ 的各阶导数分别记作

$$y', \ y'', \ y''', \ y^{(4)}, \ \cdots, \ y^{(n)};$$

或

$$f'(x), \ f''(x), \ f'''(x), \ f^{(4)}(x), \ \cdots, \ f^{(n)}(x);$$

或

$$\frac{\mathrm{d}y}{\mathrm{d}x}, \ \frac{\mathrm{d}^2 y}{\mathrm{d}x^2}, \ \frac{\mathrm{d}^3 y}{\mathrm{d}x^3}, \ \frac{\mathrm{d}^4 y}{\mathrm{d}x^4}, \ \cdots, \ \frac{\mathrm{d}^n y}{\mathrm{d}x^n}.$$

二阶及二阶以上的导数统称为**高阶导数**.

知识巩固

例 13 求下列函数的二阶导数.

(1) $y = 2x^3 + 3x^2 - 9$;　　　　　　　(2) $y = x\sin x$.

解 (1) $y' = 6x^2 + 6x$,$y'' = 12x + 6$;

(2) $y' = \sin x + x\cos x$,$y'' = \cos x + \cos x - x\sin x = 2\cos x - x\sin x$.

例 14 设 $f(x) = x^2\ln x$,求 $f'''(2)$.

解

$$f'(x) = 2x\ln x + x,$$
$$f''(x) = 2\ln x + 3,$$
$$f'''(x) = \frac{2}{x}.$$

故
$$f'''(2) = 1.$$

软件链接

利用 MATLAB 可以方便地求出函数的二阶导数，详见数学实验 2.

例如，计算例 13(2) 的操作如下：

在命令窗口中输入：

```
>>syms x;
>> diff(x * sin(x), 2)
```

按 Enter 键，显示：

```
ans =
2 * cos(x) - x * sin(x)
```

即
$$y'' = 2\cos x - x\sin x.$$

视频：二阶导数计算

练习 2.1.3

求下列函数的二阶导数.

(1) $y = 2x^2 + x - 5$;   (2) $y = \ln(1+x)$.

2.1.4 微分

在自然科学与工程技术中，常遇到这样一类问题：在运动变化过程中，当自变量 x 有微小变化（增量）Δx 时，需要计算相应的函数的微小变化（增量）Δy.

对于函数 $y = f(x)$，在点 x_0 处函数的增量可表示为 $\Delta y = f(x_0 + \Delta x) - f(x_0)$. 这个问题初看似乎只要做一个简单的减法运算就可以了，然而，对于较复杂的函数 $f(x)$，其差值 $f(x_0 + \Delta x) - f(x_0)$ 极可能是一个更复杂的表达式，不易求出其值. 一个朴素的想法就是：尝试将 Δy 表示成 Δx 的线性函数（即线性化），从而把复杂问题简单化. 微分就是实现这种线性化的一种数学模型.

知识回顾

设点 $P(a, f(a))$ 为函数 $y = f(x)$ 图像上的点，则曲线在点 P 处切线的斜率为 $f'(a)$（图 2-5）.

新知识

过点 Q 作 x 轴的垂线，交曲线过点 P 的切线于点 T、交曲线过点 P 平行于 x 轴的直线于点 G（图 2-5）. 可以看到

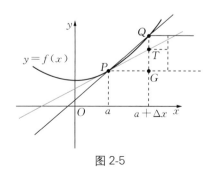

图 2-5

45

$$GQ = \Delta y = f(a + \Delta x) - f(a), \quad GT = f'(a)\Delta x.$$

当点 Q 沿着曲线无限趋近于点 P 时,点 T 也无限趋近于点 P,同时 $|TQ|$ 无限趋近于 0.此时, $GT = f'(a)\Delta x$ 无限趋近于 Δy.

一般地,设函数 $y = f(x)$ 在点 x_0 处可导,则 $f'(x_0)\Delta x$ 叫作函数 $y = f(x)$ 在点 x_0 处的**微分**,记作 $\mathrm{d}y\,|_{x=x_0}$,即

$$\mathrm{d}y\,|_{x=x_0} = f'(x_0)\Delta x.$$

此时称函数 $y = f(x)$ 在点 x_0 处可微. 可见,函数的微分与 x_0 和 Δx 有关.

知识巩固

例 15 求函数 $y = x^2$ 在 $x = 1$, $\Delta x = 0.01$ 时的增量及微分.

解

$$\Delta y = (1 + 0.01)^2 - 1^2 = 1.020\,1 - 1 = 0.020\,1,$$

$$\mathrm{d}y\,\Big|_{\substack{x=1 \\ \Delta x = 0.01}} = f'(x) \cdot \Delta x\,\Big|_{\substack{x=1 \\ \Delta x = 0.01}} = 2 \times 1 \times 0.01 = 0.02.$$

新知识

如果函数 $y = f(x)$ 在区间 I 内任意点 x 处可微,那么称函数在区间 I 内可微,记作

$$\mathrm{d}y = f'(x)\Delta x.$$

通常把自变量 x 的增量 Δx 称为**自变量的微分**,记作 $\mathrm{d}x$,即 $\mathrm{d}x = \Delta x$,则在任意点 x 处函数 $y = f(x)$ 的微分又可记作

$$\mathrm{d}y = f'(x)\mathrm{d}x,$$

从而有

$$\frac{\mathrm{d}y}{\mathrm{d}x} = f'(x).$$

这就是说,导数是函数的微分 $\mathrm{d}y$ 与自变量的微分 $\mathrm{d}x$ 之商,故导数又称为**微商**.

因此,对于由参数方程 $\begin{cases} x = \varphi(t), \\ y = \psi(t) \end{cases}$ 所确定的函数,有

$$\frac{\mathrm{d}y}{\mathrm{d}x} = \frac{\psi'(t)\mathrm{d}t}{\varphi'(t)\mathrm{d}t} = \frac{\psi'(t)}{\varphi'(t)}.$$

知识巩固

例 16 求由参数方程 $\begin{cases} x = 1 - t^2, \\ y = t - t^3 \end{cases}$ 所确定的函数的导数.

解　$\dfrac{\mathrm{d}y}{\mathrm{d}x} = \dfrac{(t-t^3)'\mathrm{d}t}{(1-t^2)'\mathrm{d}t} = \dfrac{1-3t^2}{-2t}.$

例 17　某一正方体金属的边长为 2 m,当金属受热边长增加 0.01 m 时,体积的微分是多少? 体积的增量又是多少?

解　设正方体的边长为 x,则其体积为 $V = x^3$.体积的微分为

$$\mathrm{d}V = (x^3)'\mathrm{d}x = 3x^2\mathrm{d}x = 3x^2\Delta x.$$

将 $x=2$,$\Delta x = 0.01$ 代入上式,得在 $x=2$,$\Delta x = 0.01$ 处的微分

$$\mathrm{d}V\Big|_{\substack{x=2 \\ \Delta x = 0.01}} = 3 \times 2^2 \times 0.01 \ \text{m}^3 = 0.12 \ \text{m}^3.$$

在 $x=2$,$\Delta x = 0.01$ 处体积的增量为

$$\Delta V\Big|_{\substack{x=2 \\ \Delta x = 0.01}} = (2+0.01)^3 \ \text{m}^3 - 2^3 \ \text{m}^3 = 0.120\ 601 \ \text{m}^3.$$

由此可见,

$$\Delta V\Big|_{\substack{x=2 \\ \Delta x = 0.02}} \approx \mathrm{d}V\Big|_{\substack{x=2 \\ \Delta x = 0.02}}.$$

练习 2.1.4

1. 求函数 $y = (2x+5)^4$ 在 $x=1$,$\Delta x = 0.01$ 时的增量及微分.

2. 求下列函数的微分.

　(1) $y = 3x^2 - \dfrac{2}{x^2} + 5$;　　(2) $y = 3x^{-2}\sin x$;　　(3) $y = \cos(4-3x)$.

2.2　导数的应用

2.2.1　函数单调性的判断

观察

　设函数 $f(x)$ 在闭区间 $[a,b]$ 上连续,在开区间 (a,b) 内可导.观察函数图像(图 2-6)可以看出,曲线上至少有一点 C,使曲线在 C 点处的切线平行于弦 AB. 由于 $\dfrac{f(b)-f(a)}{b-a}$ 恰好是弦

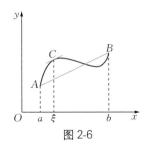

图 2-6

AB 的斜率, 而 $f'(\xi)$ 为曲线在 C 点处的切线的斜率. 故

$$f'(\xi) = \frac{f(b) - f(a)}{b - a}.$$

新知识

微分中值定理 如果函数 $y = f(x)$ 在闭区间 $[a, b]$ 上连续, 在开区间 (a, b) 内可导, 那么在 (a, b) 内至少存在一点 ξ, 使 $f(b) - f(a) = f'(\xi)(b - a)$ 成立, 即

$$f'(\xi) = \frac{f(b) - f(a)}{b - a}.$$

设函数 $y = f(x)$ 在闭区间 $[a, b]$ 上连续, 开区间 (a, b) 内可导, $x_1, x_2 \in (a, b)$, 且 $x_1 < x_2$, 由微分中值定理有

$$f(x_2) - f(x_1) = f'(\xi)(x_2 - x_1), \text{其中} \ \xi \in (x_1, x_2).$$

如果对任意 $x \in (a, b)$, 都有 $f'(x) > 0$[或 $f'(x) < 0$], 则必有 $f'(\xi) > 0$[或 $f'(\xi) < 0$], 从而有 $f(x_2) - f(x_1) > 0$[或 $f(x_2) - f(x_1) < 0$], 那么可以判断函数在区间 (a, b) 内为增函数(或减函数).

由此得到判断函数单调性的方法:

设函数 $y = f(x)$ 在 $[a, b]$ 上连续, 在 (a, b) 内可导.

(1) 如果在 (a, b) 内恒有 $f'(x) > 0$, 那么函数 $y = f(x)$ 在 $[a, b]$ 上单调增加;

(2) 如果在 (a, b) 内恒有 $f'(x) < 0$, 那么函数 $y = f(x)$ 在 $[a, b]$ 上单调减少.

如果将闭区间换成其他各种区间(包括无限区间)上述结论仍然成立.

说明 如果 $f'(x)$ 在区间 I 内的有限个点处为零, 在其余各点处均为正(或负), 那么, $f(x)$ 在区间 I 内仍旧是增(或减)函数.

知识巩固

例1 判断函数 $y = x^3 + 2x$ 在区间 $(1, 3)$ 内的单调性.

解 $y' = 3x^2 + 2$.

因为在区间 $(1, 3)$ 内, $y' > 0$, 故函数在区间 $(1, 3)$ 内是增函数.

例2 判断函数 $y = x + \cos x$ 在区间 $[0, 2\pi]$ 上的单调性.

解 $y' = 1 - \sin x$.

在区间 $[0, 2\pi]$ 上, 当 $x = \dfrac{\pi}{2}$ 时, $y' = 0$, 对 $x \in \left[0, \dfrac{\pi}{2}\right) \cup \left(\dfrac{\pi}{2}, 2\pi\right]$, 有 $y' > 0$, 故 $\left[0, \dfrac{\pi}{2}\right)$ 和 $\left(\dfrac{\pi}{2}, 2\pi\right]$ 都是函数的增区间. 此时, 函数在 $[0, 2\pi]$ 上是增函数.

例 3　求函数 $y = x^2 - 2x + 2$ 的单调区间.

解　函数 $y = x^2 - 2x + 2$ 的定义域为 $(-\infty, +\infty)$.

$$y' = 2x - 2 = 2(x - 1).$$

令 $y' = 0$, 解得 $x = 1$.

以 $x = 1$ 为分点, 将定义域分成区间 $(-\infty, 1]$ 和 $[1, +\infty)$.

当 $x \in (-\infty, 1)$ 时, $y' < 0$; 当 $x \in (1, +\infty)$ 时, $y' > 0$.

因此, 函数 $f(x)$ 的减区间为 $(-\infty, 1]$, 增区间为 $[1, +\infty)$.

新知识

使 $f'(x_0) = 0$ 的点 x_0 叫作函数 $y = f(x)$ 的**驻点**. 如果驻点 x_0 的两侧的导数异号, 那么称 x_0 为增减区间的**分界点**, 如例 3 中的 $x = 1$; 如果驻点 x_0 的两侧的导数同号, 那么 x_0 不是分界点, 如例 2 中的 $x = \dfrac{\pi}{2}$.

说明　除了驻点有可能是分界点外, 导数不存在的点也可能是分界点.

因此, 确定函数 $y = f(x)$ 单调区间的一般步骤是:

(1) 确定定义域并求 y';

(2) 找出可能的分界点, 分界点将定义域分为若干个部分区间;

(3) 依次判断函数在这些部分区间的单调性.

知识巩固

例 4　求函数 $y = 2x^3 - 9x^2 + 12x - 6$ 的单调区间.

解　函数 $y = 2x^3 - 9x^2 + 12x - 6$ 的定义域为 $(-\infty, +\infty)$, 且

$$y' = 6x^2 - 18x + 12 = 6(x - 1)(x - 2).$$

图片:例 4 图

令 $y' = 0$, 解得 $x_1 = 1$, $x_2 = 2$. 它们把定义域划分成三个区间: $(-\infty, 1]$, $[1, 2]$, $[2, +\infty)$.

当 $x \in (-\infty, 1)$ 时, $y' = 6(x - 1)(x - 2) > 0$, 故区间 $(-\infty, 1]$ 为增区间;

当 $x \in (1, 2)$ 时, $y' = 6(x - 1)(x - 2) < 0$, 故区间 $[1, 2]$ 为减区间;

当 $x \in (2, +\infty)$ 时, $y' = 6(x - 1)(x - 2) > 0$, 故区间 $[2, +\infty)$ 为增区间.

例 5　判断函数 $f(x) = \sqrt[3]{x}$ 的单调性.

解　函数 $f(x) = \sqrt[3]{x}$ 的定义域为 $(-\infty, +\infty)$, 且

$$f'(x) = \frac{1}{3} x^{-\frac{2}{3}}.$$

易见,函数 $f(x)=\sqrt[3]{x}$ 在点 $x=0$ 处导数不存在,并且点 $x=0$ 把定义域划分成两个区间 $(-\infty,0]$和$(0,+\infty)$.

当 $x\in(-\infty,0)$ 时,$y'=f'(x)=\dfrac{1}{3}x^{-\frac{2}{3}}>0$,则函数 $f(x)=\sqrt[3]{x}$ 在区间 $(-\infty,0]$ 上单调增加;

当 $x\in(0,+\infty)$ 时,$y'=f'(x)=\dfrac{1}{3}x^{-\frac{2}{3}}>0$,则函数 $f(x)=\sqrt[3]{x}$ 在区间 $(0,+\infty)$ 上单调增加.

综上所述,函数 $f(x)=\sqrt[3]{x}$ 在区间 $(-\infty,+\infty)$ 上是增函数.

练习 2.2.1

求下列函数的单调区间.

(1) $f(x)=x^3$;   (2) $y=2x^2-\ln x$;   (3) $y=\sqrt[3]{x^2}$.

2.2.2 函数的极值与最值

1. 函数的极值

知识回顾

一元二次函数 $y=ax^2+bx+c$,当 $a>0$(或 $a<0$) 时,在 $x=-\dfrac{b}{2a}$ 处取得最小值(或最大值) $\dfrac{4ac-b^2}{4a}$.

新知识

函数的最大值(或最小值)是针对整个定义范围而言的.下面研究在某些局部点的情况.

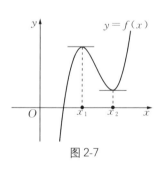

图 2-7

观察函数 $y=f(x)$ 的图像(图 2-7).自变量 x 在点 x_1 邻域取值时有 $f(x)<f(x_1)$;在点 x_2 邻域取值时有 $f(x)>f(x_2)$.

一般地,设函数 $y=f(x)$ 在区间 (a,b) 内有定义,如果在 x_0 邻域取值时有 $f(x)<f(x_0)$[或 $f(x)>f(x_0)$]成立,那么,就把 $f(x_0)$ 叫作函数 $f(x)$ 的一个**极大**(或**极小**)**值**,点 x_0 叫作 $f(x)$ 的一个**极大值**(或**极小值**)**点**.函数的极大值和极小值统称为函数的**极值**,极大值点和极小值点统称为**极值点**.

由此可见,极大值和极小值是局部概念.它只意味着在 x_0 的邻域各点的函数值的比较,而不意味着它在整个区间内最大或最小.

观察图 2-7 可以看到,在极值点处,函数的导数为零,即极值点为驻点.但是驻点不一定是极值点.例如,函数 $f(x)=x^3$ 的导数为 $f'(x)=3x^2$,由于 $f'(0)=0$,因此 $x=0$ 是函数的驻点,但 $x=0$ 却不是该函数的极值点.

此外,导数不存在(但连续)的点也有可能取得极值.因此函数的极值点只能在驻点和导数不存在的点中产生,称它们为**可能极值点**.

一般地,设函数 $f(x)$ 在点 x_0 的邻域连续且可导 $[f'(x_0)$ 可以不存在$]$,当 x 由小增大经过点 x_0 时,如果

(1) $f'(x)$ 由正变负,那么 x_0 是极大值点;

(2) $f'(x)$ 由负变正,那么 x_0 是极小值点;

(3) $f'(x)$ 不改变符号,那么 x_0 不是极值点.

因此求函数极值的一般步骤为:

(1) 求出函数的定义域;

(2) 求 $f(x)$ 的导数 $f'(x)$;

(3) 求出 $f(x)$ 的全部可能极值点;

(4) 判断可能极值点是否为极值点;

(5) 求出各极值点的函数值.

知识巩固

例 6 求函数 $y=-x^4+\dfrac{8}{3}x^3-2x^2+2$ 的极值.

解 函数 $y=-x^4+\dfrac{8}{3}x^3-2x^2+2$ 的定义域为 $(-\infty,+\infty)$.

$$y'=-4x^3+8x^2-4x=-4x(x-1)^2.$$

令 $y'=0$,解得 $x_1=0$,$x_2=1$.

列表(表 2-1):

图片:例6图

表 2-1

x	$(-\infty,0)$	0	$(0,1)$	1	$(1,+\infty)$
y'	$+$	0	$-$	0	$-$
y	↗	极大值 2	↘	无极值	↘

因此,函数的极大值为 $f(0)=2$.

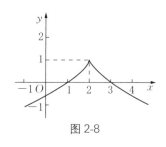

图 2-8

例7 求函数 $f(x)=1-(x-2)^{\frac{2}{3}}$ 的极值.

解 函数 $f(x)$ 的定义域为 $(-\infty, +\infty)$.

$$f'(x)=-\frac{2}{3\sqrt[3]{x-2}}.$$

当 $x=2$ 时, $f'(x)$ 不存在.

列表(表 2-2):

表 2-2

x	$(-\infty, 2)$	2	$(2, +\infty)$
$f'(x)$	+	不存在	−
$f(x)$	↗	极大值 1	↘

由表 2-2 知, $x=2$ 为函数的极值点,函数的极大值为 $f(2)=1$(图 2-8).

新知识

设 x_0 是函数 $f(x)$ 的驻点,并且函数 $f(x)$ 在点 x_0 处有二阶导数.还可以利用二阶导数来判定点 x_0 是否为函数 $f(x)$ 的极值点.方法如下:

(1) 若 $f''(x_0)<0$,则函数 $f(x)$ 在点 x_0 处取得极大值;

(2) 若 $f''(x_0)>0$,则函数 $f(x)$ 在点 x_0 处取得极小值;

(3) 若 $f''(x_0)=0$,则不能判断 $f(x)$ 在点 x_0 是否取得极值.

2. 最大值与最小值问题

在工农业生产、工程技术及科学技术分析中,往往会遇到在一定条件下,求"产量最大""用料最省""成本最低""效率最高"等实际问题,这类问题一般可归结为求函数的最大值或最小值问题,统称为**最值问题**.

下面就函数的不同情况,分别研究函数的最值的求法.

(1) 闭区间 $[a,b]$ 上的连续函数.由连续函数的性质知,如果 $f(x)$ 在闭区间上连续,那么一定存在最大值和最小值.因此,只要求出函数 $f(x)$ 的所有极值点和端点的函数值,进行比较即可得到函数在该区间上的最值.

知识巩固

图片:例8图

例8 求函数 $f(x)=x^4-2x^2+3$ 在 $[-2,2]$ 上的最大值和最小值.

解 $f'(x)=4x^3-4x=4x(x+1)(x-1)$.

令 $f'(x)=0$,解得 $x_1=-1$, $x_2=0$, $x_3=1$.

于是 $f(0)=3$, $f(\pm 1)=2$, $f(\pm 2)=11$.

所以 $f(x)$ 在 $[-2,2]$ 上的最大值为 $f(\pm 2)=11$,最小值为 $f(\pm 1)=2$.

新知识

(2) 一般区间上的连续函数.如果 $f(x)$ 在一个区间(有限或无限,开或闭)内可导并且只有一个驻点 x_0,那么,当 $f(x_0)$ 是极大值时,$f(x_0)$ 就是 $f(x)$ 在该区间上的最大值;当 $f(x_0)$ 是极小值时,$f(x_0)$ 就是 $f(x)$ 在该区间上的最小值.

知识巩固

例 9 求函数 $y = -x^2 + 4x - 3$ 的最大值.

解 函数的定义域为 $(-\infty, +\infty)$.

$$y' = -2x + 4 = -2(x - 2).$$

令 $y' = 0$,求得驻点 $x = 2$.

当 $x \in (-\infty, 2)$ 时,$y' > 0$;当 $x \in (2, +\infty)$ 时,$y' < 0$.

故 $x = 2$ 是函数的极大值点,极大值为 1.

因为函数在 $(-\infty, +\infty)$ 内只有唯一的一个极值点,所以函数的极大值就是函数的最大值,即函数的最大值点是 $x = 2$,最大值为 1,如图 2-9 所示.

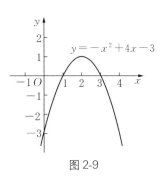

图 2-9

新知识

(3) 实际问题中的最值.实际问题中,往往根据问题的实际意义就可以断定函数 $f(x)$ 确有最大值或最小值,而且一定在定义区间内部取得,这时如果函数在定义区间内部只有一个驻点 x_0,那么,不用讨论就可断定 $f(x_0)$ 是所求的最大值或最小值.

知识巩固

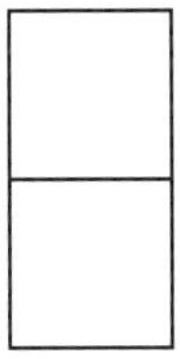

例 10 欲用长 6 m 的铝合金料加工一个日字形窗框(图 2-10),问它的长和宽分别为多少时,才能使窗户面积最大,最大面积是多少?

解 设窗框的宽为 x m,则长为 $\frac{1}{2}(6 - 3x)$ m.窗户的面积为 y m²,则

$$y = x \cdot \frac{1}{2}(6 - 3x) = 3x - \frac{3}{2}x^2 \quad (0 < x < 2),$$

$$y' = 3 - 3x.$$

图 2-10

令 $y' = 0$,求得驻点 $x = 1$.

当 $x = 1$ 时,$y = \frac{3}{2}$.

由于函数在定义区间内只有唯一的驻点,而由实际问题知道面积的最大值存在,因此驻

点就是最大值点,即窗户的宽为 1 m,长为 $\dfrac{3}{2}$ m 时,窗户的面积最大.最大的面积为

$$y(1)=\dfrac{3}{2}(\mathrm{m}^2).$$

例 11 要铺设一条石油管道将石油从炼油厂输送到石油灌装点,如图 2-11 所示,炼油厂附近有一条宽2.5 km 的河,灌装点在炼油厂的对岸沿河下游 10 km 处,如果在水中铺设管道的费用为 6 万元/km,在河边铺设管道的费用为 4 万元/km,试在河边找一点 P 使管道铺设费用最低.

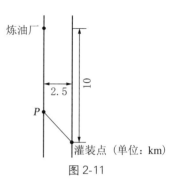

图 2-11

解 设点 P 距炼油厂的距离为 x km,管道铺设费用为 y 万元.由题意,得

$$y=4x+6\sqrt{(10-x)^2+2.5^2} \quad (0\leqslant x\leqslant 10).$$

$$y'=4-\dfrac{6(10-x)}{\sqrt{(10-x)^2+6.25}}.$$

令 $y'=0$,求得驻点 $x_1=10+\dfrac{10}{\sqrt{20}}$(舍去),$x_2=10-\dfrac{10}{\sqrt{20}}\approx7.764$,由于管道最低铺设费用一定存在,且在$[0,10]$内取得,所以当点 P 距炼油厂距离约为 7.764 km 时,管道铺设费用最低,最低管道铺设费用约为 51.18 万元.

练习 2.2.2

1. 求下列函数的极值点和极值.

   (1) $y=2+x-x^2$; 　　　　　　　　(2) $y=3x^4-4x^3+1$.

2. 欲做一个底为正方形,容积为 108 m^3 的开口容器,怎样做用料最省?

*2.2.3　洛必达法则

问题

在 1.2.2 节中,我们学习了求函数极限的方法,主要方法是通过观察函数图像或利用极限的运算法则.但是,对于两个函数之商的极限,当分母的极限为 0 或 ∞ 时,极限的运算法则(3)无法使用,尽管有些函数可以利用重要极限或无穷小代换求出,但是大部分此类函数的计算非常困难,例如 $\lim\limits_{x\to0^+}\dfrac{\ln(3x+1)}{\mathrm{e}^x+\sin x-1}$.

如何直接求出这类函数的极限呢?

新知识

求这类函数的极限通常需要应用下述"洛必达法则"来计算(证明略).

洛必达法则 1　若函数 $f(x)$ 和 $g(x)$ 满足以下 3 个条件:

(1) $\lim\limits_{x \to x_0} f(x) = 0$, $\lim\limits_{x \to x_0} g(x) = 0$;

(2) 在点 x_0 邻域(点 x_0 可除外)可导,且 $g'(x) \neq 0$;

(3) $\lim\limits_{x \to x_0} \dfrac{f'(x)}{g'(x)} = A$ (或 ∞),则

$$\lim_{x \to x_0} \frac{f(x)}{g(x)} = \lim_{x \to x_0} \frac{f'(x)}{g'(x)} = A \text{ (或 } \infty \text{)}.$$

满足法则 1 条件的极限式称为"$\dfrac{0}{0}$"型未定式.法则 1 告诉我们,此时可以通过计算 $\lim\limits_{x \to x_0} \dfrac{f'(x)}{g'(x)}$ 来求出 $\lim\limits_{x \to x_0} \dfrac{f(x)}{g(x)}$.

知识巩固

例 12　求 $\lim\limits_{x \to 0} \dfrac{\ln(1+x)}{x}$.

解　函数满足洛必达法则 1 的条件,为"$\dfrac{0}{0}$"型未定式,故

$$\lim_{x \to 0} \frac{\ln(1+x)}{x} = \lim_{x \to 0} \frac{\dfrac{1}{1+x}}{1} = 1.$$

例 13　求 $\lim\limits_{x \to 0} \dfrac{e^x + e^{-x} - 2}{1 - \cos x}$.

解　函数满足洛必达法则 1 的条件,为"$\dfrac{0}{0}$"型未定式,故

$$\lim_{x \to 0} \frac{e^x + e^{-x} - 2}{1 - \cos x} = \lim_{x \to 0} \frac{e^x - e^{-x}}{\sin x}.$$

函数仍然满足洛必达法则 1 的条件,为"$\dfrac{0}{0}$"型未定式,故

$$\text{原式} = \lim_{x \to 0} \frac{e^x + e^{-x}}{\cos x} = 2.$$

说明　只要满足条件,洛必达法则就可以连续使用.

新知识

洛必达法则 2 若函数 $f(x)$ 和 $g(x)$ 满足以下 3 个条件:

(1) $\lim\limits_{x \to x_0} f(x) = \infty$, $\lim\limits_{x \to x_0} g(x) = \infty$;

(2) 在点 x_0 邻域(点 x_0 可除外)可导,且 $g'(x) \neq 0$;

(3) $\lim\limits_{x \to x_0} \dfrac{f'(x)}{g'(x)} = A$ (或 ∞),则

$$\lim\limits_{x \to x_0} \frac{f(x)}{g(x)} = \lim\limits_{x \to x_0} \frac{f'(x)}{g'(x)} = A \text{ (或 } \infty\text{)}.$$

满足法则 2 条件的极限式称为 "$\dfrac{\infty}{\infty}$" 型未定式. 法则 2 告诉我们,此时可以通过计算 $\lim\limits_{x \to x_0} \dfrac{f'(x)}{g'(x)}$ 来求出 $\lim\limits_{x \to x_0} \dfrac{f(x)}{g(x)}$.

说明 在法则 1 和法则 2 中,若将自变量变化过程 "$x \to x_0$" 改成 "$x \to \infty$",结论仍然成立.

知识巩固

例 14 求 $\lim\limits_{x \to \infty} \dfrac{x^2 + x}{2x^2 + x - 1}$.

解 $\lim\limits_{x \to \infty} \dfrac{x^2 + x}{2x^2 + x - 1} = \lim\limits_{x \to \infty} \dfrac{2x + 1}{4x + 1} = \lim\limits_{x \to \infty} \dfrac{2}{4} = \dfrac{1}{2}$.

例 15 求 $\lim\limits_{x \to 0} \dfrac{\ln(3x + 1)}{e^x + \sin x - 1}$.

解 $\lim\limits_{x \to 0} \dfrac{\ln(3x + 1)}{e^x + \sin x - 1} = \lim\limits_{x \to 0} \dfrac{\dfrac{3}{3x + 1}}{e^x + \cos x} = \dfrac{3}{2}$.

新知识

除了 "$\dfrac{0}{0}$" 和 "$\dfrac{\infty}{\infty}$" 两种类型的未定式之外,常见的未定式还有 "$0 \cdot \infty$" "$\infty - \infty$" "0^0" "1^∞" "∞^0" 等类型,可以将它们转化为 "$\dfrac{0}{0}$" 或 "$\dfrac{\infty}{\infty}$" 型未定式来计算. 下面通过例题介绍 "$0 \cdot \infty$" "$\infty - \infty$" 型未定式的极限的求法.

例 16 求 $\lim\limits_{x \to 0^+} (x \ln x)$.

解 $\lim\limits_{x \to 0^+} x = 0$, $\lim\limits_{x \to 0^+} \ln x = \infty$,这是 "$0 \cdot \infty$" 型未定式,将其写成分式可以完成转化,从而应用洛必达法则进行计算.

$$\lim_{x \to 0^+}(x \ln x) = \lim_{x \to 0^+} \frac{\ln x}{\dfrac{1}{x}} = \lim_{x \to 0^+} \frac{\dfrac{1}{x}}{-\dfrac{1}{x^2}} = \lim_{x \to 0^+}(-x) = 0.$$

例 17 求 $\lim\limits_{x \to 0}\left(\dfrac{1}{\sin x} - \dfrac{1}{x}\right)$.

解 $\lim\limits_{x \to 0^+}\dfrac{1}{\sin x} = \infty$，$\lim\limits_{x \to 0^+}\dfrac{1}{x} = \infty$，这是"$\infty - \infty$"型未定式，首先进行分式运算可以完成转化，从而完成计算.

$$\begin{aligned}
\lim_{x \to 0}\left(\frac{1}{\sin x} - \frac{1}{x}\right) &= \lim_{x \to 0}\left(\frac{x - \sin x}{x \sin x}\right) \\
&= \lim_{x \to 0}\frac{1 - \cos x}{\sin x + x \cos x} \\
&= \lim_{x \to 0}\frac{\sin x}{2\cos x - x \sin x} = 0.
\end{aligned}$$

注意 连续应用洛必达法则时，必须审查是否满足法则的条件，否则将导致计算错误. 例如，$\lim\limits_{x \to 0}\dfrac{\sin x}{2\cos x - x \sin x}$ 已经不是未定式，就不能继续应用洛必达法则.

---

* 练习 2.2.3

求下列极限.

(1) $\lim\limits_{x \to 0}\dfrac{\tan x}{3x}$;

(2) $\lim\limits_{x \to 0}\dfrac{x - \sin x}{x^3}$;

(3) $\lim\limits_{x \to 1}\left(\dfrac{x}{x-1} - \dfrac{1}{\ln x}\right)$.

数学实验 2 MATLAB 软件主要功能介绍 2

实验目的

(1) 利用 MATLAB 软件求函数的导数.

(2) 利用 MATLAB 软件求闭区间上连续函数的最值.

视频:MATLAB
软件介绍 2

实验内容

1. 利用 MATLAB 软件求函数的导数

求导数经常使用的命令是"diff(函数,自变量,导数的阶数)"，常见输入格式及含义见表 2-3.

表 2-3

输入格式	含 义
diff(f)或 diff(f, x)	求 $\dfrac{\mathrm{d}y}{\mathrm{d}x}$
diff(f, 2)或 diff(f, x, 2)	求 $\dfrac{\mathrm{d}^2 y}{\mathrm{d}x^2}$
diff(f, n)或 diff(f, x, n)	求 $\dfrac{\mathrm{d}^n y}{\mathrm{d}x^n}$
Dy_dx = maple('implicitdiff(f(x, y) = 0, y, x)')	求隐函数 $f(x, y) = 0$ 的导数

例 1　求函数 $y = x\cos x$ 的导数.

操作　在命令窗口中输入:

>>syms x;　　　　　　　　　% 定义变量

>>diff(x ∗ cos(x))　　　　　% 输入求导数命令

按 Enter 键,显示:

ans =

cos(x) − x ∗ sin(x)

即
$$y' = (x\cos x)' = \cos x - x\sin x.$$

说明　对于函数解析式比较复杂的,一般采用首先命名函数的方法.如例 1 输入为

>>syms x;　　　　　　　　　% 定义变量

>>y = x ∗ cos(x);　　　　　% 输入并命名函数解析式

>>dy = diff(y)　　　　　　　% 输入求导数指令

按 Enter 键,显示:

dy = cos(x) − x ∗ sin(x)

例 2　求隐函数 $x\mathrm{e}^y + \sin xy + 2y = 0$ 的导数.

操作　在命令窗口中输入:

>>Dy_dx = maple('implicitdiff(x ∗ exp(y) + sin(x ∗ y) + 2 ∗ y = 0,y,x)')

按 Enter 键,显示:

Dy_dx = − (exp(y) + cos(x ∗ y) ∗ y)/ (x ∗ exp(y) + cos(x ∗ y) ∗ x + 2)

即

$$y' = -\frac{\mathrm{e}^y + y\cos xy}{x\mathrm{e}^y + x\cos xy + 2}.$$

2. 利用 MATLAB 软件求闭区间上连续函数的最值

求闭区间 $[a, b]$ 上连续函数 $y = f(x)$ 的最小值的命令是

$$x = \text{fminbnd}('f(x)', a, b),$$
$$y = f(x).$$

命令 fminbnd 仅用于求函数的最小值. 若要求函数的最大值, 可先将函数变号, 求得最小值, 再次改变符号, 则得到所求函数的最大值.

例 3　求函数 $y = \mathrm{e}^{-x} \cos x$ 在区间 $[-5, 4]$ 上的最小值.

操作　在命令窗口中输入：

$>>$x = fminbnd('exp($-$ x) $*$ cos(x)', -5, 4);

$>>$y = exp($-$ x) $*$ cos(x)

按 Enter 键, 显示：

x = $-$ 3.9270

y = $-$ 35.8885

实验作业

1. 求函数 $y = x^3(2x - 1)$ 的导数.

2. 求函数 $y = x - \ln(1 + x)$ 的二阶导数.

3. 求函数 $y = x^4 - 2x^3 + 3x^2 - 4x + 1$ 在区间 $[-3, 2]$ 上的最小值.

第 2 章 小 结

一、基本概念

导数, 高阶导数, 微分, 函数的单调性, 极值, 最值.

二、基础知识

1. 导数

$$f'(x_0) = \lim_{\Delta x \to 0} \frac{\Delta y}{\Delta x} = \lim_{\Delta x \to 0} \frac{f(x_0 + \Delta x) - f(x_0)}{\Delta x};$$

$$f'(x) = \lim_{\Delta x \to 0} \frac{\Delta y}{\Delta x} = \lim_{\Delta x \to 0} \frac{f(x + \Delta x) - f(x)}{\Delta x}.$$

2. 导数的几何意义

曲线 $y = f(x)$ 在 x_0 点的切线斜率为 $f'(x_0)$.

3. 导数的运算

基本初等函数的导数公式：

(1) $(C)' = 0(C$ 为常数$)$;　　　　　　(2) $(x^a)' = ax^{a-1}$;

(3) $(\sin x)' = \cos x$;　　　　　　　　(4) $(\cos x)' = -\sin x$;

(5) $(\tan x)' = \sec^2 x$;　　　　　　　(6) $(\cot x)' = -\csc^2 x$;

(7) $(\sec x)' = \sec x \tan x$；　　　　(8) $(\csc x)' = -\csc x \cot x$；

(9) $(a^x)' = a^x \ln a (a > 0, a \neq 1)$；　　(10) $(e^x)' = e^x$；

(11) $(\log_a x)' = \dfrac{1}{x \ln a}(a > 0, a \neq 1)$；　　(12) $(\ln x)' = \dfrac{1}{x}$；

(13) $(\arcsin x)' = \dfrac{1}{\sqrt{1-x^2}} \ (-1 < x < 1)$；

(14) $(\arccos x)' = -\dfrac{1}{\sqrt{1-x^2}} \ (-1 < x < 1)$；

(15) $(\arctan x)' = \dfrac{1}{1+x^2} \ (x \in \mathbf{R})$；

(16) $(\operatorname{arccot} x)' = -\dfrac{1}{1+x^2} \ (x \in \mathbf{R})$.

导数的运算法则：

设 $u = u(x)$ 和 $v = v(x)$ 在 x 处都可导,则

(1) $(u \pm v)' = u' \pm v'$；

(2) $(uv)' = u'v + uv'$；

(3) $(Cu)' = Cu'$（C 为常数）；

(4) $\left(\dfrac{u}{v}\right)' = \dfrac{u'v - uv'}{v^2}$.

4. 复合函数的导数

设 $u = \varphi(x)$ 在 x 处可导，$y = f(u)$ 在对应的 u 处可导,则复合函数 $y = f[\varphi(x)]$ 的导数为 $y' = f'(u) \cdot \varphi'(x)$.

5. 隐函数的导数

设方程 $F(x, y) = 0$ 确定了可导函数 $y = f(x)$,在方程两边同时对 x 求导(注意 y 是 x 的函数),最后解出 y'.

6. 高阶导数

y' 的导数叫二阶导数,即 $(y')' = y''$. 二阶及以上的导数叫高阶导数.

7. 微分

函数 $y = f(x)$ 的微分记作 $dy = f'(x) dx$.

8. 函数单调性的判定

设函数 $y = f(x)$ 在 $[a, b]$ 上连续,在 (a, b) 内可导.

(1) 如果在 (a, b) 内恒有 $f'(x) > 0$,那么函数 $y = f(x)$ 在 $[a, b]$ 上单调增加；

(2) 如果在 (a, b) 内恒有 $f'(x) < 0$,那么函数 $y = f(x)$ 在 $[a, b]$ 上单调减少.

9. 函数的极值

设函数 $f(x)$ 在点 x_0 的邻域连续且可导 $[f'(x_0)$ 可以不存在$]$,当 x 由小增大经过点 x_0 时,

（1）如果 $f'(x)$ 由正变负，那么 x_0 是极大值点；

（2）如果 $f'(x)$ 由负变正，那么 x_0 是极小值点；

（3）如果 $f'(x)$ 不改变符号，那么 x_0 不是极值点.

三、核心能力

（1）利用导数公式及运算法则计算一些简单函数的导数.

（2）判断函数的单调性，求函数的极值，求简单的实际问题的最值.

（3）利用 MATLAB 软件求导数，利用软件 MATLAB 软件解决相对复杂的问题.

阅读材料

神 奇 的 蜂 房

蜂房是一座十分精密的建筑工程.蜜蜂建巢时，青壮年工蜂负责分泌片状新鲜蜂蜡，每片只有针头大小，而另一些工蜂则负责将这些蜂蜡仔细摆放到一定的位置，以形成竖直的直六棱柱.从外形看，蜂房每个房洞都形成一个完美的正六边形（图 2-12）.每一面蜂蜡隔墙厚度不到 0.1 mm，误差只有 0.002 mm.六面隔墙宽度完全相同.再仔细观察，每个房洞正六棱柱的入口是正六边形，而另一头由三个全等的菱形所封闭[图 2-13（1）].

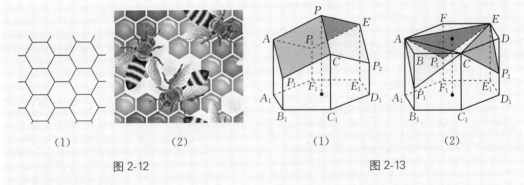

（1）　　　　　　（2）　　　　　　（1）　　　　　　（2）

图 2-12　　　　　　　　　　图 2-13

蜂房的优美形状，是自然界中最有效劳动的代表.达尔文曾经说过："蜂房的精巧构造十分符合需要，如果一个人看到蜂房而不倍加赞扬，那他一定是个糊涂虫."

加拿大科学记者德富林在《环球邮报》上撰写文章称，经过 1 600 年努力，数学家终于证明蜜蜂是世界上工作效率最高的建筑者.

我国著名的数学家华罗庚教授的佳作《谈谈与蜂房结构有关的数学问题》，深入浅出地对蜂房结构进行了详尽的研究.

封闭蜂洞的三个全等的菱形可以看作是按照下面方法得到的：

将六棱柱沿 AC，CE，AE 各切下同样大小的三棱锥 $B\text{-}AP_1C$，$D\text{-}CP_2E$，$F\text{-}AP_3E$ [图 2-13（2）]，然后移动到三角形 ACE 上面.

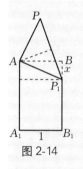

图 2-14

设正六边形的边长为 1，则 $AC = \sqrt{3}$. 下面从一个侧面 AA_1B_1B 来进行研究. 如图 2-14 所示，从一个宽为 1 的长方形中切去一个角，切割处成边 AP_1，以边 AP_1 为腰，$\frac{\sqrt{3}}{2}$ 为高作等腰三角形 AP_1P. 问题是怎样切才能使得既将蜂洞封底又使得面积的变化最小.

设切去的三角形的高为 x，则从侧面矩形 AA_1B_1B 中切去的三角形面积为 $\frac{1}{2}x$. 由于 $|AP_1| = \sqrt{1+x^2}$，故

$$P_1P = 2\sqrt{(1+x^2) - \left(\frac{\sqrt{3}}{2}\right)^2} = \sqrt{1+4x^2},$$

所以，$\triangle AP_1P$ 的面积为

$$S_{\triangle AP_1P} = \frac{\sqrt{3}}{4}\sqrt{1+4x^2}.$$

因此，面积的变化为

$$S = \frac{\sqrt{3}}{4}\sqrt{1+4x^2} - \frac{x}{2}.$$

利用本章所学的知识，容易求出当 $x = \frac{1}{\sqrt{8}}$ 时，图形面积变化最小. 从而计算出菱形的一个内角约为 $70°32'$.

建筑材料中的隔音材料造型、飞机发动机的进气孔等都仿照蜂房结构进行. 蜂房结构的神奇，被广泛应用于建筑、航空、航海、航天等诸多领域.

3

第 3 章
积分及其应用

我们在第 2 章学习了计算已知函数的导数(或微分)的方法.在许多实际应用中,经常会遇到与之相反的问题.例如,一辆火车以 48 m/s 的速度匀速行驶,当启动刹车系统时,火车以固定的加速度 -6 m/s² 停下.设火车在启动刹车系统 $t(s)$ 后的速度和位移分别为 $v(m/s)$ 和 $s(m)$,需要解决的问题是如何用 t 表示 v 和 s.

大家知道,已知位移函数 $s=s(t)$,则物体运动的速度函数 $v=s'(t)$;已知物体运动的速度函数 $v=v(t)$,则物体运动的加速度函数 $a=v'(t)$.

现在要解决的问题与上述过程刚好相反,即

(1) 已知速度函数的导数 $v'(t)=a=-6$,求速度函数 $v(t)$;

(2) 已知位移函数的导数 $s'(t)=v(t)$,求位移函数 $s(t)$.

这是已知函数的导数 $F'(x)=f(x)$ 求函数 $F(x)$ 的问题,是积分学要解决的基本问题.

积分学中有两个基本概念——不定积分和定积分.不定积分是作为函数导数的反问题提出的;定积分则是在解决复杂的面积、体积的计算等实际应用问题中引入的,虽然两者的概念完全不同,但是定积分的计算要借助不定积分来完成.

本章将介绍不定积分和定积分的概念、计算方法及简单应用.

3.1　不定积分

3.1.1　不定积分的概念与积分公式

1. 原函数与不定积分的概念

新知识

为了研究问题的方便,我们首先介绍原函数的概念.

已知 $f(x)$ 是定义在区间 I 上的函数,如果在区间 I 上存在函数 $F(x)$,使得该区间内的任何一点 x 都有 $F'(x)=f(x)$,则称函数 $F(x)$ 是函数 $f(x)$ 在该区间上的一个**原函数**.

知识巩固

例 1　求函数 $f(x)=2x$ 的原函数.

解　因为 $(x^2)'=2x$,所以 x^2 是 $2x$ 的一个原函数;因为 $(x^2+1)'=2x$,所以 x^2+1 是 $2x$ 的一个原函数;因为 $(x^2+C)'=2x$(C 是任意常数),所以对于任意常数 C,x^2+C 都是 $2x$ 的原函数.

新知识

由例 1 可以看出:

(1) 函数 $f(x)$ 的原函数有无穷多个;

(2) 函数 $f(x)$ 的两个原函数之间只相差一个常数;

(3) 若函数 $F(x)$ 为函数 $f(x)$ 的一个原函数,则 $F(x)+C$(C 是任意常数)表示 $f(x)$ 的全部原函数.

一般地,函数 $f(x)$ 在区间 I 上的全部原函数 $F(x)+C$(C 为任意常数)叫作 $f(x)$ 在区间 I 上的**不定积分**,记作 $\int f(x)\mathrm{d}x$,即

$$\int f(x)\mathrm{d}x = F(x)+C.$$

其中,记号 "$\int$" 称为**积分号**,$f(x)$ 称为**被积函数**,$f(x)\mathrm{d}x$ 称为**被积表达式**,x 称为**积分变量**,C 称为**积分常数**.

知识巩固

例2 求下列不定积分.

(1) $\int \cos x \, dx$;   (2) $\int 3x^2 \, dx$;   (3) $\int \dfrac{1}{x} \, dx$.

解 (1) 因为 $(\sin x)' = \cos x$, 所以

$$\int \cos x \, dx = \sin x + C.$$

(2) 因为 $(x^3)' = 3x^2$, 所以

$$\int 3x^2 \, dx = x^3 + C.$$

(3) 当 $x > 0$ 时, 因为 $(\ln x)' = \dfrac{1}{x}$, 即 $\ln x$ 是 $\dfrac{1}{x}$ 在 $(0, +\infty)$ 内的一个原函数, 故

$$\int \dfrac{1}{x} \, dx = \ln x + C.$$

当 $x < 0$ 时, 因为 $[\ln(-x)]' = \dfrac{1}{x}$, 即 $\ln(-x)$ 是 $\dfrac{1}{x}$ 在 $(-\infty, 0)$ 内的一个原函数, 故

$$\int \dfrac{1}{x} \, dx = \ln(-x) + C.$$

综上可知, 当 $x \neq 0$ 时, $\ln|x|$ 是 $\dfrac{1}{x}$ 的一个原函数, 因此

$$\int \dfrac{1}{x} \, dx = \ln|x| + C.$$

做一做

(1) 已知 $\int f(x) \, dx = 2\sqrt{x} + C$, 求 $f(x)$;

(2) 求不定积分 $\int \dfrac{1}{1+x^2} \, dx$.

新知识

由不定积分的概念知, 函数的不定积分与导数(或微分)互为逆运算, 即

(1) $\left[\int f(x) \, dx\right]' = f(x)$ 或 $d\left[\int f(x) \, dx\right] = f(x) \, dx$;

(2) $\int f'(x) \, dx = f(x) + C$ 或 $\int df(x) = \int f'(x) \, dx = f(x) + C$.

2. 不定积分的几何意义

探究

由 $\int 2x\,\mathrm{d}x = x^2 + C$ 知，$y = x^2 + C$ 是 $2x$ 的全部原函数. 因为 $y = x^2 + C$ 的图像可以由抛物线 $y = x^2$ 沿 y 轴移动 $|C|$ 个单位得到，所以 $y = x^2 + C$ 的图像是一族抛物线，如图 3-1 所示，并且每条抛物线上横坐标相同点处切线的斜率相等，都等于 $2x$.

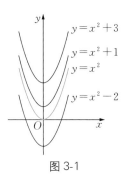

图 3-1

新知识

若 $F(x)$ 是 $f(x)$ 的一个原函数，则称 $y = F(x)$ 的图形是 $f(x)$ 的积分曲线. 不定积分 $\int f(x)\,\mathrm{d}x = F(x) + C$ 对应的图形是一族积分曲线，称为积分曲线族.

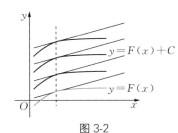

图 3-2

积分曲线族 $y = F(x) + C$ 的特点是：

（1）积分曲线族中任意一条曲线，可由其中某一条沿 y 轴平行移动而得到；

（2）每条积分曲线上横坐标相同点处的切线，斜率都等于 $f(x)$，从而使相应点的切线相互平行，如图 3-2 所示.

3. 不定积分的基本积分公式、运算法则、直接积分法

新知识

基本积分公式

函数的不定积分与导数（或微分）互为逆运算，因此，每一个导数公式都对应一个积分公式（表 3-1）.

表 3-1

序号	$F'(x) = f(x)$	$\int f(x)\,\mathrm{d}x = F(x) + C$
1	$(kx)' = k$	$\int k\,\mathrm{d}x = kx + C$
2	$\left(\dfrac{1}{\alpha+1}x^{\alpha+1}\right)' = x^{\alpha}\ (\alpha \neq -1)$	$\int x^{\alpha}\,\mathrm{d}x = \dfrac{1}{\alpha+1}x^{\alpha+1} + C\ (\alpha \neq -1)$
3	$(\mathrm{e}^x)' = \mathrm{e}^x$	$\int \mathrm{e}^x\,\mathrm{d}x = \mathrm{e}^x + C$
4	$(\ln|x|)' = \dfrac{1}{x}$	$\int \dfrac{1}{x}\,\mathrm{d}x = \ln|x| + C$

序号	$F'(x) = f(x)$	$\int f(x)\mathrm{d}x = F(x) + C$
5	$\left(\dfrac{a^x}{\ln a}\right)' = a^x \ (a > 0,\, a \neq 1)$	$\int a^x \mathrm{d}x = \dfrac{a^x}{\ln a} + C \ (a > 0,\, a \neq 1)$
6	$(-\cos x)' = \sin x$	$\int \sin x\,\mathrm{d}x = -\cos x + C$
7	$(\sin x)' = \cos x$	$\int \cos x\,\mathrm{d}x = \sin x + C$
8	$(\tan x)' = \sec^2 x$	$\int \sec^2 x\,\mathrm{d}x = \tan x + C$
9	$(-\cot x)' = \csc^2 x$	$\int \csc^2 x\,\mathrm{d}x = -\cot x + C$
10	$(\sec x)' = \sec x \tan x$	$\int \sec x \tan x\,\mathrm{d}x = \sec x + C$
11	$(-\csc x)' = \csc x \cot x$	$\int \csc x \cot x\,\mathrm{d}x = -\csc x + C$
12	$(\arcsin x)' = \dfrac{1}{\sqrt{1-x^2}}$	$\int \dfrac{1}{\sqrt{1-x^2}}\mathrm{d}x = \arcsin x + C$
13	$(\arctan x)' = \dfrac{1}{1+x^2}$	$\int \dfrac{1}{1+x^2}\mathrm{d}x = \arctan x + C$

运算法则

不定积分有以下两条运算法则.

(1) $\int [f(x) \pm g(x)]\mathrm{d}x = \int f(x)\mathrm{d}x \pm \int g(x)\mathrm{d}x$;

(2) $\int kf(x)\mathrm{d}x = k\int f(x)\mathrm{d}x \ (k$ 为不等于零的常数$)$.

直接积分法

利用不定积分的运算法则及被积函数的恒等变形,可以将积分转化为基本积分公式表中的积分进行计算,这种积分方法称为**直接积分法**.

知识巩固

例 3　求下列不定积分.

(1) $\int \left(\dfrac{1}{x^2} + 2^x\right)\mathrm{d}x$;　　　　　　　　(2) $\int \left(\dfrac{1}{2}x - \sin x\right)\mathrm{d}x$.

解　(1)

$$\int \left(\dfrac{1}{x^2} + 2^x\right)\mathrm{d}x = \int x^{-2}\mathrm{d}x + \int 2^x \mathrm{d}x$$

$$=-x^{-1}+C_1+\frac{2^x}{\ln 2}+C_2.$$

令 $C_1+C_2=C$，则

$$\int\left(\frac{1}{x^2}+2^x\right)\mathrm{d}x=-x^{-1}+\frac{2^x}{\ln 2}+C$$

$$=-\frac{1}{x}+\frac{2^x}{\ln 2}+C.$$

说明 今后计算不定积分时，不必分别添加积分常数，只需在最后添加一个即可.

（2）

$$\int\left(\frac{1}{2}x-\sin x\right)\mathrm{d}x=\frac{1}{2}\int x\,\mathrm{d}x-\int\sin x\,\mathrm{d}x$$

$$=\frac{1}{2}\times\frac{1}{2}x^2-(-\cos x)+C$$

$$=\frac{1}{4}x^2+\cos x+C.$$

例 4 求下列不定积分.

（1）$\int\left(x-\frac{1}{\sqrt{x}}\right)^2\mathrm{d}x$；　　　　　　（2）$\int\sin^2\frac{x}{2}\mathrm{d}x$.

解 （1）

$$\int\left(x-\frac{1}{\sqrt{x}}\right)^2\mathrm{d}x=\int\left(x^2-2\sqrt{x}+\frac{1}{x}\right)\mathrm{d}x$$

$$=\frac{1}{3}x^3-2\times\frac{2}{3}x^{\frac{3}{2}}+\ln\mid x\mid+C$$

$$=\frac{1}{3}x^3-\frac{4}{3}x\sqrt{x}+\ln\mid x\mid+C.$$

自测：测一测 4

（2）$\int\sin^2\frac{x}{2}\mathrm{d}x=\int\frac{1-\cos x}{2}\mathrm{d}x=\frac{1}{2}(x-\sin x)+C.$

例 5 某物体以速度 $v=3t^2+4t$（单位：m/s）作直线运动，当 $t=1\,\mathrm{s}$ 时，物体经过的路程 $s=3\,\mathrm{m}$，求该物体的运动方程.

解 因为

$$s'=v=3t^2+4t,$$

所以

$$s=\int(3t^2+4t)\mathrm{d}t=t^3+2t^2+C.$$

当 $t=1$ 时，$s=3$，所以 $3=1^3+2\times1^2+C$，即 $C=0$.

故该物体的运动方程为 $s=t^3+2t^2$.

练习 3.1.1

1. 求下列不定积分.

(1) $\int \left(\dfrac{x}{2} + \dfrac{2}{x} \right) \mathrm{d}x$;

(2) $\int \left(\mathrm{e}^x - \dfrac{1}{\sqrt{1-x^2}} + 2 \right) \mathrm{d}x$;

(3) $\int (x^3 - 1)^2 \mathrm{d}x$;

(4) $\int \sqrt{x} \left(x - \dfrac{1}{x} \right) \mathrm{d}x$.

2. 某曲线经过点 $(2,7)$,且曲线上任意一点 (x,y) 处的切线斜率为 $y' = 3x^2 + 1$,求该曲线的方程.

3.1.2 不定积分的计算

做一做

填空题:

(1) _____ $\mathrm{d}x = \mathrm{d}(\sin x)$;

(2) _____ $\mathrm{d}x = \mathrm{d}(\sqrt{x})$;

(3) $\mathrm{e}^x \mathrm{d}x = \mathrm{d}$ _____ ;

(4) $\dfrac{1}{x} \mathrm{d}x = \mathrm{d}$ _____ ;

(5) $\mathrm{d}x = $ _____ $\mathrm{d}(2 - 3x)$;

(6) $x \mathrm{d}x = $ _____ $\mathrm{d}(x^2 + 1)$.

探究

例 6 求 $\int (x+1)^2 \mathrm{d}x$.

解 1 $\int (x+1)^2 \mathrm{d}x = \int (x^2 + 2x + 1) \mathrm{d}x = \dfrac{1}{3} x^3 + x^2 + x + C$.

解 2 令 $u = x + 1$,则 $\mathrm{d}u = (x+1)' \mathrm{d}x = \mathrm{d}x$. 代入原积分中,得

$$\int (x+1)^2 \mathrm{d}x = \int u^2 \mathrm{d}u = \dfrac{1}{3} u^3 + C.$$

再将 $u = x + 1$ 回代,得

$$\int (x+1)^2 \mathrm{d}x = \dfrac{1}{3} (x+1)^3 + C.$$

$$= \dfrac{1}{3} x^3 + x^2 + x + C.$$

因为 $\left[\dfrac{1}{3} (x+1)^3 \right]' = (x+1)^2$,所以 $\dfrac{1}{3} (x+1)^3$ 确定是 $(x+1)^2$ 的一个原函数,说

明这种方法是正确的.利用这种方法可以很容易地计算出如 $\int (x+1)^{10}\mathrm{d}x$，$\int (x+1)^{100}\mathrm{d}x$ 等不定积分,不必将被积函数展开,使得计算非常方便.

这种做法是否具有普遍性呢? 答案是肯定的.

1. 不定积分的换元积分法

新知识

一般地,若 $\int f(x)\mathrm{d}x = F(x)+C$ 成立,则当 u 是 x 的可导函数 $u = \varphi(x)$ 时,

$$\int f(u)\mathrm{d}u = F(u)+C$$

也成立.

这个结论表明:在基本积分公式中,自变量 x 换成可导函数 $u = \varphi(x)$ 时,积分公式的形式不变,公式仍然成立,这样就扩大了不定积分基本积分公式的适用范围.

通常把这种求不定积分的方法叫作**第一类换元积分法**,上述积分方法中关键是将被积表达式写成 $f(\varphi(x))\mathrm{d}\varphi(x)$ 的形式,称为凑微分,因此,第一类换元积分法又叫作**凑微分法**.凑微分法是一种最基本的积分方法,下面分两种基本情况介绍.

(1) 形式为 $\int f(ax+b)\mathrm{d}x$ 的不定积分 $(a \neq 0)$.

考虑到 $\mathrm{d}(ax+b) = (ax+b)'\mathrm{d}x = a\mathrm{d}x$，把被积函数中的 $\mathrm{d}x$ 凑微分,得 $\mathrm{d}x = \dfrac{1}{a}\mathrm{d}(ax+b)$，令 $u = ax+b$,然后利用基本积分公式求解.

知识巩固

例 7　求 $\int \sqrt{2x-1}\,\mathrm{d}x$.

解　因为 $\mathrm{d}x = \dfrac{1}{2}\mathrm{d}(2x-1)$，令 $u = 2x-1$，则

$$\int \sqrt{2x-1}\,\mathrm{d}x = \frac{1}{2}\int \sqrt{u}\,\mathrm{d}u = \frac{1}{2} \times \frac{2}{3}u^{\frac{3}{2}}+C$$

$$= \frac{1}{3}(2x-1)\sqrt{2x-1}+C.$$

在运算熟练后,中间变量 u 只需记在心里,而不必写出来,例 7 的具体写法是:

$$\int \sqrt{2x-1}\,\mathrm{d}x = \frac{1}{2}\int \sqrt{2x-1}\,\mathrm{d}(2x-1)$$

$$= \frac{1}{2} \times \frac{2}{3}(2x-1)^{\frac{3}{2}}+C = \frac{1}{3}(2x-1)\sqrt{2x-1}+C.$$

例 8　求 $\int \dfrac{1}{1-4x} \mathrm{d}x$.

解　$\int \dfrac{1}{1-4x} \mathrm{d}x = -\dfrac{1}{4} \int \dfrac{1}{1-4x} \mathrm{d}(1-4x) = -\dfrac{1}{4} \ln \mid 1-4x \mid + C$.

例 9　求 $\int \sin \dfrac{x}{2} \mathrm{d}x$.

解　$\int \sin \dfrac{x}{2} \mathrm{d}x = 2 \int \sin \dfrac{x}{2} \mathrm{d}\left(\dfrac{x}{2}\right) = -2\cos \dfrac{x}{2} + C$.

新知识

（2）形式为 $\int f(\varphi(x))\varphi'(x)\mathrm{d}x$ 的不定积分.

把被积函数中的 $\varphi'(x)\mathrm{d}x$ 凑微分，得 $\varphi'(x)\mathrm{d}x = \mathrm{d}\varphi(x)$，令 $u = \varphi(x)$，然后利用基本积分公式求解.

知识巩固

例 10　求 $\int x(x^2-1)^{10} \mathrm{d}x$.

解　被积函数中含有 x 和 x^2-1，且 $(x^2-1)' = 2x$，因此可以尝试用 x 与 $\mathrm{d}x$ 凑微分，即

$$x\,\mathrm{d}x = \dfrac{1}{2}\mathrm{d}(x^2-1),$$

所以　　　　$\int x(x^2-1)^{10}\mathrm{d}x = \dfrac{1}{2}\int (x^2-1)^{10}\mathrm{d}(x^2-1)$

$$= \dfrac{1}{2} \times \dfrac{1}{11}(x^2-1)^{11} + C = \dfrac{1}{22}(x^2-1)^{11} + C.$$

例 11　求 $\int \dfrac{\ln x}{x} \mathrm{d}x$.

解　被积函数中含有 $\dfrac{1}{x}$ 和 $\ln x$ 且 $(\ln x)' = \dfrac{1}{x}$，因此可以尝试用 $\dfrac{1}{x}$ 与 $\mathrm{d}x$ 凑微分，即

$$\dfrac{1}{x}\mathrm{d}x = \mathrm{d}(\ln x),$$

所以　　　　$\int \dfrac{\ln x}{x} \mathrm{d}x = \int \ln x\,\mathrm{d}(\ln x) = \dfrac{1}{2}(\ln x)^2 + C$.

例 12　求 $\int \mathrm{e}^{\sin x} \cdot \cos x\,\mathrm{d}x$.

解　被积函数中含有 $\cos x$ 和 $\mathrm{e}^{\sin x}$，且 $(\sin x)' = \cos x$，因此可以尝试用 $\cos x$ 与 $\mathrm{d}x$

凑微分,即

$$\cos x \, \mathrm{d}x = \mathrm{d}(\sin x),$$

所以

$$\int e^{\sin x} \cdot \cos x \, \mathrm{d}x = \int e^{\sin x} \mathrm{d}(\sin x) = e^{\sin x} + C.$$

说明　当被积函数中含有 x,e^x,$\sin x$,$\cos x$,$\dfrac{1}{x}$,$\dfrac{1}{x^2}$,$\dfrac{1}{\sqrt{x}}$,$\dfrac{1}{\sqrt{1-x^2}}$,$\dfrac{1}{1+x^2}$ 等因式时,可以考虑将它们与 $\mathrm{d}x$ 凑微分,即

$$x \, \mathrm{d}x = \frac{1}{2}\mathrm{d}(x^2), \quad e^x \, \mathrm{d}x = \mathrm{d}(e^x),$$

$$\sin x \, \mathrm{d}x = -\mathrm{d}(\cos x), \quad \cos x \, \mathrm{d}x = \mathrm{d}(\sin x),$$

$$\frac{1}{x}\mathrm{d}x = \mathrm{d}(\ln x), \quad \frac{1}{x^2}\mathrm{d}x = -\mathrm{d}\left(\frac{1}{x}\right), \quad \frac{1}{\sqrt{x}}\mathrm{d}x = 2\mathrm{d}(\sqrt{x}),$$

$$\frac{1}{\sqrt{1-x^2}}\mathrm{d}x = \mathrm{d}(\arcsin x), \quad \frac{1}{1+x^2}\mathrm{d}x = \mathrm{d}(\arctan x).$$

在求解不定积分问题中,所用到的凑微分绝非只有这些.因此,对遇到的具体问题要认真分析,总结规律,逐步掌握这一积分方法.

*新知识

采用换元法计算不定积分 $\displaystyle\int f(x)\mathrm{d}x$,可以利用凑微分将其转化为 $\displaystyle\int f(\varphi(x))\varphi'(x)\mathrm{d}x$ 进行计算,还可以寻求适当的变量代换 $x = \varphi(t)$,将 $\displaystyle\int f(x)\mathrm{d}x$ 转化为关于变量 t 的不定积分 $\displaystyle\int f[\varphi(t)]\varphi'(t)\mathrm{d}t$. 这种方法叫作**第二类换元积分法**.

利用第二类换元积分法计算不定积分的步骤为:

(1) 寻找适当的变量代换 $x = \varphi(t)$;

(2) 计算不定积分 $\displaystyle\int f(\varphi(t))\varphi'(t)\mathrm{d}t$;

(3) 利用 $t = \varphi^{-1}(x)$ 将积分结果表示为 x 的函数.

知识巩固

*例 13　求 $\displaystyle\int \frac{1}{1+\sqrt{x}}\mathrm{d}x$.

解　为了去掉被积函数中的根式,令 $t = \sqrt{x}$,则 $x = t^2$,$\mathrm{d}x = 2t\,\mathrm{d}t\,(t>0)$,于是

$$\int \frac{1}{1+\sqrt{x}}\mathrm{d}x = \int \frac{1}{1+t} \cdot 2t\,\mathrm{d}t = 2\int \frac{(t+1)-1}{1+t}\mathrm{d}t$$

$$= 2\int \left(1 - \frac{1}{1+t}\right)\mathrm{d}t = 2t - 2\ln|1+t| + C$$

$$= 2\sqrt{x} - 2\ln(1+\sqrt{x}) + C.$$

*例 14 求 $\displaystyle\int \frac{\mathrm{d}x}{\sqrt{x}+\sqrt[3]{x}}$.

解 为了去掉被积函数中的根式,取 2 与 3 的最小公倍数 6,令 $x = t^6$,则 $\mathrm{d}x = 6t^5$, $\sqrt[3]{x} = t^2$, $\sqrt{x} = t^3$. 于是

$$\int \frac{\mathrm{d}x}{\sqrt{x}+\sqrt[3]{x}} = \int \frac{6t^5}{t^3+t^2}\mathrm{d}t = 6\int \frac{t^3}{t+1}\mathrm{d}t$$

$$= 6\int \frac{t^3+1-1}{t+1}\mathrm{d}t$$

$$= 6\int \left(t^2 - t + 1 - \frac{1}{t+1}\right)\mathrm{d}t$$

$$= 2t^3 - 3t^2 + 6t - 6\ln|t+1| + C$$

$$= 2\sqrt{x} - 3\sqrt[3]{x} + 6\sqrt[6]{x} - 6\ln\left|\sqrt[6]{x}+1\right| + C.$$

2. 不定积分的分部积分法

新知识

分部积分法是与两个函数乘积的导数运算法则对应的,也是一种基本积分方法.

设函数 $u = u(x)$, $v = v(x)$ 均有连续的导数,由

$$(uv)' = u'v + uv',$$

得

$$uv' = (uv)' - u'v.$$

两边同时求不定积分,得 $\displaystyle\int uv'\mathrm{d}x = \int (uv)'\mathrm{d}x - \int u'v\,\mathrm{d}x$,

即

$$\int u\,\mathrm{d}v = uv - \int v\,\mathrm{d}u.$$

上述公式称为**分部积分公式**.它可以将求 $\displaystyle\int u\,\mathrm{d}v$ 的积分问题转化为求 $\displaystyle\int v\,\mathrm{d}u$ 的积分,当积分 $\displaystyle\int v\,\mathrm{d}u$ 较容易求出时,利用分部积分公式起到了化难为易的作用.

知识巩固

例 15 求 $\displaystyle\int x\cos x\,\mathrm{d}x$.

分析　用分部积分法求解,怎样选取 u 和 $\mathrm{d}v$ 呢? 可做下面的尝试.

解 1　设 $u=x$,$\mathrm{d}v=\cos x\mathrm{d}x=\mathrm{d}(\sin x)$,则 $\mathrm{d}u=\mathrm{d}x$,$v=\sin x$.

应用分部积分公式,得

$$\int x\cos x\mathrm{d}x=x\sin x-\int \sin x\mathrm{d}x=x\sin x+\cos x+C.$$

解 2　设 $u=\cos x$,$\mathrm{d}v=x\mathrm{d}x=\mathrm{d}\left(\dfrac{1}{2}x^2\right)$,则 $\mathrm{d}u=-\sin x\mathrm{d}x$,$v=\dfrac{1}{2}x^2$.

应用分部积分公式,得

$$\int x\cos x\mathrm{d}x=\dfrac{1}{2}x^2\cos x+\int \dfrac{1}{2}x^2\sin x\mathrm{d}x.$$

因为上式中 $\int x^2\sin x\mathrm{d}x$ 比原来的积分更不易求出,说明这样选取 u 和 $\mathrm{d}v$ 是不合适的.

新知识

由例 15 可以看到:

(1) 选取 u 和 $\mathrm{d}v$ 的原则是:$\mathrm{d}v$ 容易求得,$\int v\mathrm{d}u$ 比原来的积分容易计算.

(2) 由 $\mathrm{d}v=\cos x\mathrm{d}x=(\sin x)'\mathrm{d}x=\mathrm{d}(\sin x)$ 求出 $v=\sin x$,实质还是凑微分.因此,使用分部积分公式的一般步骤是:

$$\int uv'\mathrm{d}x\xrightarrow{\text{凑微分}}\int u\mathrm{d}v\xrightarrow{\text{代入公式}}uv-\int v\mathrm{d}u\xrightarrow{\text{求 }\mathrm{d}u}uv-\int vu'\mathrm{d}x\xrightarrow{\text{积分}}F(x)+C.$$

运算熟练后,u,$\mathrm{d}v$,$\mathrm{d}u$,v 只需记在心里,而不必写出来,例 15 的具体写法是:

$$\int x\cos x\mathrm{d}x=\int x\mathrm{d}(\sin x)=x\sin x-\int \sin x\mathrm{d}x=x\sin x+\cos x+C.$$

知识巩固

例 16　求 $\int x\ln x\mathrm{d}x$.

解

$$\begin{aligned}\int x\ln x\mathrm{d}x&=\int \ln x\mathrm{d}\left(\dfrac{1}{2}x^2\right)=\dfrac{1}{2}x^2\ln x-\int \dfrac{1}{2}x^2\mathrm{d}(\ln x)\\&=\dfrac{1}{2}x^2\ln x-\int \dfrac{1}{2}x^2\cdot\dfrac{1}{x}\mathrm{d}x=\dfrac{1}{2}x^2\ln x-\int \dfrac{1}{2}x\mathrm{d}x\\&=\dfrac{1}{2}x^2\ln x-\dfrac{1}{4}x^2+C.\end{aligned}$$

说明　有时需要连续两次凑微分,然后应用分部积分公式进行计算.

例 17　求 $\int x\cos 2x\,\mathrm{d}x$.

解　$\int x\cos 2x\,\mathrm{d}x=\dfrac{1}{2}\int x\cos 2x\,\mathrm{d}(2x)=\dfrac{1}{2}\int x\,\mathrm{d}(\sin 2x)=\dfrac{1}{2}\left(x\sin 2x-\int\sin 2x\,\mathrm{d}x\right)$

$$=\dfrac{1}{2}\left[x\sin 2x-\dfrac{1}{2}\int\sin 2x\,\mathrm{d}(2x)\right]=\dfrac{1}{2}\left[x\sin 2x+\dfrac{1}{2}\cos 2x\right]+C$$

$$=\dfrac{1}{2}x\sin 2x+\dfrac{1}{4}\cos 2x+C.$$

说明　当被积函数只有一项时,此函数就是 u,$\mathrm{d}x$ 就是 $\mathrm{d}v$,这时不需要凑微分,直接代入分部积分公式即可.

例 18　求 $\int x^{2}\mathrm{e}^{x}\,\mathrm{d}x$.

解

$$\int x^{2}\mathrm{e}^{x}\,\mathrm{d}x=\int x^{2}\,\mathrm{d}(\mathrm{e}^{x})=x^{2}\mathrm{e}^{x}-\int \mathrm{e}^{x}\,\mathrm{d}(x^{2})=x^{2}\mathrm{e}^{x}-2\int x\,\mathrm{e}^{x}\,\mathrm{d}x.$$

对于 $\int x\,\mathrm{e}^{x}\,\mathrm{d}x$ 继续用分部积分公式,

$$原式=x^{2}\mathrm{e}^{x}-2\int x\,\mathrm{d}(\mathrm{e}^{x})=x^{2}\mathrm{e}^{x}-2\left(x\,\mathrm{e}^{x}-\int \mathrm{e}^{x}\,\mathrm{d}x\right)$$

$$=x^{2}\mathrm{e}^{x}-2x\,\mathrm{e}^{x}+2\mathrm{e}^{x}+C=\mathrm{e}^{x}(x^{2}-2x+2)+C.$$

软件链接

利用 MATLAB 可以方便地计算不定积分,详见数学实验 3.

例如,计算例 18 的操作如下:

在命令窗口中输入:

$\gg$syms x;

$\gg$int(x$\wedge$2.$*$exp(x))

按 Enter 键,显示:

ans =

x$\wedge$2$*$exp(x) $-$2$*$x$*$exp(x) $+$2$*$exp(x)

即

$$\int x^{2}\mathrm{e}^{x}\,\mathrm{d}x=x^{2}\mathrm{e}^{x}-2x\,\mathrm{e}^{x}+2\mathrm{e}^{x}+C.$$

视频:不定积分
计算

练习 3.1.2

1. 用凑微分法求下列不定积分.

(1) $\int(3x+1)^{5}\,\mathrm{d}x$;

(2) $\int\dfrac{1}{\sqrt{x-4}}\,\mathrm{d}x$;

(3) $\int \sin^2 x \cos x \, dx$；

(4) $\int x \, e^{x^2} dx$.

*2. 利用第二类换元积分法求下列不定积分.

(1) $\int \dfrac{dx}{1+\sqrt{x+1}}$；

(2) $\int \dfrac{\sqrt{x}}{\sqrt[4]{x^3}+1} dx$.

3. 用分部积分法求下列不定积分.

(1) $\int x \, e^x dx$；

(2) $\int x \cos 3x \, dx$.

4. 用 MATLAB 求下列不定积分.

(1) $\int \sqrt{1-x^2} \, dx$；

(2) $\int \dfrac{\cos x}{\sin x (1+\sin x)^2} dx$.

3.2　定积分

3.2.1　定积分的概念

探究

1. 面积问题

我们知道,由直线段围成的平面图形的面积很容易计算,然而,计算由曲线围成的图形的面积并不容易.例如:由曲线 $y=x^2$ 和直线 $x=0$, $x=1$, $y=0$ 围成的图形(图 3-3)的面积如何计算呢?

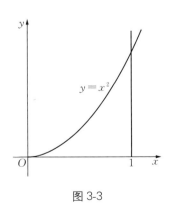

图 3-3

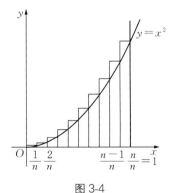

图 3-4

动画:面积近似
求法演示

回想第 1 章曾介绍利用"割圆术"求圆周长的方法,现在继续用这种思想求上述图形的面积.设所求面积为 A.

第 1 步:以矩形面积作面积 A 的近似值.

通过作直线 $x = \dfrac{1}{n}$，$x = \dfrac{2}{n}$，$\cdots$，$x = \dfrac{n-1}{n}$ 把面积 A 分成 n 个条形,再过上述直线与曲线 $y = x^2$ 的交点作平行于 x 轴的直线,即可得到 n 个矩形(图 3-4),这些矩形面积的和就是面积 A 的近似值 A_n.容易看出:每个矩形的宽都是 $\dfrac{1}{n}$,高分别为函数 $y = x^2$ 在点 $x = \dfrac{1}{n}$，$x = \dfrac{2}{n}$，$\cdots$，$x = \dfrac{n-1}{n}$，$x = \dfrac{n}{n} = 1$ 处的函数值,于是

$$A_n = \frac{1}{n} \cdot \left(\frac{1}{n}\right)^2 + \frac{1}{n} \cdot \left(\frac{2}{n}\right)^2 + \cdots + \frac{1}{n} \cdot \left(\frac{n-1}{n}\right)^2 + \frac{1}{n} \cdot \left(\frac{n}{n}\right)^2$$

$$= \frac{1}{n^3}(1^2 + 2^2 + \cdots + n^2).$$

利用公式 $1^2 + 2^2 + \cdots + n^2 = \dfrac{n}{6}(n+1)(2n+1)$ 计算,得

$$A_n = \frac{(n+1)(2n+1)}{6n^2}.$$

第 2 步:利用极限思想求面积 A.

由图 3-4 可以看到,随着矩形个数的增加(当 n 增大时),A_n 和 A 越接近.因此,所求面积 A 为矩形面积和 A_n 的极限,即

$$A = \lim_{n \to \infty} A_n = \lim_{n \to \infty} \frac{(n+1)(2n+1)}{6n^2} = \frac{1}{3}.$$

一般地,由曲线 $y = f(x)$ 和直线 $x = a$，$x = b$，$y = 0$ 围成的平面图形称为**曲边梯形**(图 3-5).下面来计算曲边梯形的面积 A.

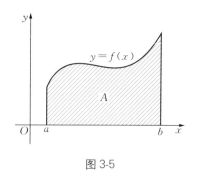

图 3-5

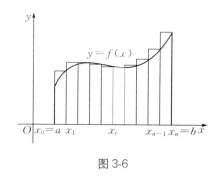

图 3-6

(1) 分割.用直线 $x = x_1$，$x = x_2$，$\cdots$，$x = x_{n-1}$ 将大曲边梯形分成 n 个等宽的小曲边梯形(图 3-6),每个小曲边梯形的宽都是 $\Delta x = \dfrac{b-a}{n}$. 这时,区间 $[a, b]$ 被分成 n 个小区间:

$$[x_0, x_1], [x_1, x_2], \cdots, [x_{n-1}, x_n] \text{（其中}, x_0 = a, x_n = b\text{）}.$$

（2）求和.用宽为 Δx、高分别为函数 $y = f(x)$ 在每个小区间右端点处的函数值的矩形的面积来近似代替对应的小曲边梯形面积,这些矩形面积的和就是面积 A 的一个近似值 A_n.于是

$$A_n = f(x_1) \cdot \Delta x + f(x_2) \cdot \Delta x + \cdots + f(x_{n-1}) \cdot \Delta x + f(x_n) \cdot \Delta x = \sum_{i=1}^{n} f(x_i) \Delta x.$$

（3）取极限.上述和的极限就是所求曲边梯形的面积,即

$$A = \lim_{n \to \infty} A_n = \lim_{n \to \infty} \sum_{i=1}^{n} f(x_i) \Delta x.$$

事实上,可以用区间 $[x_{i-1}, x_i]$ 上任意一点 ξ_i 处的函数值 $f(\xi_i)$ 代替其右端点的函数值 $f(x_i)(i = 1, 2, \cdots, n)$ 作为小矩形的高,每个小区间的长度即小矩形的宽也可以是不相等的 $\Delta x_1, \Delta x_2, \cdots, \Delta x_n$.在最大的小区间长度趋于 0 的条件下,可得到计算曲边梯形面积的更一般的结果:

$$A = \lim_{\substack{\lambda \to 0 \\ (n \to \infty)}} \sum_{i=1}^{n} f(\xi_i) \Delta x_i.$$

其中, $\xi_i \in [x_{i-1}, x_i]$, $\lambda = \max\{\Delta x_1, \Delta x_2, \cdots, \Delta x_n\}$,如图 3-7 所示.

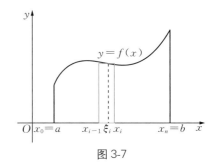

图 3-7

2. 路程问题

作直线运动的物体,若在固定的时间内速度是不变的,则路程可以用公式

$$路程 = 速度 \times 时间$$

求出.

但是,如果速度是变化的,则路程不能用上述公式计算.那么,怎样计算作变速直线运动的物体在固定时间内经过的路程呢? 我们看下面的例子.

某物体作变速直线运动,已知速度 $v = v(t)$ 是时间 t 的连续函数,采用类似于计算曲边梯形面积的方法,计算该物体在时间段 $[T_1, T_2]$ 经过的路程.

（1）分割.把时间区间 $[T_1, T_2]$ 分成 n 个小段:

$$[t_0, t_1], [t_1, t_2], \cdots, [t_{i-1}, t_i], \cdots, [t_{n-1}, t_n] \text{（其中}, t_0 = T_1, t_n = T_2\text{）}.$$

（2）求和.记第 i 段时间的长度为 Δt_i.任取一点 $\xi_i \in [t_{i-1}, t_i]$,用这一刻的速度 $v(\xi_i)$ 代替小段时间 $[t_{i-1}, t_i]$ 上的速度,得到第 i 段时间物体经过的路程的近似值 $v(\xi_i)\Delta t_i(i = 1, 2, \cdots, n)$.将物体在每小段时间经过路程的近似值相加,可以得到在时间段 $[T_1, T_2]$ 经过路程的近似值,即

$$s_n = v(\xi_1) \cdot \Delta t_1 + v(\xi_2) \cdot \Delta t_2 + \cdots + v(\xi_i) \cdot \Delta t_i + \cdots + v(\xi_n) \cdot \Delta t_n = \sum_{i=1}^{n} v(\xi_i) \Delta t_i.$$

（3）取极限.在最大的小段时间长度趋于 0 的条件下，s_n 的极限就是所求的路程 s，即

$$s = \lim_{\substack{\lambda \to 0 \\ (n \to \infty)}} \sum_{i=1}^{n} v(\xi_i) \Delta t_i.$$

其中，$\xi_i \in [t_{i-1}, t_i]$，$\lambda = \max\{\Delta t_1, \Delta t_2, \cdots, \Delta t_n\}$.

新知识

上面两个问题，虽然实际意义不同，但解决问题的方法完全相同，都是计算一种和式的极限.类似的问题还有很多，因此，我们有必要对一般的这类和式的极限问题进行研究，这就是定积分问题.

设函数 $f(x)$ 在区间 $[a, b]$ 上有界，任取分点

$$a = x_0 < x_1 < x_2 < \cdots < x_{i-1} < x_i < \cdots < x_{n-1} < x_n = b,$$

把 $[a, b]$ 分成 n 个小区间 $[x_{i-1}, x_i]$（$i = 1, 2, 3, \cdots, n$），记 $\Delta x_i = x_i - x_{i-1}$（$i = 1, 2, 3, \cdots, n$），$\lambda = \max\{\Delta x_1, \Delta x_2, \cdots, \Delta x_n\}$，在每个小区间 $[x_{i-1}, x_i]$ 上任取一点 ξ_i（$i = 1, 2, 3, \cdots, n$），作乘积 $f(\xi_i) \Delta x_i$ 的和式 $\sum_{i=1}^{n} f(\xi_i) \Delta x_i$，如果 $\lambda \to 0$ 时上述和式的极限存在，则称此极限值为函数 $f(x)$ 在区间 $[a, b]$ 上的定积分，记为

$$\int_a^b f(x) \mathrm{d}x = \lim_{\lambda \to 0} \sum_{i=1}^{n} f(\xi_i) \Delta x_i.$$

其中，$f(x)$ 称为**被积函数**，$f(x)\mathrm{d}x$ 称为**被积表达式**，x 称为**积分变量**，区间 $[a, b]$ 称为**积分区间**，a，b 分别称为**积分下限**和**积分上限**.

此时也称函数 $f(x)$ 在区间 $[a, b]$ 上可积，否则称不可积.

根据上述结论，可知：

（1）由曲线 $y = f(x)$ 和直线 $x = a$，$x = b$，$y = 0$ 围成的曲边梯形的面积为 $A = \int_a^b f(x)\mathrm{d}x$；

（2）作变速直线运动的物体，已知速度为 $v = v(t)$ 是时间 t 的连续函数，该物体在时间段 $[T_1, T_2]$ 经过的路程为 $s = \int_{T_1}^{T_2} v(t)\mathrm{d}t$.

说明

（1）定积分 $\int_a^b f(x)\mathrm{d}x$ 是一个确定的常数，它只与被积函数 $f(x)$ 及积分上、下限有关，而与积分变量用什么字母表示无关，即

$$\int_a^b f(x)\mathrm{d}x = \int_a^b f(t)\mathrm{d}t = \int_a^b f(u)\mathrm{d}u.$$

（2）为讨论方便，规定：

$$\int_a^b f(x)\mathrm{d}x = -\int_b^a f(x)\mathrm{d}x\,; \qquad\qquad \int_a^a f(x)\mathrm{d}x = 0.$$

（3）在区间 $[a,b]$ 上，当 $f(x)>0$ 时，$\int_a^b f(x)\mathrm{d}x$ 表示如图 3-5 所示的曲边梯形的面积 A；当 $f(x)<0$ 时，$-\int_a^b f(x)\mathrm{d}x$ 表示如图 3-8 所示的曲边梯形的面积 A，所以 $\int_a^b f(x)\mathrm{d}x = -A$；当 $f(x)$ 有正有负时，$\int_a^b f(x)\mathrm{d}x$ 表示如图 3-9 所示图形 x 轴上方图形面积减去 x 轴下方图形面积所得之差，即

$$\int_a^b f(x)\mathrm{d}x = A_1 - A_2 + A_3.$$

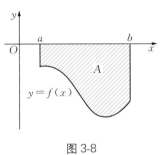

图 3-8

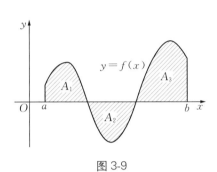

图 3-9

自测：测一测 5

练习 3.2.1

1. 求 $\int_1^1 x^2 \mathrm{e}^x \mathrm{d}x$ 的值.

2. 已知 $\int_0^\pi \sin x\,\mathrm{d}x = 2$，求 $\int_0^\pi \sin t\,\mathrm{d}t$ 的值.

3. 利用定积分的几何意义求 $\int_{-1}^2 (3-x)\mathrm{d}x$ 的值.

3.2.2　定积分的性质及微积分基本公式

1. 定积分的性质

新知识

定积分的一些基本性质，将有助于计算一些简单的积分. 下面性质的介绍中，假设有关函数都是可积的.

性质 1　如果在区间 $[a,b]$ 上，$f(x)=C$，则

$$\int_a^b C\mathrm{d}x = C(b-a).$$

性质 2 两个函数代数和的定积分等于各个函数定积分的代数和,即

$$\int_a^b [f(x) \pm g(x)] \mathrm{d}x = \int_a^b f(x) \mathrm{d}x \pm \int_a^b g(x) \mathrm{d}x.$$

注意:性质 2 还可以推广到有限多个函数的代数和的情形.

性质 3 被积函数中的常数因子可以提到积分号的外面,即

$$\int_a^b kf(x) x = k \int_a^b f(x) \mathrm{d}x \ (k \text{ 是常数,且 } k \neq 0).$$

性质 4 对于任意三个数 a,b,c,总有

$$\int_a^b f(x) \mathrm{d}x = \int_a^c f(x) \mathrm{d}x + \int_c^b f(x) \mathrm{d}x.$$

知识巩固

例 1 已知 $\int_0^1 x^2 \mathrm{d}x = \dfrac{1}{3}$,$\int_0^1 x \mathrm{d}x = \dfrac{1}{2}$,求 $\int_0^1 (3x^2 + 2x - 1) \mathrm{d}x$.

解 应用性质 1、性质 2、性质 3,得

$$\int_0^1 (3x^2 + 2x - 1) \mathrm{d}x = 3\int_0^1 x^2 \mathrm{d}x + 2\int_0^1 x \mathrm{d}x - \int_0^1 \mathrm{d}x$$

$$= 3 \times \frac{1}{3} + 2 \times \frac{1}{2} - (1 - 0) = 1.$$

例 2 已知 $\int_1^4 f(x) \mathrm{d}x = 2$,$\int_1^9 f(x) \mathrm{d}x = 4$,求 $\int_4^9 f(x) \mathrm{d}x$.

解 应用性质 4,得

$$\int_4^9 f(x) \mathrm{d}x = \int_4^1 f(x) \mathrm{d}x + \int_1^9 f(x) \mathrm{d}x$$

$$= -\int_1^4 f(x) \mathrm{d}x + \int_1^9 f(x) \mathrm{d}x$$

$$= -2 + 4 = 2.$$

2. 微积分基本公式

探究

用和的极限计算定积分非常困难,因此我们要寻找计算定积分的新方法.先研究下面的例子.

设某质点沿直线运动,其速度 $v(t) = 2t - 3$,现需要计算该质点从 $t = 1$ 到 $t = 4$ 这段时间经过的路程 s.

一方面,由定积分的概念知:$s = \int_1^4 (2t - 3) \mathrm{d}t$.

另一方面,由路程函数 $s(t)$ 与速度函数 $v(t)$ 之间的关系知: $s(t)=\int v(t)\mathrm{d}t$,即

$$s(t)=\int(2t-3)\mathrm{d}t=t^2-3t+C.$$

因为当 $t=0$ 时, $s=0$,故 $C=0$,所以

$$s(t)=t^2-3t,$$

从而

$$s=s(4)-s(1)=4+2=6.$$

将上述两方面结合起来,可以得到

$$s=\int_1^4(2t-3)\mathrm{d}t=s(4)-s(1).$$

其中, $s'(t)=v(t)$,即 $s(t)$ 是 $v(t)$ 的一个原函数.

新知识

可以将上述结论推广到一般情形.

设函数 $f(x)$ 在区间 $[a,b]$ 上连续,且 $F(x)$ 是 $f(x)$ 在区间 $[a,b]$ 上的一个原函数,则

$$\int_a^b f(x)\mathrm{d}x=F(b)-F(a).$$

上述公式称为**牛顿-莱布尼茨公式**,也叫作**微积分基本公式**.

为书写方便,经常把上式中的 $F(b)-F(a)$ 记为 $\left[F(x)\right]_a^b$ 或 $F(x)\big|_a^b$,因此,牛顿-莱布尼茨公式又可以写成

文本:数学哲思4

$$\int_a^b f(x)\mathrm{d}x=\left[F(x)\right]_a^b \text{ 或 } \int_a^b f(x)\mathrm{d}x=F(x)\big|_a^b.$$

牛顿-莱布尼茨公式把求定积分归结为求被积函数的原函数,使得定积分的计算通过不定积分的计算来完成.

练习 3.2.2

1. 已知 $\int_1^2 x\,\mathrm{d}x=\dfrac{3}{2}$, $\int_1^2 x^5\,\mathrm{d}x=\dfrac{21}{2}$,求 $\int_1^2(x^5-4x+3)\mathrm{d}x$ 的值.

2. 已知 $\int_{-2}^0 x^3\,\mathrm{d}x=-4$, $\int_0^1 x^3\,\mathrm{d}x=\dfrac{1}{4}$,求 $\int_{-2}^1 x^3\,\mathrm{d}x$ 的值.

3. 已知 x^2+1 是 $f(x)$ 的一个原函数,求 $\int_1^4 f(x)\mathrm{d}x$ 的值.

3.2.3　定积分的计算

1. 直接应用牛顿-莱布尼茨公式计算

新知识

在计算定积分时,若能够直接应用不定积分的基本公式或第一类换元积分法求出原函数,则可直接应用牛顿-莱布尼茨公式计算定积分.

知识巩固

例 3　计算:$\int_1^4 (2x - \sqrt{x})\mathrm{d}x$.

解　第一步,计算不定积分求出其中一个原函数 $F(x)$.因为

$$\int (2x - \sqrt{x})\mathrm{d}x = x^2 - \frac{2}{3}x^{\frac{3}{2}} + C = x^2 - \frac{2}{3}x\sqrt{x} + C,$$

所以

$$F(x) = x^2 - \frac{2}{3}x\sqrt{x}.$$

第二步,分别将积分上、下限代入 $F(x)$ 求差.

$$\int_1^4 (2x - \sqrt{x})\mathrm{d}x = \left[x^2 - \frac{2}{3}x\sqrt{x} \right]_1^4 = \left(16 - \frac{16}{3}\right) - \left(1 - \frac{2}{3}\right) = \frac{31}{3}.$$

熟练后,第一步不必写出来,直接应用牛顿-莱布尼茨公式即可.

例 4　计算:$\int_0^\pi (\cos x + \sin x)\mathrm{d}x$.

解

$$\int_0^\pi (\cos x + \sin x)\mathrm{d}x = \left[\sin x - \cos x \right]_0^\pi$$
$$= (\sin \pi - \cos \pi) - (\sin 0 - \cos 0) = 2.$$

例 5　计算:$\int_1^4 \frac{1}{2x+1}\mathrm{d}x$.

解

$$\int_1^4 \frac{1}{2x+1}\mathrm{d}x = \frac{1}{2}\int_1^4 \frac{1}{2x+1}\mathrm{d}(2x+1)$$
$$= \frac{1}{2}\left[\ln |2x+1| \right]_1^4 = \frac{1}{2}(\ln 9 - \ln 3) = \frac{1}{2}\ln 3.$$

说明　本题不能直接写出原函数,求原函数时采用了第一类换元积分法.

例 6　计算:$\int_{-\frac{\pi}{2}}^{\frac{\pi}{2}} \sin^2 x \cos x \,\mathrm{d}x$.

解

$$\int_{-\frac{\pi}{2}}^{\frac{\pi}{2}} \sin^2 x \cos x\, \mathrm{d}x = \int_{-\frac{\pi}{2}}^{\frac{\pi}{2}} \sin^2 x\, \mathrm{d}(\sin x)$$

$$= \frac{1}{3}\left[\sin^3 x\right]_{-\frac{\pi}{2}}^{\frac{\pi}{2}} = \frac{1}{3}\left[1^3 - (-1)^3\right] = \frac{2}{3}.$$

例 7　计算：$\displaystyle\int_{-1}^{2} \frac{x}{(1+x^2)^2}\mathrm{d}x.$

解

$$\int_{-1}^{2} \frac{x}{(1+x^2)^2}\mathrm{d}x = \frac{1}{2}\int_{-1}^{2} \frac{1}{(1+x^2)^2}\mathrm{d}(1+x^2)$$

$$= \frac{1}{2}\left[-\frac{1}{1+x^2}\right]_{-1}^{2} = \frac{1}{2}\left(-\frac{1}{5}+\frac{1}{2}\right) = \frac{3}{20}.$$

2. 应用定积分的分部积分法计算

新知识

将不定积分的分部积分法与牛顿-莱布尼茨公式结合，可得到定积分的分部积分法.

设函数 $u = u(x)$ 和 $v = v(x)$ 在区间 $[a, b]$ 上有连续导数，则定积分

$$\int_a^b u\, \mathrm{d}v = \left[uv\right]_a^b - \int_a^b v\, \mathrm{d}u.$$

知识巩固

例 8　计算：$\displaystyle\int_0^{\frac{\pi}{2}} x \cos x\, \mathrm{d}x.$

解

$$\int_0^{\frac{\pi}{2}} x \cos x\, \mathrm{d}x = \int_0^{\frac{\pi}{2}} x\, \mathrm{d}(\sin x) = \left[x \sin x\right]_0^{\frac{\pi}{2}} - \int_0^{\frac{\pi}{2}} \sin x\, \mathrm{d}x$$

$$= \left(\frac{\pi}{2} - 0\right) + \left[\cos x\right]_0^{\frac{\pi}{2}} = \frac{\pi}{2} - 1.$$

例 9　计算：$\displaystyle\int_0^1 \arctan x\, \mathrm{d}x.$

解

$$\int_0^1 \arctan x\, \mathrm{d}x = \left[x \arctan x\right]_0^1 - \int_0^1 x \cdot \frac{1}{1+x^2}\mathrm{d}x$$

$$= \frac{\pi}{4} - \frac{1}{2}\int_0^1 \frac{1}{1+x^2}\mathrm{d}(1+x^2)$$

$$= \frac{\pi}{4} - \frac{1}{2} \big[\ln(1+x^2) \big]_0^1 = \frac{\pi}{4} - \frac{1}{2} \ln 2.$$

3. 分段函数的定积分

新知识

当被积函数为分段函数时,需要利用定积分的性质 4,分段进行积分.

知识巩固

例 10 已知 $f(x) = \begin{cases} x, & 0 \leqslant x < 1, \\ 3-x, & 1 \leqslant x \leqslant 2, \end{cases}$ 求 $\int_0^2 f(x)\mathrm{d}x$.

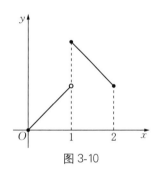

图 3-10

解 被积函数 $f(x)$ 是分段函数,其图像如图 3-10 所示. 用分段函数 $f(x)$ 的分段点 $x=1$,将积分区间分为 $[0,1]$ 和 $[1,2]$,故

$$\int_0^2 f(x)\mathrm{d}x = \int_0^1 f(x)\mathrm{d}x + \int_1^2 f(x)\mathrm{d}x$$
$$= \int_0^1 x\mathrm{d}x + \int_1^2 (3-x)\mathrm{d}x$$
$$= \Big[\frac{1}{2}x^2 \Big]_0^1 + \Big[3x - \frac{1}{2}x^2 \Big]_1^2 = \frac{1}{2} + \frac{3}{2} = 2.$$

例 11 计算: $\int_0^3 |x-1|\mathrm{d}x$.

解 由于 $|x-1| = \begin{cases} x-1, & x \geqslant 1, \\ 1-x, & x < 1 \end{cases}$ 是分段函数,函数的分段点为 $x=1$,积分区间为 $[0,1]$ 和 $[1,3]$,故

$$\int_0^3 |x-1|\mathrm{d}x = \int_0^1 (1-x)\mathrm{d}x + \int_1^3 (x-1)\mathrm{d}x$$
$$= \Big[x - \frac{1}{2}x^2 \Big]_0^1 + \Big[\frac{1}{2}x^2 - x \Big]_1^3 = \frac{1}{2} + 2 = \frac{5}{2}.$$

软件链接

利用 MATLAB 可以方便地计算定积分,详见数学实验 3.

例如,计算 $\int_0^1 x\mathrm{e}^{2x}\mathrm{d}x$ 的操作如下:

在命令窗口中输入:

```
>>syms x;
>>int(x * exp(2 * x), x, 0, 1)
```
按 Enter 键,显示:
```
ans =
exp(2)/4 + 1/4
```

即

视频:定积分
计算

$$\int_0^1 x\,\mathrm{e}^{2x}\,\mathrm{d}x = \frac{\mathrm{e}^2}{4} + \frac{1}{4}.$$

练习 3.2.3

1. 计算下列定积分.

(1) $\int_\pi^{2\pi} (\sin x - 1)\mathrm{d}x$;

(2) $\int_0^1 (2x-1)^{10}\mathrm{d}x$;

(3) $\int_{-1}^0 \dfrac{x}{x^2+1}\mathrm{d}x$;

(4) $\int_0^1 x\,\mathrm{e}^x\,\mathrm{d}x$;

(5) $\int_1^{\mathrm{e}} \ln x\,\mathrm{d}x$;

(6) $\int_{-1}^1 |x|\,\mathrm{d}x$.

2. 用 MATLAB 求下列定积分.

(1) $\int_0^1 \dfrac{1}{\sqrt{4-x^2}}\mathrm{d}x$;

(2) $\int_{-\frac{\pi}{2}}^{\frac{\pi}{2}} x^3 \sin x\,\mathrm{d}x$.

3.2.4　广义积分

探究

计算由曲线 $y=\dfrac{1}{x^2}$,直线 $x=1$,$y=0$ 围成图形的面积 A. 观察图 3-11 看出,该图形的右侧是"开口"的,那么这个面积如何计算呢?

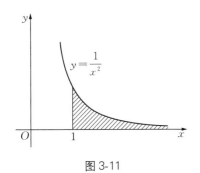

图 3-11

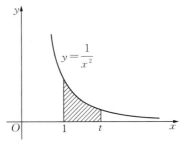

图 3-12

87

为了求出这个面积,首先作直线 $x=t$. 图 3-12 中阴影部分的面积为

$$A(t) = \int_1^t \frac{1}{x^2} \mathrm{d}x = \left[-\frac{1}{x} \right]_1^t = 1 - \frac{1}{t}.$$

显然,直线 $x=t$ 越向右移动,$A(t)$ 越接近所求的面积 A. 由极限的概念可知:

$$A = \lim_{t \to +\infty} A(t),$$

即

$$A = \lim_{t \to +\infty} \int_1^t \frac{1}{x^2} \mathrm{d}x = \lim_{t \to +\infty} \left(1 - \frac{1}{t} \right) = 1.$$

新知识

在上面问题中,我们按照"首先求出定积分,然后再求极限"的方法得到这种开口曲边梯形的面积.采用这种方法可以将在无穷区间上的定积分定义为有限区间上的定积分的极限.

一般地,设函数 $f(x)$ 分别在区间 $(-\infty, b]$,$[a, +\infty)$ 及 $(-\infty, +\infty)$ 上连续,则:

(1) 对于任意的 $a < b$,若极限 $\lim\limits_{a \to -\infty} \int_a^b f(x)\mathrm{d}x$ 存在,则称此极限为函数 $f(x)$ 在无穷区间 $(-\infty, b]$ 上的广义积分,记为 $\int_{-\infty}^b f(x)\mathrm{d}x$,即

$$\int_{-\infty}^b f(x)\mathrm{d}x = \lim_{a \to -\infty} \int_a^b f(x)\mathrm{d}x.$$

此时,称广义积分 $\int_{-\infty}^b f(x)\mathrm{d}x$ 收敛;若极限不存在,称广义积分 $\int_{-\infty}^b f(x)\mathrm{d}x$ 发散.

(2) 对于任意的 $b > a$,若极限 $\lim\limits_{b \to +\infty} \int_a^b f(x)\mathrm{d}x$ 存在,则称此极限为函数 $f(x)$ 在无穷区间 $[a, +\infty)$ 上的广义积分,记为 $\int_a^{+\infty} f(x)\mathrm{d}x$,即

$$\int_a^{+\infty} f(x)\mathrm{d}x = \lim_{b \to +\infty} \int_a^b f(x)\mathrm{d}x.$$

此时,称广义积分 $\int_a^{+\infty} f(x)\mathrm{d}x$ 收敛;若极限不存在,称广义积分 $\int_a^{+\infty} f(x)\mathrm{d}x$ 发散.

(3) 在无穷区间 $(-\infty, +\infty)$ 上的广义积分,记为 $\int_{-\infty}^{+\infty} f(x)\mathrm{d}x$,且对于任意的常数 C,

$$\int_{-\infty}^{+\infty} f(x)\mathrm{d}x = \int_{-\infty}^C f(x)\mathrm{d}x + \int_C^{+\infty} f(x)\mathrm{d}x.$$

$\int_{-\infty}^C f(x)\mathrm{d}x$ 和 $\int_C^{+\infty} f(x)\mathrm{d}x$ 都收敛时,广义积分 $\int_{-\infty}^{+\infty} f(x)\mathrm{d}x$ 收敛.

知识巩固

例 12　计算广义积分：$\displaystyle\int_0^{+\infty} \mathrm{e}^{-x}\,\mathrm{d}x$.

解

$$
\begin{aligned}
\int_0^{+\infty} \mathrm{e}^{-x}\,\mathrm{d}x &= \lim_{b\to+\infty}\int_0^b \mathrm{e}^{-x}\,\mathrm{d}x \\
&= \lim_{b\to+\infty}\left[-\mathrm{e}^{-x}\right]_0^b = \lim_{b\to+\infty}(1-\mathrm{e}^{-b}) = 1.
\end{aligned}
$$

计算无穷区间的广义积分时，为书写方便，在形式上可以沿用牛顿-莱布尼茨公式的写法.例如：

$$
\int_0^{+\infty} \mathrm{e}^{-x}\,\mathrm{d}x = \left[-\mathrm{e}^{-x}\right]_0^{+\infty} = \lim_{x\to+\infty}(-\mathrm{e}^{-x}) - (-\mathrm{e}^0) = 1,
$$

$$
\int_1^{+\infty} \frac{1}{x^2}\,\mathrm{d}x = \left[-\frac{1}{x}\right]_1^{+\infty} = \lim_{x\to+\infty}\left(-\frac{1}{x}\right) - (-1) = 1.
$$

例 13　计算广义积分：$\displaystyle\int_{-\infty}^{+\infty} \frac{1}{1+x^2}\,\mathrm{d}x$.

解

$$
\begin{aligned}
\int_{-\infty}^{+\infty} \frac{1}{1+x^2}\,\mathrm{d}x &= \left[\arctan x\right]_{-\infty}^{+\infty} \\
&= \lim_{x\to+\infty}\arctan x - \lim_{x\to-\infty}\arctan x = \frac{\pi}{2} - \left(-\frac{\pi}{2}\right) = \pi.
\end{aligned}
$$

例 14　判断广义积分 $\displaystyle\int_{-\infty}^{1} \frac{1}{x^3}\,\mathrm{d}x$ 的敛散性.

解

$$
\int_{-\infty}^{1} \frac{1}{x^3}\,\mathrm{d}x = \left[-\frac{1}{2x^2}\right]_{-\infty}^{1} = -\frac{1}{2} - \lim_{x\to-\infty}\left(-\frac{1}{2x^2}\right) = -\frac{1}{2}.
$$

所以广义积分 $\displaystyle\int_{-\infty}^{1} \frac{1}{x^3}\,\mathrm{d}x$ 收敛.

例 15　判断广义积分 $\displaystyle\int_0^{+\infty} \frac{1}{2x+1}\,\mathrm{d}x$ 的敛散性.

解

$$
\begin{aligned}
\int_0^{+\infty} \frac{1}{2x+1}\,\mathrm{d}x &= \frac{1}{2}\int_0^{+\infty} \frac{1}{2x+1}\,\mathrm{d}(2x+1) = \frac{1}{2}\left[\ln|2x+1|\right]_0^{+\infty} \\
&= \frac{1}{2}\left(\lim_{x\to+\infty}\ln|2x+1| - \ln 1\right) = +\infty.
\end{aligned}
$$

所以广义积分 $\displaystyle\int_0^{+\infty} \frac{1}{2x+1}\,\mathrm{d}x$ 发散.

练习 3.2.4

计算下列广义积分,并说明其敛散性.

(1) $\int_{-\infty}^{0} e^{x}\,dx$;

(2) $\int_{1}^{+\infty} \frac{1}{1+x^{2}}\,dx$;

(3) $\int_{4}^{+\infty} \frac{1}{\sqrt{x}}\,dx$;

(4) $\int_{-\infty}^{1} \frac{x}{1+x^{2}}\,dx$.

3.3 定积分的应用

在几何、物理、经济学等各个领域,有许多问题都可用定积分解决,常用方法是"微元法".

3.3.1 定积分的微元法

知识回顾

回顾求曲边梯形面积的问题.求如图 3-13 所示的曲边梯形面积 A 的总思路是:

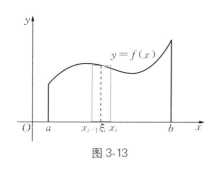

图 3-13

(1) 把区间 $[a,b]$ 分成 n 个长度分别为 $\Delta x_{i}(i=1,2,3,\cdots,n)$ 的小区间,相应的曲边梯形被分成 n 个窄曲边梯形,用矩形面积 $f(\xi_{i})\Delta x_{i}$ 代替第 i 个窄曲边梯形的面积 ΔA_{i},即

$$\Delta A_{i} \approx f(\xi_{i})\Delta x_{i};$$

(2) 求和,得 A 的近似值

$$A \approx \sum_{i=1}^{n} \Delta A_{i} = \sum_{i=1}^{n} f(\xi_{i})\Delta x_{i};$$

(3) 求极限,得 A 的精确值

$$A = \lim_{\lambda \to 0} \sum_{i=1}^{n} f(\xi_{i})\Delta x_{i} = \int_{a}^{b} f(x)\,dx \quad (\lambda = \max\{\Delta x_{1},\,\Delta x_{2},\,\cdots,\,\Delta x_{n}\}).$$

为应用方便,可以把上述步骤简化.若用 ΔA 表示任一小区间 $[x,\,x+\Delta x]$ 上的窄曲边梯形的面积,用如图 3-14 所示的矩形面积 $f(x)\Delta x$ 作为 ΔA 的近似值,即

$$\Delta A \approx f(x)\Delta x \ \text{或}\ dA = f(x)\,dx,$$

称 $f(x)\mathrm{d}x$ 为面积微元.于是曲边梯形面积 A 就是

$$A = \int_a^b f(x)\mathrm{d}x.$$

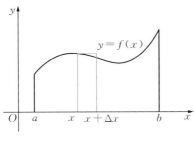

图 3-14

新知识

由上面讨论可知,符合下列条件的所求量 Q 可以考虑用定积分来计算:

(1) Q 是与一个变量的变化区间 $[a,b]$ 有关的量;

(2) Q 对于区间 $[a,b]$ 具有可加性,即若把区间 $[a,b]$ 分成许多部分区间,则 Q 相应地分成许多部分量,而 Q 等于所有部分量之和.

用定积分计算所求量 Q 的步骤是:

(1) 选取一个变量为积分变量,并确定它的变化区间,例如:选取 x 为积分变量,它的变化区间为 $[a,b]$;

(2) 任取小区间 $[x,x+\mathrm{d}x] \subset (a,b)$,求出相应于这个小区间的部分量 ΔQ 的近似值 $\mathrm{d}Q$,称 $\mathrm{d}Q$ 为 Q 的**微元**;

(3) 所求量 Q 是 $\mathrm{d}Q$ 在区间 $[a,b]$ 上的定积分,即

$$Q = \int_a^b \mathrm{d}Q.$$

上述方法通常称为定积分的**微元法**.

练习 3.3.1

已知某物体作变速直线运动,速度 $v=v(t)$ 是时间 t 的连续函数,现利用定积分计算物体在时间段 $[T_1,T_2]$ 经过的路程.请指出:

(1) 积分变量与积分区间;

(2) 路程 s 的微元 $\mathrm{d}s$;

(3) 路程 s.

3.3.2 定积分在几何上的应用

1. 由上、下两条曲线 $y=f(x)$ 和 $y=g(x)[g(x)<f(x)]$ 及直线 $x=a$，$x=b$ 围成图形的面积

新知识

如图 3-15 所示,选取 x 为积分变量,在 $[a,b]$ 上任取一个小区间 $[x,x+\mathrm{d}x]$.面积微

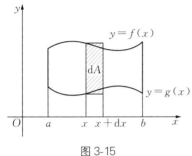

元为 $\mathrm{d}A=[f(x)-g(x)]\mathrm{d}x$，于是所求面积为

$$A=\int_a^b[f(x)-g(x)]\mathrm{d}x.$$

容易看出,上式中的被积函数可以看作是上边曲线的方程与下边曲线的方程的差.用定积分的几何意义解释,所求面积 A 可以看作分别以曲线 $y=f(x)$ 和 $y=g(x)$ 为曲边的两个曲边梯形面积的差,即

图 3-15

$$A=\int_a^b f(x)\mathrm{d}x-\int_a^b g(x)\mathrm{d}x=\int_a^b[f(x)-g(x)]\mathrm{d}x.$$

特殊情形是:当 $g(x)=0$ 时, $A=\int_a^b f(x)\mathrm{d}x.$

知识巩固

例 1 求由曲线 $y=\mathrm{e}^x$ 与直线 $y=x$，$x=0$，$x=1$ 所围成图形的面积.

解 如图 3-16 所示,根据上面结论得所求面积为

$$A=\int_0^1(\mathrm{e}^x-x)\mathrm{d}x=\left[\mathrm{e}^x-\frac{1}{2}x^2\right]_0^1=\mathrm{e}-\frac{3}{2}.$$

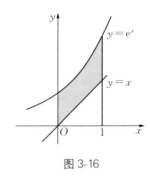

图 3-16

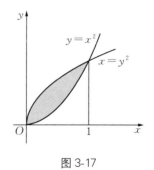

图 3-17

例 2 求由两条抛物线 $y=x^2$ 和 $x=y^2$ 所围成图形的面积.

解 如图 3-17 所示,解方程组 $\begin{cases}y=x^2,\\x=y^2,\end{cases}$ 得两条曲线的交点为 $(0,0)$，$(1,1)$.所以,所

求面积为

$$A = \int_0^1 (\sqrt{x} - x^2) \, \mathrm{d}x = \left[\frac{2}{3} x^{\frac{3}{2}} - \frac{1}{3} x^3 \right]_0^1 = \frac{2}{3} - \frac{1}{3} = \frac{1}{3}.$$

2. 由曲线 $y = f(x) [f(x) > 0]$ 与直线 $x = a$，$x = b$ 及 $y = 0$ 围成图形绕 x 轴旋转所成旋转体的体积

新知识

如图 3-18 所示，选取 x 为积分变量，在 $[a, b]$ 上任取一个小区间 $[x, x + \mathrm{d}x]$，将该区间上的旋转体看作底面积为 $\pi[f(x)]^2$，高为 $\mathrm{d}x$ 的薄圆柱体，得体积微元为

$$\mathrm{d}V = \pi [f(x)]^2 \mathrm{d}x = \pi y^2 \mathrm{d}x,$$

于是所求旋转体的体积为

$$V = \int_a^b \pi [f(x)]^2 \mathrm{d}x = \int_a^b \pi y^2 \mathrm{d}x.$$

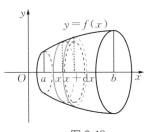

图 3-18

动画：旋转体微元
演示

知识巩固

例 3　求由曲线 $y = \sqrt{x}$ 与直线 $x = 2$，$y = 0$ 围成图形绕 x 轴旋转所成旋转体的体积.

解　如图 3-19 所示，根据上面结论得所求旋转体的体积为

$$V = \int_0^2 \pi \left[\sqrt{x} \right]^2 \mathrm{d}x$$

$$= \pi \int_0^2 x \, \mathrm{d}x = \pi \left[\frac{1}{2} x^2 \right]_0^2 = 2\pi.$$

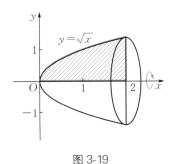

图 3-19

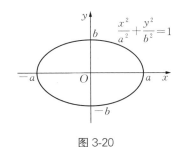

图 3-20

例 4　求由椭圆 $\dfrac{x^2}{a^2} + \dfrac{y^2}{b^2} = 1$ 围成图形绕 x 轴旋转所成旋转体的体积.

解　如图 3-20 所示，这个旋转体也可以看作是由半个椭圆 $y = \dfrac{b}{a} \sqrt{a^2 - x^2}$ 及 x 轴围

成图形绕 x 轴旋转而成的,故所求旋转椭球体的体积为

$$V = \int_{-a}^{a} \pi \left[\frac{b}{a} \sqrt{a^2 - x^2} \right]^2 \mathrm{d}x = \frac{b^2 \pi}{a^2} \int_{-a}^{a} (a^2 - x^2) \mathrm{d}x$$

$$= \frac{b^2 \pi}{a^2} \left[a^2 x - \frac{1}{3} x^3 \right]_{-a}^{a} = \frac{4}{3} ab^2 \pi.$$

练习 3.3.2

1. 求下列由曲线和直线围成的平面图形的面积.

(1) $y = \mathrm{e}^x$, $x = 0$, $x = 1$;

(2) $y = \dfrac{1}{x}$, $y = x$, $x = 2$;

(3) $y = x^2$, $y = x + 2$.

2. 求下列由曲线和直线围成的平面图形绕 x 轴旋转而成的旋转体的体积.

(1) $y = \dfrac{1}{x}$, $x = 1$, $x = 2$;

(2) $y = x^2$, $y = 0$, $x = 1$.

3.3.3 定积分在物理上的应用

1. 变力沿直线做功

知识回顾

由物理学可知:如果一个物体在不变的力 F 的作用下,沿力的方向作直线运动,当物体移动了距离 s 时,力 F 对物体所做的功为 $W = F \cdot s$.

新知识

如果物体在运动的过程中所受的力是变化的,就不能直接用这个公式,此时要采用"微元法"的思想计算力所做的功.

知识巩固

例5 把电量为 $+q$ 的点电荷放在 x 轴坐标原点处,它产生一个电场.由物理学可知,如果一个单位正电荷放在这个电场中距原点为 x 的地方,那么电场对它的作用力的大小为 $F(x) = k \dfrac{q}{x^2}$(k 是常数).当这个单位正电荷在电场中沿 x 轴从 $x = a$ 移动到 $x = b$ 时,求电场力 $F(x)$ 所做的功.

解　如图 3-21 所示,选取 x 为积分变量,在 $[a, b]$ 上任取一个小区间 $[x, x+\mathrm{d}x]$,将该小区间上的电场力看作是不变的,当这个单位正电荷从 x 移动到 $x+\mathrm{d}x$ 时,电场力 $F(x)$ 所做的功的微元为

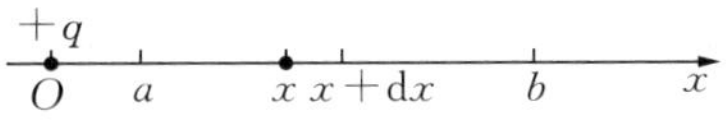

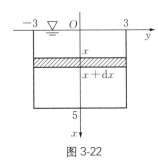

图 3-21

$$\mathrm{d}W = F(x)\,\mathrm{d}x = k\frac{q}{x^2}\,\mathrm{d}x,$$

于是所求电场力 $F(x)$ 所做的功为

$$W = \int_a^b k\frac{q}{x^2}\,\mathrm{d}x = -kq\left[\frac{1}{x}\right]_a^b = kq\left(\frac{1}{a}-\frac{1}{b}\right).$$

如果要考虑将单位正电荷移到无穷远处,则

$$W = \int_a^{+\infty}\frac{kq}{x^2}\,\mathrm{d}x = kq\left[-\frac{1}{x}\right]_a^{+\infty} = \frac{kq}{a}.$$

例 6　一圆柱形蓄水池高为 5 m,底面半径为 3 m,池内盛满了水.问:要把池内的水全部吸出,需做多少功?(水的密度 $\rho = 10^3$ kg/m³,取重力加速度 g 为 9.8 m/s².)

解　如图 3-22 所示,建立平面直角坐标系.选取 x 为积分变量,它的变化区间为 $[0, 5]$.在 $[0, 5]$ 上任取一个小区间 $[x, x+\mathrm{d}x]$,在该小区间的一薄层水的高度为 $\mathrm{d}x$,这薄层水的重力为 $g\rho\pi\times3^2\,\mathrm{d}x$,将这薄层水吸出池外所做的功(功微元)近似为

图 3-22

$$\mathrm{d}W = x\cdot g\rho\pi\cdot3^2\,\mathrm{d}x.$$

故所求功为

$$W = \int_0^5 x\cdot g\rho\pi\cdot3^2\,\mathrm{d}x = 9.8\times10^3\times\pi\times9\times\left[\frac{1}{2}x^2\right]_0^5 \text{ J} = 1.102\,5\times10^6\pi \text{ J}.$$

2. 液体的压力

知识回顾

由物理学可知:设液体的密度为 ρ,液深为 h 处液体的压强为 $p = g\rho h$.如果有一面积为 A 的平板水平地放置在液深为 h 处,那么,平板一侧所受的液体压力为 $P = pA$.

新知识

如果平板垂直放置在液体中,由于液深不同的点处压强 p 不相等,平板一侧所受的

液体压力就不能直接使用此公式.此时计算液体压力仍要采用"微元法"思想,用定积分进行计算.

知识巩固

例 7 某水库的闸门形状为等腰梯形,它的两条底边分别长 4 m 和 2 m,高为 4 m,较长的底边恰好位于水面,求闸门一侧所受的水压力.(水的密度 $\rho = 10^3$ kg/m³,取重力加速度 g 为 9.8 m/s².)

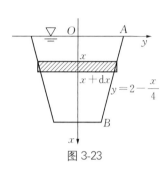
图 3-23

解 如图 3-23 所示,建立平面直角坐标系.求出直线 AB 的方程为 $y = 2 - \dfrac{x}{4}$.选取 x 为积分变量,它的变化区间为 $[0, 4]$.在 $[0, 4]$ 上任取一个小区间 $[x, x + \mathrm{d}x]$,将该区间上水的压强看成不变,并且用长为 $2y$、高为 $\mathrm{d}x$ 的矩形代替原来小区间 $[x, x + \mathrm{d}x]$ 上的小窄条,可得在水深 x 处小窄条上所受的压力微元为

$$\mathrm{d}P = g\rho x \cdot 2 \cdot \left(2 - \frac{x}{4}\right)\mathrm{d}x.$$

于是所求的压力为

$$P = \int_0^4 g\rho x \cdot 2 \cdot \left(2 - \frac{x}{4}\right)\mathrm{d}x$$

$$= 9.8 \times 10^3 \times 2 \times \left[x^2 - \frac{1}{12}x^3\right]_0^4 \text{ N}$$

$$\approx 2.09 \times 10^5 \text{ N}.$$

练习 3.3.3

1. 设一物体在距离坐标原点 x 处所受的力为 $x^2 + 2x$,求作用力使它从 $x = 1$ 移动到 $x = 3$ 所做的功.
2. 某盛满水的池子,长 50 m,宽 20 m,深 3 m,现将水全部抽出,需做多少功?
3. 一直径为 6 m 的半圆形闸门,其直径恰好位于水面,求闸门一侧所受的水压力.

3.3.4 函数的平均值

知识回顾

计算有限个数 $y_1, y_2, \cdots, y_n$ 的算术平均值 $\bar{y}$ 很容易,即

$$\bar{y} = \frac{1}{n}(y_1 + y_2 + \cdots + y_n).$$

新知识

在实际应用中,有时还要考虑一个连续函数 $f(x)$ 在区间 $[a, b]$ 上所取得"一切值"的平均值.例如,求交流电在一个周期的平均功率等问题.

我们规定连续函数在区间 $[a, b]$ 上的平均值为

$$\bar{y} = \frac{1}{b-a} \int_a^b f(x) \mathrm{d}x.$$

它的几何解释是:以 $[a, b]$ 为底,$y = f(x)$ 为曲边的曲边梯形的面积,等于高为 $\bar{y}$ 的同底矩形的面积.

知识巩固

例 8 计算从 $0\,\mathrm{s}$ 到 $T(\mathrm{s})$ 这段时间内自由落体的平均速度.

解 因为自由落体的速度 $v = gt$,所以要计算的平均速度为

$$\bar{v} = \frac{1}{T-0} \int_0^T gt\,\mathrm{d}t = \frac{g}{T}\left[\frac{1}{2}t^2\right]_0^T = \frac{1}{2}gT.$$

例 9 在电阻为 R 的纯电阻电路中,计算正弦交流电 $i(t) = I_{\mathrm{m}}\sin \omega t$ 在一个周期内的平均功率.

解 因为电路中的电压为

$$u = iR = I_{\mathrm{m}}R\sin \omega t,$$

所以功率

$$P = ui = I_{\mathrm{m}}R\sin \omega t \cdot I_{\mathrm{m}}\sin \omega t = I_{\mathrm{m}}^2 R\sin^2 \omega t.$$

因为交流电的周期为 $T = \dfrac{2\pi}{\omega}$,所以在一个周期 $\left[0, \dfrac{2\pi}{\omega}\right]$ 内的平均功率为

$$\bar{P} = \frac{1}{\dfrac{2\pi}{\omega}-0} \int_0^{\frac{2\pi}{\omega}} I_{\mathrm{m}}^2 R\sin^2 \omega t\,\mathrm{d}t = \frac{I_{\mathrm{m}}^2 R\omega}{2\pi} \int_0^{\frac{2\pi}{\omega}} \frac{1-\cos 2\omega t}{2}\,\mathrm{d}t$$

$$= \frac{I_{\mathrm{m}}^2 R\omega}{4\pi}\left[t - \frac{1}{2\omega}\sin 2\omega t\right]_0^{\frac{2\pi}{\omega}} = \frac{I_{\mathrm{m}}^2 R}{2} = \frac{I_{\mathrm{m}}U_{\mathrm{m}}}{2} \quad (\text{其中}, U_{\mathrm{m}} = I_{\mathrm{m}}R).$$

由例 9 知,纯电阻电路中正弦交流电的平均功率等于电流、电压峰值乘积的一半.

练习 3.3.4

1. 求函数 $y = \sin x$ 在区间 $[0, \pi]$ 上的平均值.

2. 有一根长度为 a 的细棒,其上任意点 x 处的密度 $\rho = x^2 + 1$,若细棒的一端与坐标原点重合,求细棒的平均密度.

数学实验 3　MATLAB 软件主要功能介绍 3

实验目的

（1）利用 MATLAB 软件计算不定积分与定积分.

（2）利用 MATLAB 软件计算定积分的数值解.

（3）创建及调用 M 文件.

视频:MATLAB
软件介绍 3

实验内容

1. 计算不定积分与定积分

计算不定积分和定积分经常使用的命令是"int(被积函数,积分变量,积分下限,积分上限)",常见输入格式及含义见表 3-2.

表 3-2

输入格式	含　义
int(f)或 int(f, x)	计算 $\displaystyle\int f(x)\mathrm{d}x$
int(f, a, b)或 int(f, x, a, b)	计算 $\displaystyle\int_a^b f(x)\mathrm{d}x$

例 1　计算不定积分:$\displaystyle\int \sin^2 \frac{x}{2}\mathrm{d}x$.

操作　在命令窗口中输入:

$>>$syms x;

$>>$int((sin(x/2))^2)

按 Enter 键,显示:

ans = $-\cos(1/2*x)*\sin(1/2*x) + 1/2*x$

继续在命令窗口中输入:

$>>$simple(ans)　　　　　　　　% 调用 simple() 函数对结果化简

按 Enter 键,显示:

ans = − 1/2 ∗ sin(x) + 1/2 ∗ x

即
$$\int \sin^2 \frac{x}{2} \mathrm{d}x = -\frac{1}{2}\sin x + \frac{1}{2}x + C.$$

说明 不定积分的运算结果中,系统没有附带积分常数"C",请读者自行添加.

例 2 计算下列定积分.

$(1) \displaystyle\int_1^2 x \ln x \, \mathrm{d}x ;$ $\qquad\qquad (2) \displaystyle\int_0^1 | 2x - 1 | \, \mathrm{d}x .$

操作

(1) 在命令窗口中输入:

>>int(x ∗ log(x), x, 1, 2)   % log(x)代表 ln(x)

按 Enter 键,显示:

ans = 2 ∗ log(2) − 3/4

即
$$\int_1^{\mathrm{e}} x \ln x \, \mathrm{d}x = 2\ln 2 - \frac{3}{4}.$$

(2) 在命令窗口中输入:

>>int(abs(2 ∗ x − 1), x, 0, 1)   % abs()函数用于计算绝对值

按 Enter 键,显示:

ans = 1/2

即
$$\int_0^1 | 2x - 1 | \, \mathrm{d}x = \frac{1}{2}.$$

例 3 计算广义积分:$\displaystyle\int_1^{+\infty} x \mathrm{e}^{-x} \mathrm{d}x .$

操作 在命令窗口中输入:

>>int(x ∗ exp(− x), x, 1, inf)

按 Enter 键,显示:

ans = 2 ∗ exp(− 1)

即
$$\int_1^{+\infty} x \mathrm{e}^{-x} \mathrm{d}x = \frac{2}{\mathrm{e}}.$$

说明

MATLAB 中关于 e 的几种常见的表示法:

(1) e 为自然数,通过 exp(1) 表示;

(2) 以 e 为底的对数函数,可通过 log(x) 表示;

(3) 以 e 为底的指数函数,可通过 exp(x) 表示.

2. 定积分的数值计算

进行积分计算时,有些被积函数的原函数不能用初等函数表示,此时的定积分不能用教材介绍的方法及上面的命令求解.此时可以采用命令"quad('被积函数',积分变量,积分

下限,积分上限)”求出定积分的近似解.

例 4 计算定积分:$\int_0^1 \dfrac{\sin x^2}{1+x}\,\mathrm{d}x$.

操作 1 在命令窗口中输入:

$>>$syms x;

$>>$int(sin(x^2)/(1+x), x, 0, 1)

按 Enter 键,显示:

Warning: Explicit integral could not be found.

$>$In sym.int at 58

　ans = int(sin(x^2)/(1+x), x = 0 .. 1)

输出显示 int 命令不能计算这个定积分.

操作 2 在命令窗口中输入:

$>>$quad('sin(x.^2)./(1+x)', 0, 1)

按 Enter 键,显示:

ans = 0.1808

即
$$\int_0^1 \frac{\sin x^2}{1+x}\,\mathrm{d}x = 0.180\,8.$$

3. M 文件简介

当处理含有大量数据的复杂问题时,在 MATLAB 软件命令窗口中输入数据和命令进行计算是不方便的,可以编辑开发 M 文件,使得 MATLAB 更加贴近用户的使用.

M 文件是一个符合 MATLAB 语法规则的命令语句集合,它以“.m”为扩展名,有两种形式:命令文件和函数文件.

(1) 命令文件的创立.

① 选择“File”下拉菜单中的“New”,选择“M-File”,显示 M 文件编辑器;

② 在 M 文件编辑器写入符合语法规则的命令;

③ 保存文件.选择“File”下拉菜单中的“Save”(或者直接单击其上的图标 ▦),依提示输入一个文件名.要注意:M 文件名不应该与 MATLAB 的内置函数以及工具箱中的函数重名.

注意 由于命令文件共享 MATLAB 工作区变量空间,所以建议用户编写命令文件时总以 clear 开头,以清除 MATLAB 当前的变量空间,防止在命令文件中调用变量出差错.

(2) 函数文件的创立.

函数文件的创立方法与命令文件的创立方法完全一样,只是函数文件的第一句可执行语句是以 function 引导的定义语句.函数文件的具体格式为

$$\text{function 返回变量} = \text{函数名(输入变量)}.$$

(3) 函数文件的调用.

建立 M 文件后,只要在命令窗口中输入 M 文件的文件名,再按 Enter 键,就可以执行 M

文件中所包含的所有命令.函数文件一旦创立,便可像调用其他 MATLAB 函数一样调用.

(4) 函数文件的删除.

在函数文件使用之后,如果不想再使用,可很方便地使用以下两种方式之一删除:

方法 1:在 MATLAB 主界面中,首先选中目录浏览器窗口(Current Directory),然后按 Delete 键,即可删除;

方法 2:找到原函数文件的路径,直接删除即可.

例 5　利用 M 文件计算 $1+3+\cdots+199$.

操作　新建 M 文件,并输入:

```
function s = mysum2(startnum, stepnum, endnum)
s = 0;                    % result
for i = startnum: stepnum: endnum
    s = s + i;
end
```

以文件名"mysum1"保存,并在命令窗口中输入:

```
mysum1(1, 2, 199)
```

按 Enter 键,显示:

```
ans = 10000
```

实验作业

1. 求下列不定积分.

(1) $\displaystyle\int \frac{x}{\sqrt{x^2+1}}\mathrm{d}x$;

(2) $\displaystyle\int x^3 \cos x\,\mathrm{d}x$.

2. 求下列定积分.

(1) $\displaystyle\int_0^1 (-3x+2)^{10}\mathrm{d}x$;

(2) $\displaystyle\int_0^{\frac{\pi}{2}} x \sin x\,\mathrm{d}x$.

3. 求广义积分: $\displaystyle\int_{-\infty}^0 x\,\mathrm{e}^x\,\mathrm{d}x$.

第 3 章 小结

一、基本概念

原函数与不定积分,定积分,广义积分,定积分的微元法,函数的平均值.

二、基础知识

1. 不定积分

(1) 如果在某一区间 I 上,函数 $F(x)$ 与 $f(x)$ 满足 $F'(x)=f(x)$,则称函数 $F(x)$ 是

函数 $f(x)$ 在该区间上的一个原函数.

(2) 函数 $f(x)$ 在区间 I 上的全部原函数 $F(x)+C(C$ 为任意常数)称为 $f(x)$ 在该区间上的不定积分,记作 $\int f(x)\mathrm{d}x$,即

$$\int f(x)\mathrm{d}x = F(x)+C.$$

(3) 不定积分的基本积分公式和运算法则.

(4) 不定积分的计算.

① 第一类换元积分法:设 $\int f(u)\mathrm{d}u = F(u)+C,u=\varphi(x)$ 可导,则

$$\int f(\varphi(x))\varphi'(x)\mathrm{d}x = F(\varphi(x))+C;$$

② 分部积分法:$\int u\mathrm{d}v = uv - \int v\mathrm{d}u.$

2. 定积分

(1) 定积分的概念和基本性质.

(2) 牛顿-莱布尼茨公式.

若函数 $f(x)$ 在区间 $[a,b]$ 上连续,且 $F(x)$ 是 $f(x)$ 在区间 $[a,b]$ 上的一个原函数,则

$$\int_a^b f(x)\mathrm{d}x = F(b)-F(a) = \left[F(x)\right]_a^b.$$

(3) 定积分的计算.

① 凡能够直接应用不定积分的基本公式或第一类换元积分法求出原函数,则可直接应用牛顿-莱布尼茨公式计算定积分;

② 定积分的分部积分法:$\int_a^b u\mathrm{d}v = \left[uv\right]_a^b - \int_a^b v\mathrm{d}u.$

3. 广义积分

(1) $\displaystyle\int_{-\infty}^b f(x)\mathrm{d}x = \lim_{a\to-\infty}\int_a^b f(x)\mathrm{d}x$,若极限存在,称 $\displaystyle\int_{-\infty}^b f(x)\mathrm{d}x$ 收敛.

(2) $\displaystyle\int_a^{+\infty} f(x)\mathrm{d}x = \lim_{b\to+\infty}\int_a^b f(x)\mathrm{d}x$,若极限存在,称 $\displaystyle\int_a^{+\infty} f(x)\mathrm{d}x$ 收敛.

(3) $\displaystyle\int_{-\infty}^{+\infty} f(x)\mathrm{d}x = \int_{-\infty}^C f(x)\mathrm{d}x + \int_C^{+\infty} f(x)\mathrm{d}x$,当 $\displaystyle\int_{-\infty}^C f(x)\mathrm{d}x$ 和 $\displaystyle\int_C^{+\infty} f(x)\mathrm{d}x$ 都收敛时,$\displaystyle\int_{-\infty}^{+\infty} f(x)\mathrm{d}x$ 收敛.

4. 定积分的应用

(1) 用微元法建立定积分的步骤:

设所求量为 Q.

① 选取一个变量为积分变量,并确定它的变化区间,例如:选取 x 为积分变量,它的变化区间为 $[a, b]$;

② 任取小区间 $[x, x+\mathrm{d}x] \subset (a, b)$,求出相应于这个小区间的部分量 ΔQ 的近似值 $\mathrm{d}Q$,称 $\mathrm{d}Q$ 为 Q 的微元;

③ 所求量 Q 为 $\mathrm{d}Q$ 在区间 $[a, b]$ 上的定积分,即 $Q = \int_a^b \mathrm{d}Q$.

(2) 几何应用.

① 由上、下两条曲线 $y = f(x)$ 和 $y = g(x)[g(x) < f(x)]$ 及直线 $x = a$,$x = b$ 围成的平面图形的面积;

② 由曲线 $y = f(x)[f(x) > 0]$ 与直线 $x = a$,$x = b$ 及 $y = 0$ 围成图形绕 x 轴旋转所成旋转体的体积.

(3) 物理应用:变力沿直线做功,液体的压力.

(4) 函数的平均值:连续函数在区间 $[a, b]$ 上的平均值为

$$\bar{y} = \frac{1}{b-a} \int_a^b f(x)\,\mathrm{d}x.$$

三、核心能力

(1) 利用直接积分法,第一类换元积分法,分部积分法及牛顿-莱布尼茨公式计算积分;

(2) 利用定积分求简单平面图形的面积及旋转体的体积;

(3) 利用微元法思想分析变力沿直线做功、液体的压力等物理问题,并用定积分求解;

(4) 求函数的平均值;

(5) 利用 MATLAB 计算积分.

阅 读材料

定积分概念的起源与发展

定积分的概念起源于求平面图形的面积和其他一些实际问题.早在 2 000 多年前,定积分的思想在数学家们的工作中就已经有了萌芽,他们已经开始注意到累积计算的重要性.随着社会的发展,这类问题不断有人提出,其中某些问题甚至得到了解决.例如,古希腊时期阿基米德就曾用求和的方法计算过抛物线弓形及其他图形的面积.公元 263 年我国刘徽提出的割圆术,也是同一思想.在历史上,积分观念的形成比微分要早.但当时并没有一般地引入积分的概念,有关定积分的种种结果还是孤立零散的,比较完整的定积分理论还未能形成.直到 17 世纪下半叶牛顿-莱布尼茨公式建立以后,计算问题得以解决,定积分才迅速建立发展起来.

　　牛顿和莱布尼茨对微积分的创建都作出了巨大的贡献,但两人的方法和途径是不同的.牛顿是在力学研究的基础上,运用几何方法研究微积分的;莱布尼茨主要是在研究曲线的切线和面积的问题上,运用分析学方法引进微积分的.牛顿在微积分的应用上更多地结合了运动学,造诣精深;但莱布尼茨的表达形式简洁准确,胜过牛顿.在对微积分具体内容的研究上,牛顿把微分的思想用到积分问题上,看到了积分运算是微分运算在某种意义下的逆运算,也就是发展了不定积分的思想;而莱布尼茨则主要从定积分思想看出了积分运算是微分运算的逆.虽然牛顿和莱布尼茨的研究方法各异,但殊途同归.各自独立地完成了微积分的创立工作,荣耀应由他们两人共享.

　　定积分概念的理论基础是极限.人类得到比较明晰的极限概念,花了大约 2 000 年的时间.在牛顿和莱布尼茨的时代,极限概念仍不明确.因此牛顿和莱布尼茨建立的微积分的理论基础还不十分牢靠,有些概念还比较模糊,由此引起了数学界甚至哲学界长达一个半世纪的争论,并引发了"第二次数学危机".经过 18 世纪、19 世纪一大批数学家的努力,特别是柯西首先成功地建立了极限理论,后来又经过维尔斯特拉斯进一步严格化,给出了现在通用的极限的定义,极限概念才完全确立,微积分才有了坚实的基础,也才有了我们今天在教材中所见到的微积分.现代教科书中有关定积分的定义是由黎曼给出的.

　　定积分既是一个基本概念,又是一种基本思想.定积分的思想即"化整为零→近似代替→积零为整→取极限".这种"和的极限"的思想,在数学、物理、工程技术及许多领域具有普遍的意义,很多问题的数学结构与定积分中求"和的极限"的数学结构是一样的.可以说,定积分最重要的功能是为我们研究某些问题提供了一种思维模式,即用无限的过程处理有限的问题.定积分的概念及牛顿-莱布尼茨公式,不仅是数学史上,而且是科学思想史上的重要创举.

4

第 4 章
微分方程

将一个温度为 100 ℃的物体，放置在空气温度为 20 ℃的环境中冷却.根据冷却定律：物体温度的变化率与物体和当时空气温度之差成正比.设物体温度 T 与时间 t 的函数关系为 $T = T(t)$，则

$$\frac{\mathrm{d}T}{\mathrm{d}t} = -k(T - 20). \tag{4.1}$$

其中，$k > 0$ 为比例常数.这就是物体冷却的数学模型.现给出条件：

$$T \mid_{t=0} = 100,$$

请写出冷却函数 $T = T(t)$.

方程(4.1)不同于我们以前见过的代数方程，显著的区别是：方程中含有导数（或微分），且其解是满足某种已知条件的函数.这类方程就是微分方程.

新冠肺炎疫情席卷全球，在全国医护人员和全国人民的同心协力下，我国取得了抗击新冠肺炎疫情斗争的重大战略成果，创造了人类同传染病斗争史上的又一个英勇壮举.传染病的基本数学模型是研究传播速度、空间范围、传播途径等问题，以指导对传染病的有效预防和控制.常见的传染病模型有 SI，SIS，SIR 模型等，而这些模型都是基于微分方程建立起来的.

本章将学习微分方程的知识，重点研究可分离变量的微分方程、一阶线性微分方程和二阶常系数线性微分方程的概念及解法，并学习应用 MATLAB 软件求解微分方程.这些内容是学习专业课程的工具，在科学和技术中有着广泛的应用.

4.1 微分方程的基本概念

4.1.1 微分方程及其通解与特解

知识回顾

已知曲线 l 经过点 $(1,3)$,曲线 l 上任意点 $M(x,y)$ 处切线的斜率为 $2x$,求曲线 l 的方程.

设曲线 l 的方程为 $y=f(x)$.根据导数的几何意义,有

$$y'=2x.$$

积分,得

$$y=x^2+C.$$

其中,C 是任意常数.由于曲线经过点 $(1,3)$,故

$$3=1^2+C.$$

解方程,得 $C=2$.所以曲线 l 的方程为

$$y=x^2+2.$$

新知识

上面的问题中所建立的方程是 $y'=2x$,其特点是:方程中含有未知函数的导数(或微分),方程的解是函数.

像这样含有未知函数及其导数(或微分)的方程叫作**微分方程**.未知函数为一元函数的方程叫作**常微分方程**.本章内只讨论常微分方程,如

$$s''(t)=-g,\ \frac{\mathrm{d}y}{\mathrm{d}x}=2x,\ y'+2xy=\sin x,$$

$$\frac{\mathrm{d}^2y}{\mathrm{d}x^2}+3x\,\frac{\mathrm{d}y}{\mathrm{d}x}=x+1,\ x\,\mathrm{d}y+y\,\mathrm{d}x=0.$$

出现在微分方程中的未知函数的最高阶导数的阶数叫作微分方程的**阶**.上述五个方程中,

$$s''(t)=-g\ \text{和}\ \frac{\mathrm{d}^2y}{\mathrm{d}x^2}+3x\,\frac{\mathrm{d}y}{\mathrm{d}x}=x+1$$

是二阶微分方程,其余三个是一阶微分方程.

如果将一个函数代入微分方程,使其成为恒等式,那么,这个函数叫作这个微分方程的**解**.

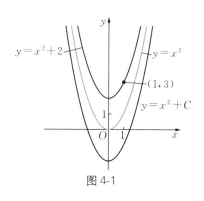

图 4-1

由于 $(x^2+C)'=2x$,故 $y=x^2+C$ 是微分方程 $y'=2x$ 的解.但是 C 是任意常数,$y=x^2+C$ 表示的不只是一个函数,从几何意义上看,$y=x^2+C$ 表示一族抛物线(图 4-1).因为已知曲线过点(1,3),即曲线满足条件 $y|_{x=1}=3$.将条件代入 $y=x^2+C$ 中,得到 $C=2$.故微分方程满足条件 $y|_{x=1}=3$ 的解为 $y=x^2+2$.

实际上,曲线 $y=x^2+2$ 是抛物线族 $y=x^2+C$ 中通过点(1,3)的一条(图 4-1).

若微分方程的解中含有任意常数,且独立的任意常数的个数等于微分方程的阶数(如 $y=x^2+C$),这样的解叫作微分方程的**通解**.在通解中,利用给定的条件,确定出任意常数的值的解(如 $y=x^2+2$)叫作微分方程的**特解**,确定通解中任意常数的条件(如 $y|_{x=1}=3$)叫作**初始条件**.

一阶微分方程的初始条件一般记成 $y|_{x=x_0}=y_0$ 的形式,如 $y|_{x=1}=3$.二阶微分方程的初始条件一般记成 $y|_{x=x_0}=a$,$y'|_{x=x_0}=b$ 的形式.

知识巩固

例 1 求微分方程 $y''=x-1$ 满足初始条件 $y|_{x=1}=-\dfrac{1}{3}$,$y'|_{x=1}=\dfrac{1}{2}$ 的特解.

解 将微分方程 $y''=x-1$,两边积分,得

$$y'=\frac{1}{2}x^2-x+C_1. \tag{4.2}$$

两边再积分一次,得

$$y=\frac{1}{6}x^3-\frac{1}{2}x^2+C_1x+C_2. \tag{4.3}$$

将初始条件 $y|_{x=1}=-\dfrac{1}{3}$,$y'|_{x=1}=\dfrac{1}{2}$ 代入方程(4.2)和方程(4.3),得

$$\begin{cases} \dfrac{1}{6}-\dfrac{1}{2}+C_1+C_2=-\dfrac{1}{3}, \\ \dfrac{1}{2}-1+C_1=\dfrac{1}{2}. \end{cases}$$

解方程组,得 $C_1=1$,$C_2=-1$.因此,微分方程满足初始条件的特解为

$$y = \frac{1}{6}x^3 - \frac{1}{2}x^2 + x - 1.$$

说明 $y^{(n)} = f(x)$ 型的微分方程, 都可以采用方程两边同时积分的手段求解.

练习 4.1.1

1. 试写出下列微分方程的阶数.

(1) $x^2\mathrm{d}x + y\mathrm{d}y = 0$;　　　　(2) $x\,(y')^2 - 2yy' + x = 0$;

(3) $x^2y'' - xy' + y = 0$;　　　(4) $L\dfrac{\mathrm{d}^2Q}{\mathrm{d}t^2} + R\dfrac{\mathrm{d}Q}{\mathrm{d}t} + \dfrac{Q}{t} = 0.$

2. 求微分方程 $y'' = x + 1$ 满足初始条件 $y|_{x=0} = 1$, $y'|_{x=0} = 0$ 的特解.

4.1.2　可分离变量的微分方程

探究

微分方程 $y' = x$ 可以用方程两边同时积分的方法求解. 那么微分方程 $y' = xy$ 如何求解呢?

由于方程右边同时含有 x 和 y, 故无法直接积分, 为了达到两边可以同时积分的目的, 可以把 y' 写成 $\dfrac{\mathrm{d}y}{\mathrm{d}x}$ 的形式, 将方程恒等变形为

$$\frac{1}{y}\mathrm{d}y = x\,\mathrm{d}x.$$

这种变形的作用是**分离变量**.

新知识

形如

$$\frac{\mathrm{d}y}{\mathrm{d}x} = f(x)g(y)$$

的一阶微分方程叫作**可分离变量的微分方程**. 其中, $f(x)$, $g(y)$ 都是连续函数.

这类微分方程可以通过下面的步骤求解 (分离变量法):

(1) 将方程分离变量

$$\frac{1}{g(y)}\mathrm{d}y = f(x)\mathrm{d}x;$$

（2）两边积分

$$\int \frac{1}{g(y)}\mathrm{d}y = \int f(x)\mathrm{d}x\,;$$

（3）分别计算两边的积分,整理化简可以得到微分方程的通解.

知识巩固

例2 解微分方程：$\dfrac{\mathrm{d}y}{\mathrm{d}x} = -\dfrac{y}{x}$.

解 分离变量,得

$$\frac{\mathrm{d}y}{y} = -\frac{\mathrm{d}x}{x},$$

两边积分,得

$$\ln|y| = -\ln|x| + C_1.$$

记 $C_1 = \ln C_2$,则

$$\ln|y| = \ln\frac{1}{|x|} + \ln C_2 = \ln\frac{C_2}{|x|},$$

所以

$$|y| = \frac{C_2}{|x|},\ \text{即}\ y = \pm\frac{C_2}{x}.$$

记 $C = \pm C_2$,则原方程的通解为

$$y = \frac{C}{x}.$$

说明

（1）微分方程的通解也可以表示为隐函数的形式.如上面的通解可以写作 $xy = C$.

（2）为了简单起见,在本章中可以直接将 $\ln|x|$ 写成 $\ln x$,将 $\ln|y|$ 写成 $\ln y$,从而省略记 $C = \pm C_2$ 的过程;将 C_1 直接写成 $\ln C$,从而省略记 $C_1 = \ln C_2$ 的过程.

例3 解微分方程：$y' - y\sin x = 0$, $y|_{x=\frac{\pi}{2}} = 1$.

解 分离变量,得

$$\frac{1}{y}\mathrm{d}y = \sin x\,\mathrm{d}x.$$

两边积分,得

$$\ln y = -\cos x + C.$$

代入初始条件 $x = \dfrac{\pi}{2}$ 时 $y = 1$，得

$$C = 0.$$

故微分方程满足初始条件的特解为

$$y = \mathrm{e}^{-\cos x}.$$

例 4 解微分方程：$xy\mathrm{d}y + \mathrm{d}x = y^2\mathrm{d}x + y\mathrm{d}y.$

解 分离变量，得

$$\frac{y}{y^2 - 1}\mathrm{d}y = \frac{1}{x - 1}\mathrm{d}x.$$

两边积分，得

$$\frac{1}{2}\ln(y^2 - 1) = \ln(x - 1) + \frac{1}{2}\ln C.$$

故微分方程的通解为

$$y^2 - 1 = C\,(x - 1)^2.$$

例 5 求微分方程 $(1 + \mathrm{e}^x)yy' = \mathrm{e}^x$ 满足初始条件 $y\,|_{x=0} = 1$ 的特解.

解 分离变量，得

$$y\mathrm{d}y = \frac{\mathrm{e}^x}{1 + \mathrm{e}^x}\mathrm{d}x.$$

两边积分，得

$$\frac{1}{2}y^2 = \ln(1 + \mathrm{e}^x) + C.$$

代入初始条件 $x = 0$ 时 $y = 1$，得

$$C = \frac{1}{2} - \ln 2.$$

故微分方程满足初始条件的特解为

$$y^2 = 2\ln(1 + \mathrm{e}^x) + 1 - 2\ln 2.$$

文本：分离变量法
拓展

练习 4.1.2

1. 求解微分方程 $y\mathrm{d}x = (x - 1)\mathrm{d}y.$
2. 求解微分方程 $\mathrm{e}^{x+y}\mathrm{d}y = \mathrm{d}x.$

4.2 一阶线性微分方程

形如

$$\frac{\mathrm{d}y}{\mathrm{d}x} + p(x)y = Q(x) \tag{4.4}$$

的方程叫作**一阶线性微分方程**.其中,$p(x)$,$Q(x)$ 是 x 的已知函数,$Q(x)$ 叫作方程的自由项. 当 $Q(x)=0$ 时,方程(4.4)为**一阶线性齐次微分方程**;当 $Q(x) \neq 0$ 时,方程(4.4)为**一阶线性非齐次微分方程**.

4.2.1　一阶线性齐次微分方程

探究

一阶线性齐次微分方程为

$$\frac{\mathrm{d}y}{\mathrm{d}x} + p(x)y = 0,$$

变形为

$$\frac{\mathrm{d}y}{\mathrm{d}x} = -p(x)y.$$

这是可分离变量的微分方程.

分离变量,得

$$\frac{\mathrm{d}y}{y} = -p(x)\mathrm{d}x.$$

两边积分,得

$$\ln y = -\int p(x)\mathrm{d}x + \ln C.$$

所以一阶线性齐次微分方程的通解为

$$y = C\mathrm{e}^{-\int p(x)\mathrm{d}x}. \tag{4.5}$$

新知识

求解一阶线性齐次微分方程 $\dfrac{\mathrm{d}y}{\mathrm{d}x} + p(x)y = 0$，可以采用分离变量法，也可以直接应用公式(4.5)求解(称为**应用公式法**).

知识巩固

例 1 解微分方程：$\dfrac{\mathrm{d}y}{\mathrm{d}x} - \dfrac{2}{x+1}y = 0$.

解 1 （分离变量法）

分离变量，得

$$\frac{1}{y}\mathrm{d}y = \frac{2}{x+1}\mathrm{d}x.$$

两边积分，得

$$\ln y = 2\ln(x+1) + \ln C.$$

故微分方程的通解为

$$y = C(x+1)^2.$$

解 2 （应用公式法）

直接应用公式(4.5)，这里 $p(x) = -\dfrac{2}{x+1}$. 所以

$$y = C\,\mathrm{e}^{-\int -\frac{2}{x+1}\mathrm{d}x} = C\,\mathrm{e}^{2\ln(x+1)} = C(x+1)^2.$$

故微分方程的通解为

$$y = C(x+1)^2.$$

例 2 解微分方程：$xy' - y = 0$.

解 微分方程变形为

$$y' - \frac{1}{x}y = 0,$$

所以，$p(x) = -\dfrac{1}{x}$. 利用公式(4.5)，得

$$y = C\,\mathrm{e}^{-\int -\frac{1}{x}\mathrm{d}x} = C\,\mathrm{e}^{\ln x} = Cx.$$

故微分方程的通解为

$$y = Cx.$$

解下列微分方程.

(1) $y' - 3x^2 y = 0$；　　　　　　　　(2) $e^x y' + y = 0$.

4.2.2　一阶线性非齐次微分方程

探究

下面研究一阶线性非齐次微分方程

$$\frac{\mathrm{d}y}{\mathrm{d}x} + p(x)y = Q(x) \tag{4.6}$$

的通解.

首先求出方程(4.6)所对应的一阶线性齐次微分方程

$$\frac{\mathrm{d}y}{\mathrm{d}x} + p(x)y = 0$$

的通解

$$y = C e^{-\int p(x)\mathrm{d}x}.$$

设方程(4.6)的通解为 $y = C(x) e^{-\int p(x)\mathrm{d}x}$，其中，$C(x)$ 是 x 的待定函数，则

$$y' = C'(x) e^{-\int p(x)\mathrm{d}x} - C(x) p(x) e^{-\int p(x)\mathrm{d}x},$$

于是有

$$C'(x) e^{-\int p(x)\mathrm{d}x} - p(x) C(x) e^{-\int p(x)\mathrm{d}x} + p(x) C(x) e^{-\int p(x)\mathrm{d}x} = Q(x),$$

即

$$C'(x) = Q(x) e^{\int p(x)\mathrm{d}x},$$

两边积分,得

$$C(x) = \int Q(x) e^{\int p(x)\mathrm{d}x} \mathrm{d}x + C.$$

故所求通解为

$$y = e^{-\int p(x)\mathrm{d}x} \left[\int Q(x) e^{\int p(x)\mathrm{d}x} \mathrm{d}x + C \right].$$

因此，一阶线性非齐次微分方程 $\dfrac{\mathrm{d}y}{\mathrm{d}x} + p(x)y = Q(x)$ 的通解为

$$y = \mathrm{e}^{-\int p(x)\mathrm{d}x}\left[\int Q(x)\mathrm{e}^{\int p(x)\mathrm{d}x}\,\mathrm{d}x + C\right]. \tag{4.7}$$

新知识

探究过程中的解微分方程的方法叫作**常数变易法**.

利用常数变易法解一阶线性非齐次微分方程的步骤为：

(1) 将方程化成 $\dfrac{\mathrm{d}y}{\mathrm{d}x} + p(x)y = Q(x)$ 的形式；

(2) 求出对应一阶线性齐次微分方程 $\dfrac{\mathrm{d}y}{\mathrm{d}x} + p(x)y = 0$ 的通解 $y = C\mathrm{e}^{-\int p(x)\mathrm{d}x}$；

(3) 设方程的通解为 $y = C(x)\mathrm{e}^{-\int p(x)\mathrm{d}x}$，代入方程 $\dfrac{\mathrm{d}y}{\mathrm{d}x} + p(x)y = Q(x)$，确定 $C(x)$.

也可以直接应用公式(4.7)求解，这种方法称为**应用公式法**.

知识巩固

例 3　解微分方程：$\dfrac{\mathrm{d}y}{\mathrm{d}x} - \dfrac{2}{x+1}y = (x+1)^{\frac{5}{2}}$.

解 1　(常数变易法)

方程对应的一阶线性齐次微分方程为

$$\frac{\mathrm{d}y}{\mathrm{d}x} - \frac{2}{x+1}y = 0,$$

其通解为

$$y = C(x+1)^2.$$

设函数 $y = C(x)(x+1)^2$ 是已知一阶线性非齐次微分方程的通解，则

$$\frac{\mathrm{d}y}{\mathrm{d}x} = C'(x)(x+1)^2 + 2C(x)(x+1).$$

代入原方程，得

$$C'(x)(x+1)^2 + 2C(x)(x+1) - \frac{2}{x+1}C(x)(x+1)^2 = (x+1)^{\frac{5}{2}},$$

即

$$C'(x) = (x+1)^{\frac{1}{2}}.$$

积分,得

$$C(x) = \frac{2}{3}(x+1)^{\frac{3}{2}} + C.$$

故微分方程的通解为

$$y = (x+1)^2 \left[\frac{2}{3}(x+1)^{\frac{3}{2}} + C \right].$$

解 2 （应用公式法）

这里 $p(x) = -\dfrac{2}{x+1}$，$Q(x) = (x+1)^{\frac{5}{2}}$，因此

$$\int p(x)\,\mathrm{d}x = -\int \frac{2}{x+1}\,\mathrm{d}x = -2\ln(x+1),$$

$$\int Q(x)\mathrm{e}^{\int p(x)\mathrm{d}x}\,\mathrm{d}x = \int (x+1)^{\frac{5}{2}} \cdot (x+1)^{-2}\,\mathrm{d}x = \int (x+1)^{\frac{1}{2}}\,\mathrm{d}x = \frac{2}{3}(x+1)^{\frac{3}{2}} + C,$$

故微分方程的通解为

$$y = \mathrm{e}^{-\int p(x)\mathrm{d}x}\left[\int Q(x)\mathrm{e}^{\int p(x)\mathrm{d}x}\,\mathrm{d}x + C \right] = (x+1)^2 \left[\frac{2}{3}(x+1)^{\frac{3}{2}} + C \right].$$

例 4 解微分方程：$y' + \dfrac{1}{x}y = \dfrac{\sin x}{x}$.

解 应用公式(4.7)求解,这里 $p(x) = \dfrac{1}{x}$，$Q(x) = \dfrac{\sin x}{x}$，因此

$$y = \mathrm{e}^{-\int \frac{1}{x}\mathrm{d}x}\left[\int \frac{\sin x}{x}\mathrm{e}^{\int \frac{1}{x}\mathrm{d}x}\,\mathrm{d}x + C \right] = \mathrm{e}^{-\ln x}\left[\int \frac{\sin x}{x}\mathrm{e}^{\ln x}\,\mathrm{d}x + C \right]$$

$$= \frac{1}{x}\left[\int \sin x\,\mathrm{d}x + C \right] = \frac{1}{x}[-\cos x + C].$$

故微分方程的通解为

$$y = \frac{1}{x}(-\cos x + C).$$

例 5 求微分方程 $x^2\mathrm{d}y + (2xy - x + 1)\mathrm{d}x = 0$ 满足初始条件 $y|_{x=1} = 0$ 的解.
解 方程可以化为

$$\frac{\mathrm{d}y}{\mathrm{d}x} + \frac{2}{x}y = \frac{x-1}{x^2}.$$

应用公式(4.7)求解.这里 $p(x) = \dfrac{2}{x}$，$Q(x) = \dfrac{x-1}{x^2}$，因此

$$y = e^{-\int \frac{2}{x} dx} \left[\int \frac{x-1}{x^2} e^{\int \frac{2}{x} dx} dx + C \right] = e^{-2\ln x} \left[\int \frac{x-1}{x^2} e^{2\ln x} dx + C \right]$$

$$= \frac{1}{x^2} \left[\int (x-1) dx + C \right] = \frac{1}{x^2} \left[\frac{1}{2} x^2 - x + C \right]$$

$$= \frac{1}{2} - \frac{1}{x} + \frac{C}{x^2}.$$

自测:测一测 6

代入初始条件 $y \big|_{x=1} = 0$, 得

$$C = \frac{1}{2}.$$

故满足初始条件 $y \big|_{x=1} = 0$ 的特解是

$$y = \frac{1}{2} - \frac{1}{x} + \frac{1}{2x^2}.$$

练习 4.2.2

求解下列微分方程.

(1) $y' + 3y = 8$.

(2) $y' + y = e^{-x}$.

(3) $xy' + y - e^x = 0$, $y(1) = 0$.

4.3 二阶常系数线性微分方程

新知识

二阶微分方程比较复杂,我们只研究二阶常系数线性微分方程,即形如

$$y'' + py' + qy = 0 \tag{4.8}$$

和

$$y'' + py' + qy = f(x) \tag{4.9}$$

的方程,其中,p,q 均为常数.方程(4.8)叫作**二阶常系数线性齐次微分方程**,方程(4.9)叫作**二阶常系数线性非齐次微分方程**.

在实际应用中,特别是在电学、力学及工程学中,很多实际应用问题的数学模型都是二阶常系数线性微分方程.

关于二阶常系数线性微分方程解的结构有如下的三个结论：

结论 1 若 y_1，y_2 是方程 $y'' + py' + qy = 0$ 的两个特解，则对任意两个常数 C_1，C_2，$y = C_1 y_1 + C_2 y_2$ 仍是该方程的解.

结论 2 若 y_1，y_2 是方程 $y'' + py' + qy = 0$ 的两个特解，且 $\dfrac{y_1}{y_2}$ 不等于常数，则 $y = C_1 y_1 + C_2 y_2$ 是该方程的通解，其中，C_1，C_2 是任意常数.

结论 3 若 Y 是方程 $y'' + py' + qy = 0$ 的通解，y^* 是 $y'' + py' + qy = f(x)$ 的一个特解，则 $y = Y + y^*$ 是二阶常系数线性非齐次微分方程 $y'' + py' + qy = f(x)$ 的通解.

4.3.1 二阶常系数线性齐次微分方程的解

探究

由前面的结论 1 和结论 2 知道，解微分方程 $y'' + py' + qy = 0$ 的关键是找到其两个特解 y_1 和 y_2，且 $\dfrac{y_1}{y_2}$ 不等于常数.

考虑到指数函数 $y = e^{rx}$ 的各阶导数之间只相差一个常数，方程的解有可能具有指数函数的形式.不妨沿着这个思路做探究.

设 $y = e^{rx}$（r 是常数）是方程 $y'' + py' + qy = 0$ 的解，则

$$y' = r e^{rx}, \ y'' = r^2 e^{rx}.$$

代入方程中，得

$$e^{rx}(r^2 + pr + q) = 0.$$

于是有

$$r^2 + pr + q = 0. \tag{4.10}$$

如果 r 是方程 (4.10) 的根，那么函数 $y = e^{rx}$ 就是方程 $y'' + py' + qy = 0$ 的解.

这样就建立了微分方程 $y'' + py' + qy = 0$ 与代数方程 $r^2 + pr + q = 0$ 之间的关联.

新知识

方程 $r^2 + pr + q = 0$ 叫作微分方程 $y'' + py' + qy = 0$ 的**特征方程**.特征方程的根叫作**特征根**.

特征方程是关于 r 的一元二次方程.根据特征根的不同情况，可以得到微分方程 $y'' + py' + qy = 0$ 的相应通解（表 4-1）.

表 4-1

特征方程 $r^2 + pr + q = 0$	特征根 r_1, r_2	方程 $y'' + py' + qy = 0$ 的通解
$p^2 - 4q > 0$	$r_1 \neq r_2$	$y = C_1 \mathrm{e}^{r_1 x} + C_2 \mathrm{e}^{r_2 x}$
$p^2 - 4q = 0$	$r_1 = r_2 = r$	$y = (C_1 + C_2 x) \mathrm{e}^{rx}$
$p^2 - 4q < 0$ ①	$r_1 = \alpha + \mathrm{i}\beta$, $r_2 = \alpha - \mathrm{i}\beta$	$y = \mathrm{e}^{\alpha x}(C_1 \cos\beta x + C_2 \sin\beta x)$

由此得到,解二阶常系数线性齐次微分方程 $y'' + py' + qy = 0$(其中,p,q 均为常数)的步骤为:

(1) 写出特征方程 $r^2 + pr + q = 0$;

(2) 求出特征方程的两个根 r_1, r_2;

(3) 根据表 4-1 写出方程的通解.

视频:方程的
复数解

知识巩固

例 1 解微分方程:$y'' - 2y' - 3y = 0$.

解 特征方程为

$$r^2 - 2r - 3 = 0.$$

特征根为

$$r_1 = -1, \ r_2 = 3.$$

故方程的通解为
$$y = C_1 \mathrm{e}^{-x} + C_2 \mathrm{e}^{3x}.$$

例 2 解微分方程:$y'' - 4y' + 5y = 0$.

解 特征方程为

$$r^2 - 4r + 5 = 0.$$

此时判别式
$$\Delta = (-4)^2 - 20 = -4 < 0,$$

故方程没有实数根,利用求根公式有

$$r = \frac{4 \pm \sqrt{-4}}{2} = 2 \pm \mathrm{i}.$$

特征根为
$$r_1 = 2 - \mathrm{i}, \ r_2 = 2 + \mathrm{i}.$$

故方程的通解为
$$y = \mathrm{e}^{2x}(C_1 \cos x + C_2 \sin x).$$

---

① 此时方程没有实数根,有两个复数根 $r_1 = -\dfrac{p}{2} - \mathrm{i}\dfrac{\sqrt{4q-p^2}}{2}$,$r_2 = -\dfrac{p}{2} + \mathrm{i}\dfrac{\sqrt{4q-p^2}}{2}$. 其中,$\mathrm{i} = \sqrt{-1}$ 为虚数单位.

例 3　求微分方程 $y'' + 2y' + y = 0$ 满足初始条件 $y\,|_{x=0} = 0$，$y'\,|_{x=0} = 1$ 的特解.

解　特征方程为

$$r^2 + 2r + 1 = 0.$$

特征根为

$$r_1 = r_2 = -1.$$

故方程的通解为

$$y = (C_1 + C_2 x)\,\mathrm{e}^{-x}. \tag{4.11}$$

又

$$y' = C_2 \mathrm{e}^{-x} + (C_1 + C_2 x) \cdot (-\mathrm{e}^{-x}). \tag{4.12}$$

将初始条件 $y\,|_{x=0} = 0$，$y'\,|_{x=0} = 1$ 代入式(4.11)、式(4.12)得 $C_1 = 0$，$C_2 = 1$.

所以，方程满足初始条件的特解为 $y = x\,\mathrm{e}^{-x}$.

练习 4.3.1

1. 求下列微分方程的通解.

（1）$y'' + 4y' + 3y = 0$；　　　　　　（2）$y'' - 2y' + 3y = 0$.

2. 求微分方程 $y'' + 2y' + y = 0$，满足初始条件 $y(0) = 4$，$y'(0) = -2$ 的特解.

4.3.2　二阶常系数线性非齐次微分方程的解

由本节一开始介绍的结论 3 可以知道，求二阶常系数线性非齐次微分方程 $y'' + py' + qy = f(x)$（p，q 均为常数）的通解，只需找出对应的线性齐次微分方程的通解，再找到线性非齐次微分方程的一个特解.

函数 $f(x)$ 有多种不同的情形，讨论起来比较复杂，下面只就两种常见的特殊情况进行讨论.

1. $f(x) = P_m(x)\mathrm{e}^{\lambda x}$ 的情形

新知识

下面研究微分方程

$$y'' + py' + qy = P_m(x)\mathrm{e}^{\lambda x}, \tag{4.13}$$

其中，$P_m(x)$ 是 x 的 m 次多项式，λ 是常数.

可以证明，方程(4.13)具有形如 $y^* = x^k Q_m(x)\mathrm{e}^{\lambda x}$ 的特解，其中，$Q_m(x)$ 是与 $P_m(x)$

同次的多项式,而 k 的值与 λ 有关,见表 4-2.

表 4-2

$f(x)$ 的形式	λ 的值	特解 y^* 的形式
$f(x) = P_m(x)e^{\lambda x}$	λ 不是特征根	$y^* = Q_m(x)e^{\lambda x}$
	λ 是特征单根	$y^* = xQ_m(x)e^{\lambda x}$
	λ 是特征双根	$y^* = x^2 Q_m(x)e^{\lambda x}$

这样,解微分方程(4.13)的步骤为:

(1) 求出方程 $y'' + py' + qy = 0$ 的通解;

(2) 根据表 4-2 设出方程(4.13)特解 $y^* = x^k Q_m(x)e^{\lambda x}$,然后将其代入(4.13)确定 $Q_m(x)$,从而得到特解;

(3) 根据结论 3 写出方程的通解.

知识巩固

例 4 解微分方程:$y'' - 2y' - 3y = 3x + 1$.

解 对应的齐次方程为 $y'' - 2y' - 3y = 0$,其特征方程为

$$r^2 - 2r - 3 = 0.$$

特征根为 $\qquad r_1 = -1,\ r_2 = 3.$

所以 $y'' - 2y' - 3y = 0$ 的通解为

$$Y = C_1 e^{-x} + C_2 e^{3x}.$$

由于 $f(x) = 3x + 1$,$\lambda = 0$ 不是特征根,故设 $y^* = b_0 x + b_1$. 于是 $y^{*'} = b_0$,$y^{*''} = 0$. 代入原方程,整理,得

$$-3b_0 x - 2b_0 - 3b_1 = 3x + 1.$$

比较两边同次幂的系数,得

$$-3b_0 = 3,\ -2b_0 - 3b_1 = 1,\ 即\ b_0 = -1,\ b_1 = \frac{1}{3}.$$

所以 $\qquad y^* = -x + \frac{1}{3}.$

故方程的通解为

$$y = Y + y^* = C_1 e^{-x} + C_2 e^{3x} - x + \frac{1}{3}.$$

例 5 解微分方程:$y'' + 6y' + 9y = 5x e^{-3x}$.

解 对应的齐次方程为 $y'' + 6y' + 9y = 0$,其特征方程为

$$r^2 + 6r + 9 = 0.$$

特征根为 $\qquad\qquad r_1 = r_2 = -3.$

所以,齐次方程的通解为

$$Y = (C_1 + C_2 x) e^{-3x}.$$

由 $f(x) = 5x e^{-3x}$ 知, $P_m(x) = 5x$, $\lambda = -3$. 由于 $\lambda = -3$ 是特征双根,故设 $y^* = x^2 (b_0 x + b_1) e^{-3x}$. 于是

$$y^{*'} = \left[-3b_0 x^3 + 3(b_0 - b_1) x^2 + 2b_1 x \right] e^{-3x},$$
$$y^{*''} = \left[9b_0 x^3 - 9(2b_0 - b_1) x^2 + 6(b_0 - 2b_1) x + 2b_1 \right] e^{-3x}.$$

将 y^*, $y^{*'}$, $y^{*''}$ 代入原方程,整理,得

$$6b_0 x + 2b_1 = 5x.$$

比较两边的同次幂系数,得 $6b_0 = 5$, $2b_1 = 0$,即 $b_0 = \dfrac{5}{6}$, $b_1 = 0$. 于是

$$y^* = \frac{5}{6} x^3 e^{-3x}.$$

故方程的通解为

$$y = Y + y^* = \left(C_1 + C_2 x + \frac{5}{6} x^3 \right) e^{-3x}.$$

例 6 求微分方程 $y'' + y = 2x^2 - 3$ 满足初始条件 $y|_{x=0} = 1$, $y'|_{x=0} = 2$ 的特解.

解 对应的齐次方程 $y'' + y = 0$,其特征方程为

$$r^2 + 1 = 0.$$

解得特征根为 $\qquad\qquad r = \pm i.$

所以,齐次方程的通解为

$$Y = C_1 \cos x + C_2 \sin x.$$

这里 $P_m(x) = 2x^2 - 3$, $\lambda = 0$. 由于 $\lambda = 0$ 不是特征根,故设 $y^* = b_0 x^2 + b_1 x + b_2$,于是

$$y^{*'} = 2b_0 x + b_1, \ y^{*''} = 2b_0.$$

将 y^*, $y^{*'}$, $y^{*''}$ 代入原方程,得

$$b_0 x^2 + b_1 x + (2b_0 + b_2) = 2x^2 - 3.$$

比较两边的同次幂系数,得 $b_0=2$,$b_1=0$,$2b_0+b_2=-3$,即 $b_0=2$,$b_1=0$,$b_2=-7$. 于是

$$y^*=2x^2-7.$$

所以原方程的通解为

$$y=Y+y^*=C_1\cos x+C_2\sin x+2x^2-7.$$

由初始条件 $y\big|_{x=0}=1$,$y'\big|_{x=0}=2$,得 $C_1=8$,$C_2=2$.

所以原方程满足初始条件的特解是

$$y=Y+y^*=8\cos x+2\sin x+2x^2-7.$$

2. $f(x)=\mathrm{e}^{\lambda x}P_m(x)\cos\beta x$ 或 $f(x)=\mathrm{e}^{\lambda x}P_m(x)\sin\beta x$ 的情形

新知识

可以证明,微分方程

$$y''+py'+qy=\mathrm{e}^{\lambda x}P_m(x)\cos\beta x \text{ 或 } y''+py'+qy=\mathrm{e}^{\lambda x}P_m(x)\sin\beta x \quad (4.14)$$

的特解的形式为

$$y^*=x^k\mathrm{e}^{\lambda x}[Q_m(x)\cos\beta x+R_m(x)\sin\beta x],$$

其中,$Q_m(x)$,$R_m(x)$ 与 $P_m(x)$ 是同次多项式,k 的取值与 $\lambda+\beta\mathrm{i}$ 有关,见表4-3.

表 **4-3**

$f(x)$ 的形式	λ 的值	特解 y^* 的形式
$f(x)=\mathrm{e}^{\lambda x}P_m(x)\cos\beta x$ 或 $f(x)=\mathrm{e}^{\lambda x}P_m(x)\sin\beta x$	$\lambda+\beta\mathrm{i}$ 不是特征根	$y^*=\mathrm{e}^{\lambda x}[Q_m(x)\cos\beta x+R_m(x)\sin\beta x]$
	$\lambda+\beta\mathrm{i}$ 是特征根	$y^*=x\mathrm{e}^{\lambda x}[Q_m(x)\cos\beta x+R_m(x)\sin\beta x]$

这样,解微分方程(4.14)的步骤为:

(1) 求出方程 $y''+py'+qy=0$ 的通解;

(2) 根据表4-3设出方程(4.14)特解 $y^*=x^k\mathrm{e}^{\lambda x}[Q_m(x)\cos\beta x+R_m(x)\sin\beta x]$,然后将其代入方程(4.14)确定 $Q_m(x)$ 与 $R_m(x)$,从而得到特解;

(3) 根据结论3写出方程的通解.

知识巩固

例 7 解微分方程:$y''+2y'-3y=4\sin x$.

解 对应的齐次方程为 $y''+2y'-3y=0$,其特征方程为

$$r^2+2r-3=0.$$

特征根为 $r_1 = -3$, $r_2 = 1$, 故
$$Y = C_1 e^{-3x} + C_2 e^x.$$

因为 $\lambda = 0$, $\beta = 1$, 即 $\beta i = i$ 不是特征根, 所以 $k = 0$. 因此设微分方程的特解
$$y^* = A\cos x + B\sin x,$$

于是
$$y^{*\prime} = B\cos x - A\sin x,$$
$$y^{*\prime\prime} = -A\cos x - B\sin x.$$

代入原方程, 得
$$(-4A + 2B)\cos x + (-2A - 4B)\sin x = 4\sin x.$$

比较上式两边同类项的系数, 得
$$\begin{cases} -4A + 2B = 0, \\ -2A - 4B = 4. \end{cases}$$

解方程组, 得
$$A = -\frac{2}{5}, \ B = -\frac{4}{5}.$$

故原微分方程的一个特解为
$$y^* = -\frac{2}{5}\cos x - \frac{4}{5}\sin x.$$

所以原微分方程的通解为
$$y = C_1 e^{-3x} + C_2 e^x - \frac{2}{5}\cos x - \frac{4}{5}\sin x.$$

例 8 求微分方程 $y'' + y = x\cos 2x$ 的通解.

解 对应的齐次方程为 $y'' + y = 0$, 其特征方程为
$$r^2 + 1 = 0.$$

特征根为 $r = \pm i$, 故对应的齐次方程的通解为
$$Y = C_1\cos x + C_2\sin x.$$

这里 $\lambda + \beta i = 2i$ 不是特征方程的特征根, 所以 $k = 0$. 设该微分方程的特解为
$$y^* = (ax + b)\cos 2x + (cx + d)\sin 2x,$$

于是
$$y^{*\prime} = (a + 2cx + 2d)\cos 2x + (c - 2ax - 2b)\sin 2x,$$

$$y^{*''} = (4c - 4ax - 4b)\cos 2x - (4a + 4cx + 4d)\sin 2x.$$

代入原方程,得

$$(4c - 3ax - 3b)\cos 2x - (4a + 3cx + 3d)\sin 2x = x\cos 2x.$$

比较上式两边同类项的系数,得

$$\begin{cases} -3a = 1, \\ -3b + 4c = 0, \\ -3c = 0, \\ -4a - 3d = 0. \end{cases}$$

解方程组,得

$$a = -\frac{1}{3}, \ b = 0, \ c = 0, \ d = \frac{4}{9}.$$

故原微分方程的一个特解为

$$y^{*} = -\frac{1}{3}x\cos 2x + \frac{4}{9}\sin 2x.$$

所以原微分方程的通解为

$$y = C_1\cos x + C_2\sin x - \frac{1}{3}x\cos 2x + \frac{4}{9}\sin 2x.$$

自测:测一测 7

软件链接

MATLAB 软件广泛应用于工程技术中的各种微分方程求解问题.利用 MATLAB 可以方便地求解常微分方程,详见数学实验 4.

例如,计算例 8 的操作如下:

在命令窗口中输入:

$\gg$ s = dsolve('D2y + y = x * cos(2 * x)', 'x')　　　　% 解微分方程

按 Enter 键,显示:

s = sin(x) * C2 + cos(x) * C1 + 4/9 * sin(2 * x) − 1/3 * x * cos(2 * x)

即

$$y = C_1\cos x + C_2\sin x - \frac{1}{3}x\cos 2x + \frac{4}{9}\sin 2x.$$

视频:解微分方程

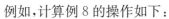

练习 4.3.2

解下列微分方程.

(1) $2y'' + y' - y = 2e^x$；　　　　　　　　(2) $y'' - 4y = 2\cos x.$

4.4 微分方程的应用

新知识

对自然现象与工程技术中的许多问题的研究,往往归结为求解微分方程.本节将通过具体实例,介绍微分方程在实际中的应用.

应用微分方程解决具体问题的步骤为:

(1) 分析问题,建立微分方程并确定初始条件;

(2) 求出微分方程的通解;

(3) 根据初始条件确定特解.

知识巩固

例 1 将某物体以初速度 v_0 垂直上抛,设物体的运动只受重力的影响.试确定该物体运动的位移 s 与时间 t 的函数关系.

解 因为物体运动的加速度是位移 s 对时间 t 的二阶导数,故由牛顿第二定律,得

$$ms''(t) = -mg, \ \text{即} \ s''(t) = -g.$$

两边积分,得 $v = -gt + C_1$,即 $\dfrac{\mathrm{d}s}{\mathrm{d}t} = -gt + C_1$.

再一次积分,得 $s = -\dfrac{1}{2}gt^2 + C_1 t + C_2$(其中,$C_1$,$C_2$ 为任意常数).

设物体开始上抛时的初始位移为 s_0,则依题意有 $v(0) = v_0$,$s(0) = s_0$.

代入上式,得 $C_1 = v_0$,$C_2 = s_0$.

所以 $s = -\dfrac{1}{2}gt^2 + v_0 t + s_0$ 即为所求函数关系.

例 2 如图 4-2 所示,过曲线 L 上任意一点 $P(x, y)$ $(x > 0, y > 0)$ 作 PQ 垂直于 x 轴于点 Q,PR 垂直于 y 轴于点 R.作曲线 L 的切线 PT 交 x 轴于点 T(设切线的斜率大于零),当矩形 $OQPR$ 与 $\triangle PTQ$ 有相同的面积时,求曲线 L 的方程.

解 设曲线 L 的方程为 $y = f(x)$,切线 PT 与 x 轴的夹角为 α.因为

$$S_{矩形 OQPR} = xy,$$

$$S_{\triangle PTQ} = \frac{1}{2}y^2 \cot \alpha = \frac{1}{2}y^2 \frac{1}{y'},$$

所以
$$\frac{1}{2}y^2\frac{1}{y'}=xy,\quad \text{即 } y'=\frac{y}{2x}.$$

解得曲线 L 的方程
$$y=C\sqrt{x}\ (C\text{ 为任意常数}).$$

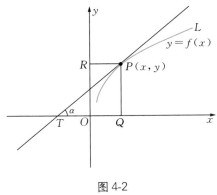

图 4-2

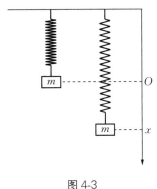

图 4-3

例 3 如图 4-3 所示,垂直挂着的弹簧,下端系着一个质量为 m 的重物,弹簧被拉伸后处于平衡状态,现用力将重物向下拉,松开手后,弹簧就会上、下振动.不计阻力,求重物的位置随时间变化的函数关系.

解 设平衡位置为坐标原点 O,重物在时刻 t 离开平衡位置的距离为 x,重物所受弹簧的恢复力为 F,由力学知识可知,F 与 x 成正比,即
$$F=-kx,$$

其中,$k>0$.根据牛顿第二定律,得
$$F=ma=m\frac{\mathrm{d}^2x}{\mathrm{d}t^2},$$

所以
$$m\frac{\mathrm{d}^2x}{\mathrm{d}t^2}=-kx.$$

设 $\omega^2=\dfrac{k}{m}$,则方程化为
$$\frac{\mathrm{d}^2x}{\mathrm{d}t^2}+\omega^2x=0,$$

其特征方程为
$$r^2+\omega^2=0.$$

所以,特征根为 $r_{1,2}=\pm\mathrm{i}\omega$,故重物的位置随时间变化的函数关系,即方程通解为
$$x=C_1\cos\omega t+C_2\sin\omega t.$$

例 4 放射性元素铀由于会不断地有原子放射出微粒子而变成其他元素,铀的质量也会不断减少,这种现象叫作衰变.由原子物理学可知,铀的衰变速度与当时未衰变的原子

的质量 M 成正比.已知当 $t=0$ 时,铀的质量为 M_0.求在衰变过程中,铀的质量 $M(t)$ 随时间 t 变化的规律.

解 铀的衰变速度就是 $M(t)$ 对时间 t 的导数 $\dfrac{\mathrm{d}M}{\mathrm{d}t}$,由于铀的衰变速度与其质量成正比,故得微分方程

$$\frac{\mathrm{d}M}{\mathrm{d}t}=-\lambda M,$$

其中,$\lambda(\lambda>0)$ 是常数,叫作衰变系数.λ 前的负号是由于当 t 增加时 M 单调减少,故 $\dfrac{\mathrm{d}M}{\mathrm{d}t}<0$.

由题意知初始条件为 $M\big|_{t=0}=M_0$.

分离变量,得 $\qquad\qquad\qquad\dfrac{\mathrm{d}M}{M}=-\lambda\,\mathrm{d}t,$

两边积分,得 $\qquad\qquad\qquad \ln M=-\lambda t+\ln C,$

所以 $\qquad\qquad\qquad\qquad M=C\mathrm{e}^{-\lambda t}.$

又因为 $M\big|_{t=0}=M_0$,所以 $C=M_0$,即 $M=M_0\mathrm{e}^{-\lambda t}$.

这就是所求铀的衰变规律.可见,铀的质量是随时间的增加而呈指数规律衰变的.

练习4.4

1. 某电机运转后,每秒温度升高 $1\,℃$,设室内温度恒为 $15\,℃$,电机温度的冷却速度和电机与室内温度之差成正比.求电机温度与时间的函数关系.
2. 设弹簧的上端固定,有两个相同的重物挂于弹簧的下端,使弹簧伸长了 $2l$.现突然去掉其中的一个重物,使弹簧由静止状态开始振动,求所挂重物的运动规律.

数学实验 4　MATLAB 软件应用 1(解微分方程)

实验目的

利用 MATLAB 软件求解微分方程(组).

视频:MATLAB
软件应用 1

实验内容

实际应用中,微分方程(组)的解法包括两种:解析解法(精确解)与数值解法(近似解).本实验主要研究利用解析解法解常微分方程(组),当用解析解法无法求到精确解

时,可以考虑求其数值解,方法参照相关教科书.

1. 解常微分方程

解常微分方程经常使用的命令是"s＝dsolve('方程','初始条件','自变量')".输入时,用 Dy 代表一阶导数 y',D2y 代表二阶导数 y''.常见输入格式及含义见表 4-4.

表 4-4

输入格式	含　　义
dsolve('Dy=f(x, y)', 'x')	求 $y'=f(x,y)$ 的通解
dsolve('Dy=f(x, y)', 'y(0)=a', 'x')	求 $y'=f(x,y),y(0)=a$ 的特解
dsolve('D2y=f(x, y, Dy)', 'y(0)=a', 'Dy(0)=b', 'x')	求 $y''=f(x,y,y'),y(0)=a,y'(0)=b$ 的特解

说明 一阶导数 Dy 中的字母"D"必须大写.

例 1 解微分方程:$\dfrac{\mathrm{d}y}{\mathrm{d}x}=-\dfrac{y}{x}$,并加以验证.

操作 在命令窗口中输入:

＞＞ syms x y;　　　　　　　　　　% 确定符号变量

＞＞ y＝dsolve('Dy＝－y/x', 'x')　% 输入命令求解

按 Enter 键,显示:

y ＝C1/x

继续输入:

＞＞diff(y, x)＋y/x　% 将通解 y 代回原微分方程(注意将方程变形使一端为 0)

按 Enter 键,显示:

ans ＝0　　　　　　　% 结果为 0,是通解

例 2 求微分方程 $xy'+2y+\mathrm{e}^{x}=0$ 在初始条件 $y(1)=2\mathrm{e}$ 下的特解,并画出解函数的图形.

操作 在命令窗口中输入:

＞＞ syms x y;　　　　% 确定符号变量

＞＞ y＝dsolve('x * Dy＋2 * y＋exp(x)＝0', 'y(1)＝2 * exp(1)','x')

　　　　　　　　　　% 输入命令求解

按 Enter 键,显示:

y ＝(－(－1＋x) * exp(x)＋2 * exp(1))/x^2

继续输入:

＞＞ ezplot(y)　　　　% 输入函数作图命令

即微分方程的特解为 $y=\dfrac{-x\mathrm{e}^{x}+\mathrm{e}^{x}+2\mathrm{e}}{x^{2}}$,解函数的图形如图 4-4 所示.

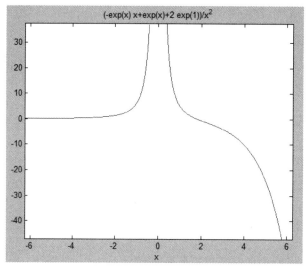

图 4-4

例 3 解微分方程：$y'' + 4y' + 3y = 0$.

操作 在命令窗口中输入：

$>>$ syms x y;　　　　　　　　　　　　　% 确定符号变量

$>>$ y = dsolve('D2y + 4 * Dy + 3 * y = 0', 'x')　　% 输入命令求解

按 Enter 键，显示：

y = C1 * exp(− 3 * x) + C2 * exp(− x)

即微分方程的通解为

$$y = C_1 e^{-3x} + C_2 e^{-x}.$$

例 4 求微分方程 $y'' = x - 1$ 满足初始条件 $y \mid_{x=1} = -\dfrac{1}{3}$，$y' \mid_{x=1} = \dfrac{1}{2}$ 的特解.

操作 在命令窗口中输入：

$>>$ syms x y;

$>>$ y = dsolve('D2y = x − 1', 'y(1) = − 1/3', 'Dy(1) = 1/2', 'x')

按 Enter 键，显示：

y = 1/6 * x^3 − 1/2 * x^2 + x − 1

即满足所给初始条件的特解为

$$y = \frac{1}{6}x^3 - \frac{1}{2}x^2 + x - 1.$$

2. 解常微分方程组

解常微分方程组经常使用的命令是"s = dsolve('方程 1'，'方程 2'，…，'初始条件 1'，'初始条件 2'，…，'自变量')"，过程与前面基本相同.

例 5 求微分方程组 $\begin{cases} \dfrac{\mathrm{d}y}{\mathrm{d}t} = y + x, \\ \dfrac{\mathrm{d}x}{\mathrm{d}t} = x - y \end{cases}$ 在初始条件 $y\mid_{t=0} = 1$, $x\mid_{t=0} = 1$ 下的特解.

操作 在命令窗口中输入：

$>>$ syms x y t; %定义符号变量

$>>$ [x, y] = dsolve('Dy = y + x ', 'Dx = x - y ', 'y(0) = 1', 'x(0) = 1');

%求微分方程组的解

$>>$ simplify(x); %对解进行化简

$>>$ simplify(y) %对解进行化简

按 Enter 键,显示：

x = exp(t) * (cos(t) - sin(t))

y = exp(t) * (sin(t) + cos(t))

即满足所给初始条件的特解为

$$x = \mathrm{e}^t \cos t - \mathrm{e}^t \sin t\,; \quad y = \mathrm{e}^t \cos t + \mathrm{e}^t \sin t.$$

实验作业

求解下列微分方程.

(1) $y'' - 4y' - 5y = 0.$

(2) $y'' + 3y' = 2\mathrm{e}^{2x} \sin x.$

(3) $y'' + y' + y = \mathrm{e}^x + \cos x$, $y\mid_{x=0} = 0$, $y'\mid_{x=0} = \dfrac{3}{2}.$

第 4 章 小 结

一、基本概念

微分方程,微分方程的阶,微分方程的解、通解、特解、初始条件,可分离变量方程,一阶线性齐次微分方程,一阶线性非齐次微分方程,二阶常系数线性齐次微分方程,二阶常系数线性非齐次微分方程.

二、基础知识

1. 一阶微分方程

(1) 可分离变量方程

$$\frac{\mathrm{d}y}{\mathrm{d}x} = f(x)g(y),$$

其中, $f(x)$, $g(y)$ 都是连续函数.

这类微分方程求解步骤(分离变量法):

① 将方程分离变量 $\dfrac{1}{g(y)}\mathrm{d}y = f(x)\mathrm{d}x$;

② 两边积分 $\displaystyle\int \dfrac{1}{g(y)}\mathrm{d}y = \int f(x)\mathrm{d}x$;

③ 分别计算两边的积分,整理化简可以得到微分方程的通解.

(2) 一阶线性微分方程 $\dfrac{\mathrm{d}y}{\mathrm{d}x} + p(x)y = Q(x)$ 求解方法:

① 当 $Q(x) = 0$ 时,通解为 $y = C\mathrm{e}^{-\int p(x)\mathrm{d}x}$;

② 当 $Q(x) \neq 0$ 时,通解为 $y = \mathrm{e}^{-\int p(x)\mathrm{d}x}\left[\int Q(x)\mathrm{e}^{\int p(x)\mathrm{d}x}\mathrm{d}x + C\right]$ 或常数变易法.

2. 二阶常系数线性微分方程

(1) 二阶常系数线性齐次微分方程 $y'' + py' + qy = 0$ 的解法:

特征方程 $r^2 + pr + q = 0$	特征根 r_1, r_2	方程 $y'' + py' + qy = 0$ 的通解
$p^2 - 4q > 0$	$r_1 \neq r_2$	$y = C_1\mathrm{e}^{r_1 x} + C_2\mathrm{e}^{r_2 x}$
$p^2 - 4q = 0$	$r_1 = r_2 = r$	$y = (C_1 + C_2 x)\mathrm{e}^{rx}$
$p^2 - 4q < 0$	$r_1 = \alpha + \mathrm{i}\beta, r_2 = \alpha - \mathrm{i}\beta$	$y = \mathrm{e}^{\alpha x}(C_1\cos\beta x + C_2\sin\beta x)$

(2) 二阶常系数线性非齐次微分方程 $y'' + py' + qy = f(x)$ 的解法:

二阶非齐次微分方程 $y'' + py' + qy = f(x)$ (p, q 均为常数)的通解是该方程的一个特解 y^* 与对应齐次方程 $y'' + py' + qy = 0$ 的通解 Y 的和.

① $f(x) = P_m(x)\mathrm{e}^{\lambda x}$ 的情形.

$$y'' + py' + qy = P_m(x)\mathrm{e}^{\lambda x},$$

其中,$P_m(x)$ 是 x 的 m 次多项式,λ 是常数.

该方程具有 $y^* = x^k Q_m(x)\mathrm{e}^{\lambda x}$ 的特解,其中,$Q_m(x)$ 是与 $P_m(x)$ 同次的多项式,而 k 的值与 λ 有关.

$f(x)$ 的形式	λ 的值	特解 y^* 的形式
$f(x) = P_m(x)\mathrm{e}^{\lambda x}$	λ 不是特征根	$y^* = Q_m(x)\mathrm{e}^{\lambda x}$
	λ 是特征单根	$y^* = x Q_m(x)\mathrm{e}^{\lambda x}$
	λ 是特征双根	$y^* = x^2 Q_m(x)\mathrm{e}^{\lambda x}$

② $f(x) = \mathrm{e}^{\lambda x}P_m(x)\cos\beta x$ 或 $f(x) = \mathrm{e}^{\lambda x}P_m(x)\sin\beta x$ 的情形.

该方程的特解 $y^* = x^k e^{\lambda x}[Q_m(x)\cos\beta x + R_m(x)\sin\beta x]$，其中，$Q_m(x)$，$R_m(x)$ 与 $P_m(x)$ 是同次多项式，k 的取值与 $\lambda + \beta i$ 有关.

$f(x)$ 的形式	λ 的值	特解 y^* 的形式
$f(x) = e^{\lambda x} P_m(x)\cos\beta x$ 或 $f(x) = e^{\lambda x} P_m(x)\sin\beta x$	$\lambda + \beta i$ 不是特征根	$y^* = e^{\lambda x}[Q_m(x)\cos\beta x + R_m(x)\sin\beta x]$
	$\lambda + \beta i$ 是特征根	$y^* = x e^{\lambda x}[Q_m(x)\cos\beta x + R_m(x)\sin\beta x]$

三、核心能力

(1) 会分辨一阶微分方程的类型及解法.

(2) 二阶常系数线性非齐次微分方程中，不同的 $f(x)$ 其特解的形式不同，会求出特解.

文本:传染病模型

 读材料

饮酒后、醉酒后驾车的测定

科学研究发现，驾驶员在没有饮酒的情况下行车，发现前方有危险情况，从视觉感知到踩制动器的动作反应时间为 0.75 s，饮酒后尚能驾车的情况下，反应时间是原来的 2～3 倍，同速行驶下的制动距离也要相应延长，这大大增加了交通事故的可能性.资料表明，人呈微醉状态开车，其发生事故的可能性为没有饮酒情况下开车的 16 倍.所以，饮酒驾车，特别是醉酒后驾车，对道路交通安全的危害是十分严重的.

根据国标《车辆驾驶人员血液、呼气酒精含量阈值与检验》(GB 19522—2010)规定，车辆驾驶人员饮酒后驾车血液中的酒精含量阈值为不小于 20 mg/100 mL 且小于 80 mg/100 mL；车辆驾驶人员醉酒后驾车血液中的酒精含量阈值为不小于 80 mg/100 mL.

车辆驾驶人员饮酒后或者醉酒后驾车时的酒精含量检验应进行呼气酒精含量检验或者血液酒精含量检验.对不具备呼气或者血液酒精含量检验条件的，可进行唾液酒精定性检验或者人体平衡试验评价驾驶能力.

但是，如果在出现交通事故后几个小时进行处理，如何认定是否为饮酒后或者醉酒后驾车肇事呢？

现有一起交通事故，在事故发生 3 h 后，相关技术测定人员赶到现场.测得司机血液中的酒精含量为 56 mg/100 mL，又过 2 h 后，测得其酒精含量降为 40 mg/100 mL.需要判断这起事故发生时，司机是饮酒后驾车还是醉酒后驾车.

设 $x(t)$（单位为 mg/100 mL）为时刻 t 的血液中的酒精含量，则依平衡原理，在时间间隔 $[t, t+\Delta t]$ 内，酒精含量的增量 $\Delta x = kx(t)\Delta t$，即

$$x(t+\Delta t) - x(t) = -kx(t)\Delta t.$$

其中，$k > 0$ 为比例常数，等号右边式子前面的负号表示酒精含量随时间的推移是递减的.

两边除以 Δt，得

$$\frac{x(t + \Delta t) - x(t)}{\Delta t} = -kx(t).$$

令 $\Delta t \to 0$，则

$$\frac{\mathrm{d}x}{\mathrm{d}t} = \lim_{\Delta t \to 0} \frac{x(t + \Delta t) - x(t)}{\Delta t} = -kx.$$

这是可分离变量的微分方程.

分离变量，得

$$\frac{\mathrm{d}x}{-kx} = \mathrm{d}t.$$

两边积分，得通解为

$$x(t) = C\mathrm{e}^{-kt}.$$

设 $x(0) = x_0$，代入通解，得

$$x(t) = x_0 \mathrm{e}^{-kt}. \tag{4.15}$$

又两次测试的结果为 $x(3) = 56$ mg/100 mL，$x(5) = 40$ mg/100 mL，代入式 (4.15)，得

$$\begin{cases} x_0 \mathrm{e}^{-3k} = 56, \\ x_0 \mathrm{e}^{-5k} = 40 \end{cases} (\text{mg/100 mL}).$$

解方程组，得 $k = 0.17$. 将 $k = 0.17$ 代入，得

$$x_0 \approx 93.26 > 80 (\text{mg/100 mL}).$$

由此判断，事故属于司机醉酒后驾车.

可以看到，尽管事故发生后不能及时进行测试，但是通过数学计算，还是可以还原事情的真相，这就是微分方程给我们带来的惊奇.

5

第 5 章
向量与空间解析几何

近年来,我国的航天事业得到迅猛发展,航天器的空间定位是航天科学中的一个非常重要的问题.天文定位是一种重要的空间定位方法.天文定位的基本问题就是通过观测天体高度求得天文船位线,近代学者根据空间解析几何的有关知识,提出了一种新的天文定位法——空间解析几何法天体定位.其中的三星定位是利用三个天文船位圆所在平面必定相交于一点的原理来确定船位的;两星定位是利用两个天文船位圆所在平面的相交直线与球面的交点来确定船位的.

向量是将几何与代数相结合的有效工具,空间解析几何是研究空间点、线、面及其代数表示形式的主要工具.在物理、力学、工程技术、航海、天文、军事等众多的领域中有广泛应用.

文本:神舟飞船与
空间向量

本章将在平面向量与平面直角坐标系等知识的基础上,作进一步拓展.讨论空间向量、平面、空间曲面、空间直线与空间曲线的概念、方程及位置关系,并介绍几种常见的曲面、曲线,为多元函数微积分的学习及相关专业课的学习作好准备.

5.1　空间直角坐标系与空间向量

5.1.1　空间直角坐标系

知识回顾

高中阶段,我们学习了平面直角坐标系,平面上的点与有序实数组(x,y)之间建立了一一对应关系.于是,平面上的曲线与二元方程$F(x,y)=0$相对应.例如,图 5-1 所示的抛物线与方程$y=x^2$相对应;图 5-2 所示的椭圆与方程$\dfrac{x^2}{4}+y^2=1$相对应.

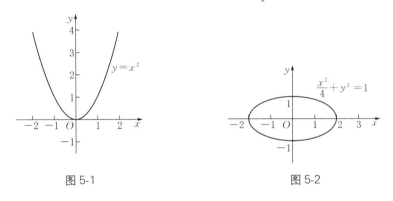

图 5-1　　　　　　　　　　　　图 5-2

新知识

设O为空间的任意一点,以点O为原点,作相互垂直的三条数轴x轴、y轴、z轴,且它们的正方向构成右手系(图 5-3),这样的坐标系称为**空间直角坐标系**.x轴、y轴、z轴分别称为**横轴**、**纵轴**、**竖轴**.每两条坐标轴所决定的平面叫作**坐标面**,分别称为xOy面、yOz面和xOz面.三个坐标平面将空间分为八个**卦限**,如图 5-4 所示.

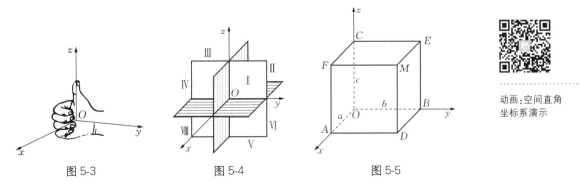

图 5-3　　　　　　　图 5-4　　　　　　　图 5-5

动画:空间直角
坐标系演示

如图 5-5 所示,过空间任意一点 M 分别作 xOy 面、yOz 面、xOz 面的垂线,垂足分别为 D,E,F,则称点 D,E,F 分别为点 M 在 xOy 面、yOz 面、xOz 面上的**投影**.

由 MD,ME,MF 这三条两两垂直的直线,形成的三个两两垂直的平面分别与 x 轴、y 轴、z 轴交于 A,B,C 三点,称 A,B,C 三点分别为点 M 在 x,y,z **坐标轴上的投影**.

若点 A 在 x 轴上的坐标为 a,点 B 在 y 轴上的坐标为 b,点 C 在 z 轴上的坐标为 c,则点 M 与有序数组 (a,b,c) 建立了一一对应关系,称有序数组 (a,b,c) 为点 M 的**坐标**. a,b,c 分别称为点 M 的**横坐标**、**纵坐标**、**竖坐标**.

下面讨论空间任意位置点的坐标的特征.

设点 $M(x,y,z)$ 为空间任意一点,则

(1) 当点 M 为 x,y,z 坐标轴上的点时,其坐标分别为

$$(x,0,0),(0,y,0),(0,0,z);$$

(2) 当点 M 为坐标原点时,其坐标为 $(0,0,0)$;

(3) 当点 M 为坐标面 xOy,yOz,xOz 上的点时,其坐标分别为

$$(x,y,0),(0,y,z),(x,0,z);$$

(4) 当点 M 为八个卦限内的点时,其坐标的符号特征见表 5-1.

表 5-1

卦限内的点	I	II	III	IV	V	VI	VII	VIII
(x,y,z)	$x>0$	$x<0$	$x<0$	$x>0$	$x>0$	$x<0$	$x<0$	$x>0$
	$y>0$	$y>0$	$y<0$	$y<0$	$y>0$	$y>0$	$y<0$	$y<0$
	$z>0$	$z>0$	$z>0$	$z>0$	$z<0$	$z<0$	$z<0$	$z<0$

知识巩固

例 1 说明下列各点在空间直角坐标系里的位置.

$A(-3,0,0)$;$B(2,3,0)$;$C(0,2,0)$;$D(1,-2,1)$;$E(-2,3,-4)$.

解 由空间直角坐标系点的坐标特征,得:点 A 在 x 轴的负半轴上;点 B 在 xOy 坐标面上;点 C 在 y 轴正半轴上;点 D 在第 IV 卦限;点 E 在第 VI 卦限.

例 2 已知点 $M(1,-3,4)$,求点 M 关于三个坐标轴的对称点、关于三个坐标面的对称点及关于原点的对称点.

解 $M(1,-3,4)$ 关于 x 轴的对称点为 $M_1(1,3,-4)$;关于 y 轴的对称点为 $M_2(-1,-3,-4)$;关于 z 轴的对称点为 $M_3(-1,3,4)$.

$M(1,-3,4)$关于 xOy 坐标面的对称点为 $M_4(1,-3,-4)$；关于 xOz 坐标面的对称点为 $M_5(1,3,4)$；关于 yOz 坐标面的对称点为 $M_6(-1,-3,4)$.

$M(1,-3,4)$关于原点的对称点为 $M_7(-1,3,-4)$.

想一想

由例 2 可以总结出什么规律?

知识回顾

在平面直角坐标系中,点 $A(x_1,y_1)$, $B(x_2,y_2)$ 间的距离为

$$|AB|=\sqrt{(x_2-x_1)^2+(y_2-y_1)^2}.$$

点 $P_0(x_0,y_0)$ 为线段 AB 的中点,则

$$x_0=\frac{x_1+x_2}{2},\ y_0=\frac{y_1+y_2}{2}.$$

新知识

同样地,在空间直角坐标系中,点 $M_1(x_1,y_1,z_1)$, $M_2(x_2,y_2,z_2)$(图 5-6)间的距离为

$$|M_1M_2|=\sqrt{(x_2-x_1)^2+(y_2-y_1)^2+(z_2-z_1)^2}.$$

$$\tag{5.1}$$

设点 $P(x_0,y_0,z_0)$ 为线段 M_1M_2 的中点,则

$$x_0=\frac{x_1+x_2}{2},\ y_0=\frac{y_1+y_2}{2},\ z_0=\frac{z_1+z_2}{2}.$$

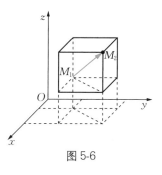

图 5-6

知识巩固

例 3　已知 $\triangle ABC$ 各顶点的坐标为 $A(1,2,3)$, $B(3,0,2)$, $C(-1,3,2)$,求 $\triangle ABC$ 三条边的长度及 BC 边上的中线长.

解　由两点间的距离公式,得 $\triangle ABC$ 三边的长度分别为

$$|AB|=\sqrt{(3-1)^2+(0-2)^2+(2-3)^2}=3;$$

$$|AC|=\sqrt{(-1-1)^2+(3-2)^2+(2-3)^2}=\sqrt{6};$$

$$|BC|=\sqrt{(-1-3)^2+(3-0)^2+(2-2)^2}=5.$$

BC 边上的中点为 $D\left(1,\dfrac{3}{2},2\right)$,所以 BC 边上的中线 AD 长为

$$|AD| = \sqrt{(1-1)^2 + \left(\frac{3}{2}-2\right)^2 + (2-3)^2} = \frac{\sqrt{5}}{2}.$$

练习 5.1.1

已知点 $A(2, -1, 4)$，求：

（1）点 A 到原点的距离；　　　　（2）点 A 关于 y 轴的对称点；

（3）点 A 关于 yOz 坐标面的对称点；　（4）点 A 到 y 轴的距离；

（5）点 A 到 yOz 坐标面的距离.

5.1.2　空间向量及其坐标表示

知识回顾

高中阶段，我们学习了平面向量.大家知道，既有大小又有方向的量，称为**向量**，平面向量用平面的一条有向线段表示.在平面直角坐标系中，设 x 轴的单位向量为 $\boldsymbol{i}$，y 轴的单位向量为 $\boldsymbol{j}$，点 $M(x, y)$ 对应向量 $\overrightarrow{OM} = x\boldsymbol{i} + y\boldsymbol{j}$（图 5-7），把 $x\boldsymbol{i}$，$y\boldsymbol{j}$ 分别叫作向量 $\overrightarrow{OM}$ 沿 x 轴、y 轴方向的**分向量**，并把有序实数对 (x, y) 叫作向量 $\overrightarrow{OM}$ 的坐标.起点 $A(x_1, y_1)$，终点 $B(x_2, y_2)$ 的向量 $\overrightarrow{AB}$ 的坐标为 $\overrightarrow{AB} = (x_2 - x_1, y_2 - y_1)$.

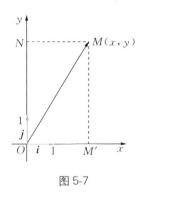

图 5-7

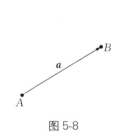

图 5-8

新知识

下面将平面向量的概念拓展到空间.

用空间有向线段表示的向量叫作**空间向量**.将以 A 为起点、B 为终点的有向线段，如图 5-8 所示，记作 $\overrightarrow{AB}$（或 $\boldsymbol{a}$①）.有向线段的长度叫作向量的**模**，记作 $|\overrightarrow{AB}|$（或 $|\boldsymbol{a}|$），有向线

① 手写时记作 $\vec{a}$.

段的方向表示向量的方向.

模等于 1 的向量称为**单位向量**,记作 e,与向量 a 同方向的单位向量通常记作 e_a,且

$$e_a = \frac{a}{|a|}.$$

模等于零的向量称为**零向量**,记作 $\mathbf{0}$ 或 $\vec{0}$.

如果一组向量用同一起点的有向线段表示后,这些有向线段在同一条直线上,那么称这组向量**共线**;否则称**不共线**.

如果一组向量用同一起点的有向线段表示后,这些有向线段在同一个平面内,那么称这组向量**共面**;否则称**不共面**.

在空间直角坐标系中,设 x 轴的单位向量为 i, y 轴的单位向量为 j, z 轴的单位向量为 k,点 $M(x, y, z)$ 对应向量 $\overrightarrow{OM} = xi + yj + zk$(图 5-9),把 xi, yj, zk 分别叫作向量 $\overrightarrow{OM}$ 沿 x 轴、y 轴、z 轴方向的**分向量**,并把有序实数对 (x, y, z) 叫作向量 $\overrightarrow{OM}$ 的坐标,记作 $\overrightarrow{OM} = (x, y, z)$.

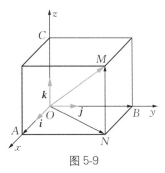

图 5-9

在空间中,起点为点 $M_1(x_1, y_1, z_1)$,终点为点 $M_2(x_2, y_2, z_2)$ 的向量的坐标为

$$\overrightarrow{M_1M_2} = (x_2 - x_1, y_2 - y_1, z_2 - z_1).$$

因为 $|\overrightarrow{M_1M_2}| = |M_1M_2|$,所以由公式(5.1),得

$$|\overrightarrow{M_1M_2}| = \sqrt{(x_2 - x_1)^2 + (y_2 - y_1)^2 + (z_2 - z_1)^2}.$$

在空间任取一点 O,作有向线段 $\overrightarrow{OA} = a$, $\overrightarrow{OB} = b$,则向量 a 与向量 b 正方向所夹最小正角,称为两向量 a 与 b 的**夹角**,记作 $\langle a, b \rangle$(图 5-10).向量 a 与 b 的夹角 $\langle a, b \rangle$ 的范围是 $[0, \pi]$.

分别用 α, β, γ 表示非零向量 $\overrightarrow{OM}$ 与 x 轴、y 轴、z 轴之间的夹角,如图 5-11 所示.设 $\overrightarrow{OM} = a$,显然有 $x = |a| \cdot \cos\alpha$, $y = |a| \cdot \cos\beta$, $z = |a| \cdot \cos\gamma$.

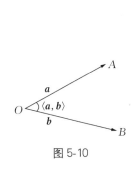

图 5-10

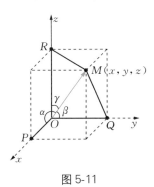

图 5-11

非零向量 $\overrightarrow{OM}$ 与 x 轴、y 轴、z 轴之间的夹角 α，β，γ 称为非零向量 $\overrightarrow{OM}=\boldsymbol{a}$ 的三个**方向角**；$\cos\alpha$，$\cos\beta$，$\cos\gamma$ 称为非零向量 $\overrightarrow{OM}$ 的三个**方向余弦**. 设 $\boldsymbol{a}=(x，y，z)$，则

$$\cos\alpha=\frac{x}{|\boldsymbol{a}|}=\frac{x}{\sqrt{x^2+y^2+z^2}}；\cos\beta=\frac{y}{|\boldsymbol{a}|}=\frac{y}{\sqrt{x^2+y^2+z^2}}；$$

$$\cos\gamma=\frac{z}{|\boldsymbol{a}|}=\frac{z}{\sqrt{x^2+y^2+z^2}}.$$

显然

$$\cos^2\alpha+\cos^2\beta+\cos^2\gamma=1.$$

知识巩固

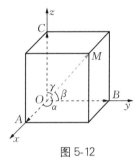

图 5-12

例 4 如图 5-12 所示，已知点 $M(3，4，5)$，沿 OM 方向的作用力 $\boldsymbol{F}$ 的大小为 10 N. 求力 $\boldsymbol{F}$ 在 x，y，z 轴上的分力.

解 设力 $\boldsymbol{F}$ 与 x，y，z 轴正方向的夹角分别为 α，β，γ，由题意，得

$$\overrightarrow{OM}=(3，4，5)，$$

则

$$|\overrightarrow{OM}|=\sqrt{3^2+4^2+5^2}=5\sqrt{2}，$$

$$\cos\alpha=\frac{x}{|\overrightarrow{OM}|}=\frac{3}{5\sqrt{2}}=\frac{3\sqrt{2}}{10}，\cos\beta=\frac{y}{|\overrightarrow{OM}|}=\frac{4}{5\sqrt{2}}=\frac{2\sqrt{2}}{5}，$$

$$\cos\gamma=\frac{z}{|\overrightarrow{OM}|}=\frac{5}{5\sqrt{2}}=\frac{\sqrt{2}}{2}，$$

所以

$$|\boldsymbol{F}_x|=|\boldsymbol{F}|\cos\alpha=10\times\frac{3\sqrt{2}}{10}\text{N}=3\sqrt{2}\text{ N}，$$

$$|\boldsymbol{F}_y|=|\boldsymbol{F}|\cos\beta=10\times\frac{2\sqrt{2}}{5}\text{N}=4\sqrt{2}\text{ N}，$$

$$|\boldsymbol{F}_z|=|\boldsymbol{F}|\cos\gamma=10\times\frac{\sqrt{2}}{2}\text{N}=5\sqrt{2}\text{ N}.$$

因此，力 $\boldsymbol{F}$ 在 x，y，z 轴上的分力分别为 $3\sqrt{2}$ N，$4\sqrt{2}$ N，$5\sqrt{2}$ N.

练习 5.1.2

1. 设向量 $\boldsymbol{a}$ 与 x 轴、y 轴、z 轴之间的夹角分别为 α，β，γ，且方向余弦分别满足：$\cos\alpha=0$，$\cos\beta=1$，$\cos\gamma=0$. 判断向量 $\boldsymbol{a}$ 与坐标轴及坐标面之间的关系.

2. 已知空间两点 $P_1(4, \sqrt{2}, 1)$ 与 $P_2(3, 0, 2)$，求向量 $\overrightarrow{P_1P_2}$ 的坐标、模、方向余弦及方向角.

5.2　空间向量的运算

5.2.1　向量的线性运算

知识回顾

高中阶段，我们学习过平面向量的线性运算，知道向量的加法、减法与数乘向量运算统称为向量的**线性运算**，其运算的结果仍为向量.

新知识

平面向量线性运算的概念及法则，对于空间向量依然成立.

1. 向量的加法

（1）平行四边形法则（图 5-13）；

（2）三角形法则（图 5-14）.

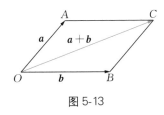

图 5-13

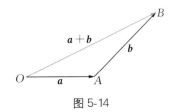

图 5-14

2. 向量的减法

三角形法则 $\overrightarrow{OA} - \overrightarrow{OB} = \overrightarrow{BA}$（图 5-15）或 $\boldsymbol{a} - \boldsymbol{b} = \boldsymbol{a} + (-\boldsymbol{b})$（图 5-16）.

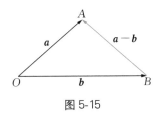

图 5-15

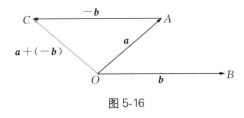

图 5-16

3. 数乘向量

实数 λ 与向量 a 的乘积仍是一个向量,记作 λa,它的模是 $|\lambda a| = |\lambda||a|$,则

(1) $\lambda > 0$ 时,λa 与 a 方向一致,且 $|\lambda a| = \lambda|a|$;

(2) $\lambda < 0$ 时,λa 与 a 方向相反,且 $|\lambda a| = |\lambda||a| = -\lambda|a|$;

(3) $\lambda = 0$ 时,$\lambda a = \mathbf{0}$,且 $|\lambda a| = 0$.

由此不难得到以下结论:

$$\text{向量 } b \text{ 与非零向量 } a \text{ 共线} \Leftrightarrow \text{存在唯一实数 } \lambda,\text{使 } b = \lambda a.$$

4. 运算律

(1) 交换律:$a + b = b + a$;

(2) 结合律:$(a + b) + c = a + (b + c)$,$\lambda(\mu a) = (\lambda\mu)a$;

(3) 分配律:$(\lambda + \mu)a = \lambda a + \mu a$,$\lambda(a + b) = \lambda a + \lambda b$.

5. 用坐标表示的向量的线性运算

设向量 $a = (x_1, y_1, z_1)$,$b = (x_2, y_2, z_2)$,则

$$a \pm b = (x_1 \pm x_2, y_1 \pm y_2, z_1 \pm z_2);$$

$$\lambda a = (\lambda x_1, \lambda y_1, \lambda z_1).$$

6. 共线向量

设向量 $a = (x_1, y_1, z_1)$,$b = (x_2, y_2, z_2)$,则由 $a \mathbin{/\!/} b \Leftrightarrow b = \lambda a$,得

$$a \mathbin{/\!/} b \Leftrightarrow \frac{x_1}{x_2} = \frac{y_1}{y_2} = \frac{z_1}{z_2}.$$

知识巩固

例 1 设向量 $a = (3, -4, 5)$,$b = (-2, -1, 3)$,求 $a + 2b$,$3a - 4b$.

解 依题意,得

$$a + 2b = (3, -4, 5) + 2(-2, -1, 3) = (-1, -6, 11).$$

$$3a - 4b = 3(3, -4, 5) - 4(-2, -1, 3) = (17, -8, 3).$$

例 2 已知向量 $a = (-1, 2, m)$,$b = (2, n, -1)$,且 $a \mathbin{/\!/} b$,求 m, n 的值.

解 依题意,得

$$\frac{-1}{2} = \frac{2}{n} = \frac{m}{-1}.$$

解方程,得 $n = -4$,$m = \dfrac{1}{2}$.

设向量 $a = (2, -1, 3)$，$b = (-2, -4, 1)$，求 $2a - 3b$，$e_{(2a-3b)}$，$|a| - |b|$，$|a - b|$.

5.2.2　数量积与向量积

1. 数量积

新知识

平面向量数量积的概念可以推广到空间.

一般地，设 a，b 为两个空间向量，它们的模与夹角的余弦之积称为向量 a 与 b 的**数量积（或点积、内积）**，记作 $a \cdot b$，即

$$a \cdot b = |a| |b| \cos\langle a, b \rangle.$$

对于空间向量，下面几个重要结论同样成立：

(1) $a \cdot a = |a|^2$；

(2) $\cos\langle a, b \rangle = \dfrac{a \cdot b}{|a| |b|}$；

(3) $a \perp b \Leftrightarrow a \cdot b = 0$（$a$，$b$ 为非零向量）.

空间向量的数量积满足以下运算律：

(1) 交换律：$a \cdot b = b \cdot a$；

(2) 结合律：$(\lambda a) \cdot b = a \cdot (\lambda b) = \lambda (a \cdot b)$；

(3) 分配律：$(a + b) \cdot c = a \cdot c + b \cdot c$.

设有两个向量 $a = (x_1, y_1, z_1)$ 与 $b = (x_2, y_2, z_2)$，则

$$a \cdot b = x_1 x_2 + y_1 y_2 + z_1 z_2.$$

并有以下重要结论：

$$a \cdot a = |a|^2 = x_1^2 + y_1^2 + z_1^2;$$

$$a \perp b \Leftrightarrow a \cdot b = 0 \Leftrightarrow x_1 x_2 + y_1 y_2 + z_1 z_2 = 0;$$

$$\cos\langle a, b \rangle = \frac{a \cdot b}{|a| |b|} = \frac{x_1 x_2 + y_1 y_2 + z_1 z_2}{\sqrt{x_1^2 + y_1^2 + z_1^2} \cdot \sqrt{x_2^2 + y_2^2 + z_2^2}}.$$

知识巩固

例 3　已知 $a = (-1, 2, -3)$，$b = (-2, 1, 2)$，求：(1) $|a|$，$|b|$；(2) $a \cdot b$；

（3）$\cos\langle \boldsymbol{a},\boldsymbol{b}\rangle$.

解 （1）$|\boldsymbol{a}|=\sqrt{1+4+9}=\sqrt{14}$，$|\boldsymbol{b}|=\sqrt{4+1+4}=3$.

（2）$\boldsymbol{a}\cdot\boldsymbol{b}=(-1)\times(-2)+2\times1+(-3)\times2=-2$.

（3）$\cos\langle \boldsymbol{a},\boldsymbol{b}\rangle=\dfrac{\boldsymbol{a}\cdot\boldsymbol{b}}{|\boldsymbol{a}||\boldsymbol{b}|}=\dfrac{-2}{3\sqrt{14}}=-\dfrac{\sqrt{14}}{21}$.

例4 设 $|\boldsymbol{a}|=3$，$|\boldsymbol{b}|=2$，$\langle\boldsymbol{a},\boldsymbol{b}\rangle=\dfrac{\pi}{3}$，求 $|\boldsymbol{a}-\boldsymbol{b}|$.

解 依题意，得

$$|\boldsymbol{a}-\boldsymbol{b}|=\sqrt{(\boldsymbol{a}-\boldsymbol{b})^2}=\sqrt{\boldsymbol{a}^2-\boldsymbol{a}\cdot\boldsymbol{b}-\boldsymbol{b}\cdot\boldsymbol{a}+\boldsymbol{b}^2}=\sqrt{|\boldsymbol{a}|^2-2\boldsymbol{a}\cdot\boldsymbol{b}+|\boldsymbol{b}|^2},$$

而

$$|\boldsymbol{a}|^2=9,\quad |\boldsymbol{b}|^2=4,\quad \boldsymbol{a}\cdot\boldsymbol{b}=|\boldsymbol{a}||\boldsymbol{b}|\cos\langle\boldsymbol{a},\boldsymbol{b}\rangle=3,$$

所以

$$|\boldsymbol{a}-\boldsymbol{b}|=\sqrt{4-6+9}=\sqrt{7}.$$

软件链接

利用 MATLAB 可以方便地计算向量的数量积.

例如，计算例 3(2) 的操作如下：

在命令窗口中输入：

$>>$a＝$[-1,2,-3]$；

$>>$b＝$[-2,1,2]$；

$>>$dot(a, b)

按 Enter 键，显示：

ans ＝

$\qquad-2$

视频：数量积计算

练习 5.2.2(1)

1. 已知空间三点：$A(1,1,1)$，$B(3,-2,-1)$，$C(2,-1,1)$，求：

（1）$\overrightarrow{AB}$ 与 $\overrightarrow{AC}$ 的数量积；　　　（2）$\overrightarrow{AB}$ 与 $\overrightarrow{AC}$ 的夹角.

2. 计算以下各组向量的数量积.

（1）$\boldsymbol{a}=(1,2,3)$ 与 $\boldsymbol{b}=(3,2,1)$；（2）$\boldsymbol{a}=(4,-3,4)$ 与 $\boldsymbol{b}=(2,2,1)$.

2. 向量积

新知识

设 a，b 为两个向量，若向量 c 满足：

(1) $|c| = |a||b| \sin\langle a, b \rangle$；

(2) c 垂直于 a，b 所决定的平面，它的正方向符合右手法则（图 5-17）.

则向量 c 称为向量 a 与 b 的**向量积**（或**叉积、外积**），记作 $a \times b$，即 $c = a \times b$.

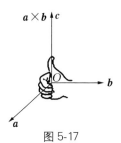

图 5-17

向量积 $a \times b$ 的模 $|a \times b|$，在几何上表示以 a，b 为邻边的平行四边形的面积 $S_\square$，如图 5-18 所示，即

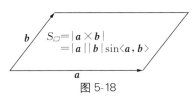

图 5-18

$$S_\square = |a \times b|.$$

由定义，得

$$a /\!/ b \Leftrightarrow a \times b = 0.$$

向量积满足下列运算律：

(1) 反交换律：$a \times b = -b \times a$（无交换律）；

(2) 结合律：$(\lambda a) \times b = \lambda(a \times b) = a \times (\lambda b)$；

(3) 分配律：$(a + b) \times c = a \times c + b \times c$.

设有两个向量 $a = (x_1, y_1, z_1)$ 与 $b = (x_2, y_2, z_2)$，则

$$a \times b = (x_1 i + y_1 j + z_1 k) \times (x_2 i + y_2 j + z_2 k)$$
$$= x_1 x_2 i \times i + x_1 y_2 i \times j + x_1 z_2 i \times k + y_1 x_2 j \times i + y_1 y_2 j \times j + y_1 z_2 j \times k + z_1 x_2 k \times i + z_1 y_2 k \times j + z_1 z_2 k \times k.$$

结合图 5-19，易得，

$$i \times i = j \times j = k \times k = 0,$$
$$i \times j = k,\ j \times k = i,\ k \times i = j,$$
$$j \times i = -k,\ k \times j = -i,\ i \times k = -j,$$

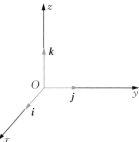

图 5-19

因此

$$a \times b = (y_1 z_2 - z_1 y_2) i - (x_1 z_2 - z_1 x_2) j + (x_1 y_2 - y_1 x_2) k.$$

为了帮助记忆，利用二阶行列式①，上式可写成

---

① 记号 $\begin{vmatrix} a & b \\ c & d \end{vmatrix}$ 叫作二阶行列式，$\begin{vmatrix} a & b \\ c & d \end{vmatrix}$ 表示算式 $ad - bc$，即 $\begin{vmatrix} a & b \\ c & d \end{vmatrix} = ad - bc$.

$$a \times b = \begin{vmatrix} y_1 & z_1 \\ y_2 & z_2 \end{vmatrix} i - \begin{vmatrix} x_1 & z_1 \\ x_2 & z_2 \end{vmatrix} j + \begin{vmatrix} x_1 & y_1 \\ x_2 & y_2 \end{vmatrix} k,$$

即

$$a \times b = ((y_1 z_2 - z_1 y_2), -(x_1 z_2 - z_1 x_2), (x_1 y_2 - y_1 x_2)).$$

知识巩固

例 5 已知 $a = (2, 3, 1)$，$b = (-2, 1, 4)$，求 $a \times b$.

解 $a \times b = \begin{vmatrix} 3 & 1 \\ 1 & 4 \end{vmatrix} i - \begin{vmatrix} 2 & 1 \\ -2 & 4 \end{vmatrix} j + \begin{vmatrix} 2 & 3 \\ -2 & 1 \end{vmatrix} k = 11i - 10j + 8k = (11, -10, 8).$

例 6 求以 $A(2, -2, 0)$，$B(-1, 0, 1)$，$C(1, 1, 2)$ 为顶点的 $\triangle ABC$ 的面积.

解 由向量的向量积的几何意义知，

$$S_{\triangle ABC} = \frac{1}{2} |\overrightarrow{AB} \times \overrightarrow{AC}|,$$

而

$$\overrightarrow{AB} \times \overrightarrow{AC} = \begin{vmatrix} 2 & 1 \\ 3 & 2 \end{vmatrix} i - \begin{vmatrix} -3 & 1 \\ -1 & 2 \end{vmatrix} j + \begin{vmatrix} -3 & 2 \\ -1 & 3 \end{vmatrix} k = i + 5j - 7k,$$

所以

$$S_{\triangle ABC} = \frac{1}{2} |\overrightarrow{AB} \times \overrightarrow{AC}| = \frac{1}{2} \sqrt{1 + 25 + 49} = \frac{5\sqrt{3}}{2}.$$

软件链接

利用 MATLAB 可以方便地计算向量的向量积.

例如，计算例 5 的操作如下：

视频：向量积计算

在命令窗口中输入：

$\gg$ a = [2, 3, 1];

$\gg$ b = [-2, 1, 4];

$\gg$ cross(a, b)

按 Enter 键，显示：

ans =

   11   -10   8

想一想

向量的数量积与向量积的主要区别是什么？

练习 5.2.2(2)

1. 已知空间三点: $A(1, 1, 1)$, $B(3, -2, -1)$, $C(2, -1, 1)$, 求:

(1) $\overrightarrow{AB}$ 与 $\overrightarrow{AC}$ 的向量积; (2) $\triangle ABC$ 的面积.

2. 计算下列各组向量的向量积.

(1) $\boldsymbol{a} = (1, 2, 3)$ 与 $\boldsymbol{b} = (3, 2, 1)$; 　(2) $\boldsymbol{a} = (4, -3, 4)$ 与 $\boldsymbol{b} = (2, 2, 1)$.

5.3　平面及其方程

5.3.1　平面的点法式方程

知识回顾

在立体几何的学习中, 我们知道:

(1) 如果直线 l 与平面 π 垂直, 那么直线 l 垂直于平面 π 内的所有直线;

(2) 过直线 l 上的一个点 P, 有唯一确定的一个平面 π 与直线 l 垂直.

新知识

与平面 π 垂直的非零向量 $\boldsymbol{n}$ 叫作**平面 $\boldsymbol{\pi}$ 的法向量**.

显然, 平面的法向量不是唯一的.

在空间直角坐标系中, 设平面 π 过点 $M_0(x_0, y_0, z_0)$, 其法向量为 $\boldsymbol{n} = (A, B, C)$, 点 $M(x, y, z)$ 为平面 π 上任意一点(图 5-20), 因为法向量 $\boldsymbol{n} \perp$ 平面 π, $\overrightarrow{M_0M} \subset$ 平面 π, 所以 $\boldsymbol{n} \perp \overrightarrow{M_0M}$. 由向量垂直的充要条件知, $\boldsymbol{n} \cdot \overrightarrow{M_0M} = 0$, 而 $\overrightarrow{M_0M} = (x - x_0, y - y_0, z - z_0)$, 因此有

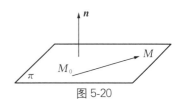

图 5-20

$$A(x - x_0) + B(y - y_0) + C(z - z_0) = 0.$$

三元一次方程

$$A(x - x_0) + B(y - y_0) + C(z - z_0) = 0 (A, B, C \text{ 不全为 } 0)$$

称为**平面的点法式方程**. 其中, 向量 $\boldsymbol{n} = (A, B, C)$ 为平面的一个法向量, 点 $M_0(x_0, y_0, z_0)$ 为平面内的一个点.

知识巩固

图片:例1彩图

例 **1** 已知平面过点 $M(1,-1,2)$,其法向量为 $\boldsymbol{n}=(4,3,-2)$,求该平面的方程.

解 由平面的点法式方程得所求平面方程为

$$4(x-1)+3(y+1)-2(z-2)=0,$$

即所求平面方程为

$$4x+3y-2z+3=0.$$

例 **2** 求过点 $M(3,4,5)$ 且与 y 轴垂直的平面方程 (图 5-21).

解 取法向量 $\boldsymbol{n}=\boldsymbol{j}=(0,1,0)$,则所求平面方程为

$$0\cdot(x-3)+1\cdot(y-4)+0\cdot(z-5)=0,$$

即

$$y=4.$$

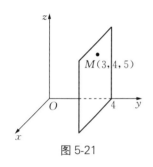

图 5-21

练习 5.3.1

求满足下列条件的平面方程.

(1) 过原点且与向量 $\boldsymbol{n}=(1,1,-1)$ 垂直的平面;

(2) 过点 $(1,-1,-1)$ 且与向量 $\boldsymbol{n}=(-2,1,-1)$ 垂直的平面;

(3) 过点 $(1,-1,-1)$ 且与 x 轴垂直的平面;

(4) 过原点且与平面 $2(x-1)-3(y+2)+4(z-3)=0$ 平行的平面.

5.3.2 平面的一般式方程

新知识

将平面的点法式方程 $A(x-x_0)+B(y-y_0)+C(z-z_0)=0$ 化简,得

$$Ax+By+Cz+(-Ax_0-By_0-Cz_0)=0,$$

其中,$-Ax_0-By_0-Cz_0$ 为常数.设 $D=-Ax_0-By_0-Cz_0$,则

$$Ax+By+Cz+D=0(A,B,C\text{ 不全为 }0). \tag{5.2}$$

方程(5.2)称为**平面的一般式方程**.

不难看出,若一个平面的方程为 $Ax+By+Cz+D=0$,则其一个法向量为

$$n = (A, B, C).$$

知识巩固

例 3 求过 $P(a, 0, 0)$，$Q(0, b, 0)$，$R(0, 0, c)$ 的平面方程(图 5-22).

解 设所求平面方程为 $Ax + By + Cz + D = 0$，则

$$\begin{cases} Aa + D = 0, \\ Bb + D = 0, \\ Cc + D = 0. \end{cases}$$

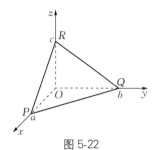

图 5-22

解方程组，得
$$A = -\frac{D}{a}, \quad B = -\frac{D}{b}, \quad C = -\frac{D}{c},$$

于是所求平面方程为
$$-\frac{D}{a}x - \frac{D}{b}y - \frac{D}{c}z + D = 0.$$

由于平面不过原点，故 $D \neq 0$，故所求平面方程为

$$\frac{x}{a} + \frac{y}{b} + \frac{z}{c} = 1.$$

说明 方程 $\dfrac{x}{a} + \dfrac{y}{b} + \dfrac{z}{c} = 1$ 反映了平面在坐标轴的截距，称为**平面的截距式方程**. 根据截距式方程很容易画出该平面的图像.

探究

当方程 $Ax + By + Cz + D = 0$ 的系数取特殊值时，分析平面的对应空间位置，发现：

(1) 当系数 $A = 0$ 时，方程为 $By + Cz + D = 0$，法向量为 $n = (0, B, C)$，垂直于 x 轴，故方程表示平行于 x 轴的平面. 同样，系数 $B = 0$ 时，方程表示平行于 y 轴的平面；系数 $C = 0$ 时，方程表示平行于 z 轴的平面.

(2) 当系数 $D = 0$ 时，方程为 $Ax + By + Cz = 0$，表示经过坐标原点的平面.

(3) 当 $A = B = 0$ 时，方程为 $Cz + D = 0$，其法向量 $n = (0, 0, C)$ 同时垂直于 x 轴与 y 轴，故该方程表示平行于 xOy 坐标面的平面.

知识巩固

例 4 指出下列平面的位置特点.

(1) $x - y + z = 0$；   (2) $4y - 3z = 0$；

(3) $y = 2$；   (4) $x - 2y + 1 = 0$.

解 (1) 方程 $x - y + z = 0$ 中，$D = 0$，所以方程表示过原点的平面.

(2) 方程 $4y - 3z = 0$ 中，$A = D = 0$，所以方程表示过 x 轴的平面.

(3) 方程 $y=2$ 中，$A=C=0$，所以方程表示与 xOz 坐标面平行的平面.

(4) 方程 $x-2y+1=0$ 中，$C=0$，所以方程表示平行于 z 轴的平面.

例 5 求满足下列条件的平面方程.

(1) 经过点 $M(1,-1,1)$ 和 z 轴；

(2) 经过点 $M(1,0,-1)$，$N(0,1,1)$，且平行于 y 轴.

解 (1) 设所求平面方程为 $Ax+By=0$，又该平面过点 $M(1,-1,1)$，于是有

$$A-B=0,即 A=B,$$

所以所求平面方程为 $\qquad Ax+Ay=0.$

由已知分析知 $A\neq 0$，故所求平面方程为

$$x+y=0.$$

(2) 设所求平面方程为 $Ax+Cz+D=0$，则

$$\begin{cases} A-C+D=0, \\ C+D=0. \end{cases}$$

解方程组，得 $\qquad C=-D,A=-2D.$

故所求平面方程为

$$-2Dx-Dz+D=0.$$

由已知分析得 $D\neq 0$，因此所求平面方程为 $2x+z-1=0$.

例 6 求平面 $2x-3y+4z-12=0$ 与三个坐标平面所围成的空间立体的体积.

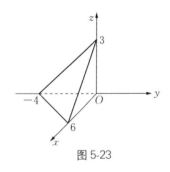

图 5-23

解 原方程可化为

$$\frac{x}{6}+\frac{y}{-4}+\frac{z}{3}=1.$$

故平面在 x,y,z 轴的截距依次为 $6,-4,3$(图 5-23).
故所求空间立体的体积为

$$V=\frac{1}{3}\times\frac{1}{2}\times|6|\times|-4|\times|3|=12.$$

知识回顾

在平面解析几何中，我们学习过点 (x_0,y_0) 到直线 $Ax+By+C=0$ 的距离公式为

$$d=\frac{|Ax_0+By_0+C|}{\sqrt{A^2+B^2}}.$$

新知识

在空间解析几何中,也有类似的点 $P_0(x_0, y_0, z_0)$ 到平面 $\pi: Ax+By+Cz+D=0$ 的距离公式:

$$d=\frac{|Ax_0+By_0+Cz_0+D|}{\sqrt{A^2+B^2+C^2}}.$$

例 7　求点 $P(1, 2, 1)$ 到平面 $2x+3y-4z+1=0$ 的距离.

解　由点到平面的距离公式,得

$$d=\frac{|2\times1+3\times2-4\times1+1|}{\sqrt{2^2+3^2+(-4)^2}}=\frac{5}{29}\sqrt{29}.$$

所以点 $P(1, 2, 1)$ 到平面 $2x+3y-4z+1=0$ 的距离为 $\dfrac{5}{29}\sqrt{29}$.

软件链接

利用 MATLAB 可以方便地绘制平面的空间图形,详见数学实验 5.

例如,绘制平面 $x+y=0$ 的空间图形的操作如下:

在命令窗口中输入:

$>>[\mathrm{x, z}]=\mathrm{meshgrid}(-1:0.05:1, -1:0.05:1);$

$>>\mathrm{y}=-\mathrm{x};$

$>>\mathrm{mesh}(\mathrm{x, y, z})$

按 Enter 键,显示(图 5-24):

视频:平面绘制

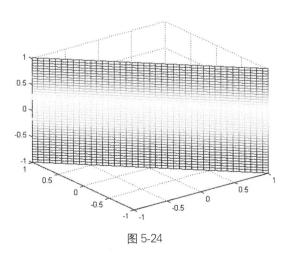

图 5-24

练习 5.3.2

1. 求满足下列条件的平面方程.

(1) 过点$(1, 1, -1)$及 x 轴的平面;

(2) 过点$(1, 1, -1)$且与平面 $2x + 3y - z - 3 = 0$ 平行的平面.

2. 求点$(1, 1, -1)$到平面 $2x + 3y - z - 3 = 0$ 的距离.

5.4 空间直线及其方程

5.4.1 空间直线的方程

1. 直线的一般式方程

知识回顾

由立体几何知识的学习知道,如果两个平面有一个公共点,那么它们一定还有其他公共点,并且所有的公共点的集合是过这个点的一条直线.

新知识

空间直线可以看成为两个平面的交线,因此可以用联立两个平面方程组成的方程组来表示空间直线.

一般地,由平面 $\pi_1 : A_1 x + B_1 y + C_1 z + D_1 = 0$ 与平面 $\pi_2 : A_2 x + B_2 y + C_2 z + D_2 = 0$ 相交而成的直线方程可以由方程组

$$\begin{cases} A_1 x + B_1 y + C_1 z + D_1 = 0, \\ A_2 x + B_2 y + C_2 z + D_2 = 0 \end{cases} \tag{5.3}$$

表示,方程组(5.3)称为**直线的一般式方程**.

例如:直线

$$\begin{cases} 2x + y - z + 1 = 0, \\ x - y + z - 3 = 0 \end{cases}$$

表示平面 $2x + y - z + 1 = 0$ 与平面 $x - y + z - 3 = 0$ 的交线.

图片:直线图

2. 直线的点向式方程

新知识

与直线平行(共线)的非零向量称为直线的**方向向量**.

设已知直线 L 过点 $M_0(x_0, y_0, z_0)$,其方向向量为 $s = (m, n, p)$;$M(x, y, z)$ 为直线 L 上任意一点(图 5-25),则

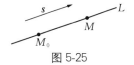

图 5-25

$$\overrightarrow{M_0M} \ /\!/ \ s,$$

而 $\overrightarrow{M_0M} = (x - x_0, y - y_0, z - z_0)$,于是

$$\frac{x - x_0}{m} = \frac{y - y_0}{n} = \frac{z - z_0}{p}. \tag{5.4}$$

方程(5.4)称为**直线的点向式方程**.

说明　当方程(5.4)中的个别分母为零时,相应的分子也为零.

例如,$m = 0$,$n \neq 0$,$p \neq 0$ 时,直线方程为

$$\frac{x - x_0}{0} = \frac{y - y_0}{n} = \frac{z - z_0}{p}.$$

此时该方程应理解成直线方程为

$$\begin{cases} x - x_0 = 0, \\ \dfrac{y - y_0}{n} = \dfrac{z - z_0}{p}. \end{cases}$$

再如,$m = 0$,$n = 0$,$p \neq 0$ 时,直线方程为

$$\frac{x - x_0}{0} = \frac{y - y_0}{0} = \frac{z - z_0}{p}.$$

此时该方程应理解成直线方程为

$$\begin{cases} x - x_0 = 0, \\ y - y_0 = 0. \end{cases}$$

知识巩固

例 1　求下列直线的方程.

(1) 过点 $A(1, 2, 3)$,$B(-1, 1, -1)$ 的直线方程;

(2) 过点 $M(0, 2, 3)$,且与直线 $L_1: \dfrac{x-1}{3} = \dfrac{y+1}{2} = \dfrac{z-2}{-1}$ 平行的直线方程;

(3) 过点 $P(-2, 1, 3)$,且与平面 $\pi: 3x - 2y - z + 1 = 0$ 垂直的直线方程.

解 (1) 取方向向量 $s = \overrightarrow{BA} = (2, 1, 4)$，所求直线方程为

$$\frac{x-1}{2} = \frac{y-2}{1} = \frac{z-3}{4}.$$

(2) 取方向向量 $s = (3, 2, -1)$，所求直线方程为

$$\frac{x}{3} = \frac{y-2}{2} = \frac{z-3}{-1}.$$

(3) 因为所求直线与平面 $\pi: 3x - 2y - z + 1 = 0$ 垂直，所以取方向向量 $s = (3, -2, -1)$，所求直线方程为

$$\frac{x+2}{3} = \frac{y-1}{-2} = \frac{z-3}{-1}.$$

3. 直线的参数方程

新知识

如果在方程(5.4)中，令 $\dfrac{x-x_0}{m} = \dfrac{y-y_0}{n} = \dfrac{z-z_0}{p} = t$，就得到**直线的参数方程**：

$$\begin{cases} x = x_0 + mt, \\ y = y_0 + nt, \quad (t \text{ 为参数}). \\ z = z_0 + pt \end{cases}$$

该方程表示过点 $M_0(x_0, y_0, z_0)$，且方向向量为 $s = (m, n, p)$ 的直线.

知识巩固

例 2 已知直线 $L: \begin{cases} 2x + y - z + 3 = 0, \\ 3x - 2y + z + 1 = 0. \end{cases}$

(1) 将该方程化为点向式方程和参数方程；

(2) 求该直线的一个方向向量；

(3) 求过点 $A(2, 1, 1)$ 且与 L 垂直的平面的方程.

解 (1) 方程组

$$\begin{cases} 2x + y - z + 3 = 0, \\ 3x - 2y + z + 1 = 0 \end{cases}$$

消去 z，得

$$5x - y + 4 = 0.$$

解得
$$x = \frac{y-4}{5}.$$

方程组
$$\begin{cases} 2x + y - z + 3 = 0, \\ 3x - 2y + z + 1 = 0 \end{cases}$$

消去 y，得
$$7x - z + 7 = 0.$$

解得
$$x = \frac{z-7}{7}.$$

于是，直线 L 的点向式方程为
$$\frac{x}{1} = \frac{y-4}{5} = \frac{z-7}{7}.$$

令 $\dfrac{x}{1} = \dfrac{y-4}{5} = \dfrac{z-7}{7} = t$，则直线的参数方程为
$$\begin{cases} x = t, \\ y = 4 + 5t, \quad (t \text{ 为参数}). \\ z = 7 + 7t \end{cases}$$

（2）由直线的点向式方程知，直线的一个方向向量为
$$s = (1,\, 5,\, 7).$$

（3）取 $n = s = (1,\, 5,\, 7)$，则所求平面方程为
$$(x-2) + 5(y-1) + 7(z-1) = 0,$$

即
$$x + 5y + 7z - 14 = 0.$$

练习 5.4.1

1. 求满足下列条件的直线方程.
   （1）过原点且与向量 $s = (1, -1, -1)$ 平行的直线；
   （2）过点 $(1, -1, 1)$ 且与平面 $2x - y + z + 1 = 0$ 垂直的直线；
   （3）过点 $(1, -1, 1)$ 且与 z 轴平行的直线.

2. 求过点 $(1, -1, 1)$ 且与直线 $\begin{cases} x + y - z + 1 = 0, \\ x - y - 2z - 2 = 0 \end{cases}$ 平行的直线.

3. 求过点 $(1, -1, 1)$ 且与直线 $\begin{cases} x + y - z + 1 = 0, \\ x - y - 2z - 2 = 0 \end{cases}$ 垂直的平面.

5.4.2 直线与直线位置关系的判定

新知识

设直线 L_1 的方向向量 $s_1=(m_1, n_1, p_1)$，直线 L_2 的方向向量 $s_2=(m_2, n_2, p_2)$，则

(1) L_1 与 L_2 平行 $\Leftrightarrow s_1 /\!/ s_2 \Leftrightarrow \dfrac{m_1}{m_2}=\dfrac{n_1}{n_2}=\dfrac{p_1}{p_2}$，且不过同一点；

(2) L_1 与 L_2 重合 $\Leftrightarrow \dfrac{m_1}{m_2}=\dfrac{n_1}{n_2}=\dfrac{p_1}{p_2}$，且过同一点；

(3) L_1 与 L_2 垂直 $\Leftrightarrow s_1 \perp s_2 \Leftrightarrow m_1 m_2+n_1 n_2+p_1 p_2=0$.

知识巩固

例 3 判别直线 $L: \dfrac{x-1}{2}=\dfrac{y+1}{3}=\dfrac{z-2}{-1}$ 与下列各直线的位置关系.

(1) $L_1: \dfrac{x-2}{2}=\dfrac{y+2}{-1}=\dfrac{z-3}{1}$；　　　　(2) $L_2: \dfrac{x-1}{3}=\dfrac{y+1}{-2}=\dfrac{z-2}{1}$.

解 (1) 因为 $s=(2, 3, -1)$，$s_1=(2, -1, 1)$，且 $2\times2+3\times(-1)+(-1)\times1=0$，所以 $L_1 \perp L$.

(2) 因为 $s=(2, 3, -1)$，$s_2=(3, -2, 1)$，且 $\dfrac{2}{3}\neq\dfrac{3}{-2}$，$2\times3+3\times(-2)+(-1)\times1=-1\neq0$，又因为直线 L，L_2 都过点 $(1, -1, 2)$，所以直线 L 与直线 L_2 斜交.

练习 5.4.2

判别直线 $L: \dfrac{x-2}{3}=\dfrac{y+1}{-1}=\dfrac{z-2}{-2}$ 与下列各直线的位置关系.

(1) $L_1: \dfrac{x-1}{-6}=\dfrac{y+1}{2}=\dfrac{z-1}{4}$；　　　　(2) $L_2: \dfrac{x-1}{2}=\dfrac{y+1}{-2}=\dfrac{z-2}{4}$；

(3) $L_3: x-2=\dfrac{y+1}{-3}=\dfrac{z-2}{2}$.

5.4.3 两条直线的夹角

知识回顾

立体几何中，曾研究过空间两条直线的夹角.对于两条相交直线来说，其夹角是这两条

直线相交所成的最小的正角;对于两条异面直线来说,其夹角是经过空间任意一点分别作与两条异面直线平行的直线的夹角.两条直线的夹角范围是 $\left[0, \dfrac{\pi}{2}\right]$.

新知识

和立体几何类似,我们把两直线的方向向量所夹的 $\left[0, \dfrac{\pi}{2}\right]$ 范围的角称为**两直线的夹角**.

两条直线平行或重合时,其夹角规定为 0;两条直线垂直时,其夹角为 $\dfrac{\pi}{2}$.

设直线 L_1 的方向向量 $\boldsymbol{s}_1 = (m_1, n_1, p_1)$,直线 L_2 的方向向量 $\boldsymbol{s}_2 = (m_2, n_2, p_2)$,$L_1$ 与 L_2 的夹角为 θ,则

$$\cos\theta = |\cos\langle \boldsymbol{s}_1, \boldsymbol{s}_2 \rangle| = \frac{|\boldsymbol{s}_1 \cdot \boldsymbol{s}_2|}{|\boldsymbol{s}_1||\boldsymbol{s}_2|}$$

$$= \frac{|m_1 m_2 + n_1 n_2 + p_1 p_2|}{\sqrt{m_1^2 + n_1^2 + p_1^2} \times \sqrt{m_2^2 + n_2^2 + p_2^2}}.$$

知识巩固

例 4　求直线 $L_1: \dfrac{x+1}{2} = \dfrac{y-2}{-2} = \dfrac{z+1}{3}$ 与直线 $L_2: \dfrac{1-x}{2} = \dfrac{y+2}{1} = \dfrac{z-2}{2}$ 的夹角.

解　由于 L_2 可化为 $\dfrac{x-1}{-2} = \dfrac{y+2}{1} = \dfrac{z-2}{2}$,所以

$$\boldsymbol{s}_1 = (2, -2, 3), \ \boldsymbol{s}_2 = (-2, 1, 2),$$

于是

$$\cos\theta = \frac{|2 \times (-2) + (-2) \times 1 + 3 \times 2|}{\sqrt{2^2 + (-2)^2 + 3^2} \times \sqrt{(-2)^2 + 1^2 + 2^2}} = 0.$$

又 $\theta \in \left[0, \dfrac{\pi}{2}\right]$,所以 $\theta = \dfrac{\pi}{2}$,即两直线的夹角为 $\dfrac{\pi}{2}$.

练习 5.4.3

1. 求直线 $L_1: \dfrac{x-1}{1} = \dfrac{y}{-4} = \dfrac{z+3}{1}$ 与直线 $L_2: \dfrac{x}{2} = \dfrac{y+2}{-2} = \dfrac{z}{-1}$ 的夹角.

2. 求直线 $L_1: \dfrac{x-2}{-7} = \dfrac{y}{-2} = \dfrac{z+1}{8}$ 与直线 $L_2: \begin{cases} 2x - 3y + z - 6 = 0, \\ 4x - 2y + 3z + 9 = 0 \end{cases}$ 的夹角.

二次曲面与空间曲线

5.5.1 常见的二次曲面及其方程

探究

日常生活中,我们经常会看到一些曲面.如图 5-26 所示,大家熟悉的吃饭用的碗、卫星接收天线、太阳能灶、锅、发电厂的散热塔、国家大剧院的屋顶等.这些曲面是怎么设计出来的? 它们有哪些数学特征? 这就是下面要研究的问题.

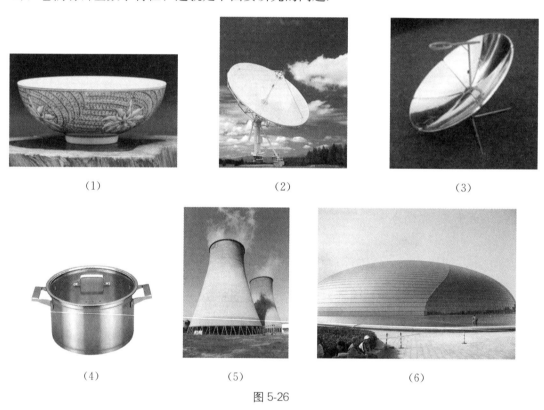

图 5-26

新知识

任何曲面都可以看作点的轨迹.如果空间曲面 Σ 上任意一点的坐标 (x,y,z) 都满足方程 $F(x,y,z)=0$,而满足 $F(x,y,z)=0$ 的 (x,y,z) 点都在曲面 Σ 上,则称 $F(x,y,z)=0$ 为曲面 Σ 的方程,称曲面 Σ 为方程 $F(x,y,z)=0$ 的图形.若方程是二次方程,则所表示的曲面称为二次曲面.我们主要研究几种常见的二次曲面.

1. 球面

在空间中,到定点的距离为定长的点的轨迹为**球面**.其中,定点称为**球心**,定长称为**半径**.

设点 $P(x_0, y_0, z_0)$ 为球心,R 为半径,$M(x, y, z)$ 为球面上任意一点(图 5-27),则由 $|MP| = R$,得

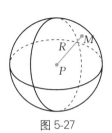

图 5-27

$$\sqrt{(x-x_0)^2 + (y-y_0)^2 + (z-z_0)^2} = R.$$

于是得到球面方程为

$$(x-x_0)^2 + (y-y_0)^2 + (z-z_0)^2 = R^2.$$

特别地,当球心在原点,半径为 R 时,球面方程为

$$x^2 + y^2 + z^2 = R^2.$$

知识巩固

例 1　已知点 $A(1, -2, 2)$,$B(3, -2, 4)$,求以线段 AB 为直径的球面方程.

解　球心为线段 AB 的中点,故其坐标为 $(2, -2, 3)$.半径为

$$\frac{1}{2}|AB| = \frac{1}{2}\sqrt{(3-1)^2 + (-2+2)^2 + (4-2)^2} = \sqrt{2}.$$

所以,球面方程为

$$(x-2)^2 + (y+2)^2 + (z-3)^2 = 2.$$

例 2　方程 $x^2 + y^2 + z^2 + 2x - 2y - 1 = 0$ 表示怎样的曲面?

解　将原方程配方整理,得

$$(x+1)^2 + (y-1)^2 + z^2 = 3.$$

这是球面方程,表示球心在 $(-1, 1, 0)$,半径为 $\sqrt{3}$ 的球面.

软件链接

利用 MATLAB 可以方便地绘制球面,详见数学实验 5.

例如,绘制球面 $(x+1)^2 + (y-1)^2 + z^2 = 3$ 的操作如下:

在命令窗口中输入:

```
>> [x y z] = meshgrid(-4:0.1:4);
>> v = (x+1).^2 + (y-1).^2 + z.^2 - 3;
>> isosurface(x, y, z, v, 0);
>> axis equal;
```

视频:球面绘制

按 Enter 键,显示(图 5-28):

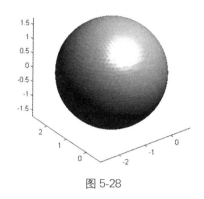

图 5-28

2. 母线平行于坐标轴的柱面

新知识

将一直线 L 沿某一给定的平面曲线 C 平行移动,直线 L 的轨迹形成的曲面,称为**柱面**.其中,动直线 L 称为柱面的**母线**,曲线 C 称为柱面的**准线**.

下面仅讨论母线平行于坐标轴的柱面.

设柱面的准线是 xOy 坐标面上的曲线 C:$F(x,y)=0$,柱面的母线平行于 z 轴,在柱面上任取一点 $M(x,y,z)$,过点 M 作平行于 z 轴的直线,交曲线 C 于点 $M_1(x,y,0)$ (图 5-29).故点 M_1 的坐标满足方程 $F(x,y)=0$,由于方程不含变量 z,而点 M 与 M_1 有相同的横坐标与纵坐标,所以点 M 的坐标也满足此方程.因此,方程 $F(x,y)=0$ 就是母线平行于 z 轴的柱面方程.

例如,方程 $x+y=1$ 表示母线平行于 z 轴,在 xOy 坐标面上的准线为 $x+y=1$ 的柱面(平面)方程,如图 5-30 所示.

可以看出,母线平行于 z 轴的柱面的方程中不含变量 z.

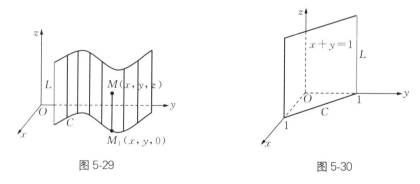

图 5-29   图 5-30

同理,不含 y 的方程 $F(x,z)=0$ 或不含 x 的方程 $F(y,z)=0$,分别表示母线平行于 y 轴或 x 轴的柱面方程.

方程 $x^2 + y^2 = R^2$ 表示母线平行于 z 轴, 准线为 xOy 坐标面上的圆 $x^2 + y^2 = R^2$ 的柱面方程, 此柱面称为**圆柱面**(图 5-31); 方程 $\dfrac{z^2}{a^2} + \dfrac{y^2}{b^2} = 1 (a > b > 0)$ 表示母线平行于 x 轴, 准线为 yOz 坐标面上的椭圆的柱面方程, 此柱面称为**椭圆柱面**(图 5-32); 方程 $y = x^2$ 表示母线平行于 z 轴, 准线为 xOy 坐标面上的抛物线的柱面方程, 此柱面称为**抛物柱面**(图 5-33).

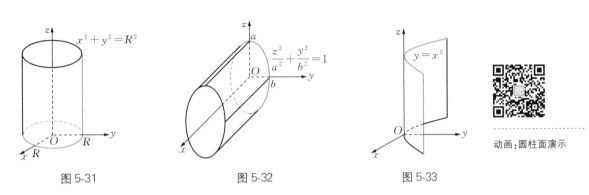

图 5-31　　　　　　　图 5-32　　　　　　　图 5-33

动画:圆柱面演示

下面将几种常见柱面的准线、方程及图像(以母线平行于 z 轴为例)列表(表 5-2).

表 5-2

特征项	圆柱面	椭圆柱面	抛物柱面	双曲柱面
准线	$\begin{cases} (x-h)^2 + (y-k)^2 = R^2, \\ z = 0 \end{cases}$	$\begin{cases} \dfrac{x^2}{a^2} + \dfrac{y^2}{b^2} = 1, \\ z = 0 \end{cases}$ $(a > b > 0)$	$\begin{cases} x^2 = 2py, \\ z = 0 \end{cases}$ $(p > 0)$	$\begin{cases} \dfrac{y^2}{a^2} - \dfrac{x^2}{b^2} = 1, \\ z = 0 \end{cases}$ $(a, b \in \mathbf{R}^+)$
方程	$(x-h)^2 + (y-k)^2 = R^2$	$\dfrac{x^2}{a^2} + \dfrac{y^2}{b^2} = 1$ $(a > b > 0)$	$x^2 = 2py (p > 0)$	$\dfrac{y^2}{a^2} - \dfrac{x^2}{b^2} = 1$ $(a, b \in \mathbf{R}^+)$
图像				

练习 5.5.1 (1)

1. 指出下列方程所表示的曲面名称及其主要特征.

　　(1) $x^2 + y^2 + z^2 + 2x - 2y = 0$;　　　　(2) $x^2 + 2y^2 + 3z^2 - 12 = 0$;

(3) $x^2 + y^2 + 2x - 2y = 0$;　　　　(4) $y^2 + 3z^2 = 9$;

(5) $y^2 - 4x = 0$;　　　　(6) $2x^2 - y^2 - 4 = 0$.

2. 求到点$(1, -1, 1)$距离为 2 的点的轨迹.

3. 利用 MATLAB 画出第 1 题中的 6 个方程所表示的曲面.

4. 利用 MATLAB 画出方程 $z = x^2 - y^2$ 所表示的曲面(此曲面称为双曲抛物面,俗称"马鞍面").

3. 旋转曲面

新知识

平面内曲线 C 绕该平面内某定直线 L 旋转所形成的曲面,称为**旋转曲面**(图 5-34).其中,动曲线 C 称为旋转曲面的**母线**,定直线 L 称为旋转曲面的**旋转轴**.

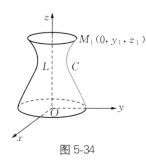

图 5-34

某一个坐标面内曲线可以用一个方程组来表示.例如 xOy 坐标面上的曲线 $f(x, y) = 0$,可以表示为

$$\begin{cases} f(x, y) = 0, \\ z = 0. \end{cases}$$

我们仅讨论以坐标轴为旋转轴的旋转曲面.

将 yOz 坐标面上的曲线 C:

$$\begin{cases} f(y, z) = 0, \\ x = 0 \end{cases}$$

绕 z 轴旋转一周,就得到一个以 z 轴为旋转轴的旋转曲面(图 5-34).设 $M_1(0, y_1, z_1)$ 为曲线 C 上的任一点,则

$$f(y_1, z_1) = 0. \tag{5.5}$$

当曲线 C 绕 z 轴旋转时,点 M_1 绕 z 轴旋转到点 $M(x, y, z)$,这时 $z = z_1$ 保持不变,且点 M 到 z 轴的距离为

$$d = \sqrt{x^2 + y^2} = |y_1|.$$

将 $z = z_1$,$y_1 = \pm\sqrt{x^2 + y^2}$ 代入方程(5.5),得到曲线 $C: f(y, z) = 0$ 绕 z 轴旋转一周形成的旋转曲面的方程为

$$f(\pm\sqrt{x^2 + y^2}, z) = 0.$$

同样可以得到,将 xOy 坐标面上的曲线

$$\begin{cases} f(x, y) = 0, \\ z = 0 \end{cases}$$

绕 x 轴旋转一周, 所得旋转曲面的方程为

$$f(x, \pm\sqrt{y^2+z^2})=0.$$

将 xOz 坐标面上的曲线

$$\begin{cases} f(x, z)=0, \\ y=0 \end{cases}$$

绕 z 轴旋转一周, 所得旋转曲面的方程为

$$f(\pm\sqrt{x^2+y^2}, z)=0.$$

一般地, 坐标面内的曲线绕哪个轴旋转, 曲线方程中对应的变量保持不变, 而另一个变量用其余两个变量的平方和的平方根代换, 即得该旋转曲面的方程.

例如, 将半圆 $\begin{cases} y=\sqrt{R^2-z^2}, \\ x=0 \end{cases}$ 绕 z 轴旋转一周, 所得旋转曲面为球面(图 5-35), 它的方程为

$$\pm\sqrt{x^2+y^2}=\sqrt{R^2-z^2},$$

即

$$x^2+y^2+z^2=R^2.$$

前面学过, 此方程即为球面方程, 它表示球心在 $O(0, 0, 0)$, 半径为 R 的球面.

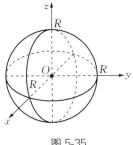

图 5-35

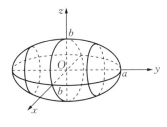

图 5-36

同理, yOz 坐标面上的椭圆

$$\begin{cases} \dfrac{y^2}{a^2}+\dfrac{z^2}{b^2}=1, \\ x=0 \end{cases}$$

绕 y 轴旋转一周, 所得旋转曲面为**旋转椭球面**(图 5-36), 其方程为

$$\frac{y^2}{a^2}+\frac{x^2}{b^2}+\frac{z^2}{b^2}=1.$$

注意　旋转椭球面不是"椭球面", 因为此图形在空间中, 用与 xOz 坐标面平行的平面

去截,截得的图形是圆.椭球面是用平行于坐标面的平面去截,截得的图形都是椭圆的曲面,其方程为

$$\frac{x^2}{a^2}+\frac{y^2}{b^2}+\frac{z^2}{c^2}=1.$$

旋转椭球面可当成特殊的椭球面.

知识巩固

例3 求曲线 $\begin{cases} y=x^2, \\ z=0 \end{cases}$ 绕 y 轴旋转一周,所得旋转曲面的方程.

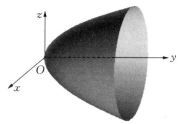

解 曲线 $\begin{cases} y=x^2, \\ z=0 \end{cases}$ 是 xOy 坐标面内的一条抛物线,绕 y 轴旋转一周,所得旋转曲面的方程为

$$y=(\pm\sqrt{x^2+z^2})^2,$$

即 $$y=x^2+z^2.$$

图 5-37

动画:旋转抛物面演示

这个旋转曲面称为**旋转抛物面**(图 5-37).

例4 求双曲线 $\begin{cases} \dfrac{y^2}{9}-\dfrac{z^2}{16}=1, \\ x=0 \end{cases}$ 绕 z 轴旋转一周,所得旋转曲面的方程.

解 曲线 $\begin{cases} \dfrac{y^2}{9}-\dfrac{z^2}{16}=1, \\ x=0 \end{cases}$ 是 yOz 坐标面内的一条双曲线,绕 z 轴旋转一周,所得旋转曲面方程为

$$\frac{(\pm\sqrt{x^2+y^2})^2}{9}-\frac{z^2}{16}=1,$$

即 $$\frac{x^2}{9}+\frac{y^2}{9}-\frac{z^2}{16}=1.$$

此旋转曲面称为**(单叶)旋转双曲面**.

下面将几种常见旋转曲面的母线、方程及图像(以旋转轴为 z 轴为例)列表(表 5-3).

表 5-3

特征项	旋转椭球面	旋转双曲面	旋转抛物面	圆锥面
母线	$\begin{cases} \dfrac{y^2}{a^2}+\dfrac{z^2}{b^2}=1, \\ x=0 \\ (a>b>0) \end{cases}$	$\begin{cases} \dfrac{y^2}{a^2}-\dfrac{z^2}{b^2}=1, \\ x=0 \\ (a,b\in\mathbf{R}^+) \end{cases}$	$\begin{cases} y^2=2pz, \\ x=0 \\ (p>0) \end{cases}$	$\begin{cases} z=ky, \\ x=0 \\ (k>0) \end{cases}$

续 表

特征项	旋转椭球面	旋转双曲面	旋转抛物面	圆锥面
方程	$\dfrac{x^2}{a^2}+\dfrac{y^2}{a^2}+\dfrac{z^2}{b^2}=1$ $(a>b>0)$	$\dfrac{x^2}{a^2}+\dfrac{y^2}{a^2}-\dfrac{z^2}{b^2}=1$ $(a,b\in\mathbf{R}^+)$	$x^2+y^2=2pz$ $(p>0)$	$z^2=k^2(x^2+y^2)$ $(k>0)$
图像	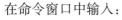			

软件链接

利用 MATLAB 可以方便地绘制二次曲面,详见数学实验 5.

例如,绘制旋转双曲面 $\dfrac{x^2}{9}+\dfrac{y^2}{9}-\dfrac{z^2}{16}=1$ 的操作如下:

在命令窗口中输入:

$>>$[x, y] = meshgrid($-15:0.2:15$);

$>>$a = 3; b = 3; c = 4;

$>>$z1 = sqrt(c.$\wedge$2 $*$ (x.$\wedge$2/(a.$\wedge$2) + y.$\wedge$2/(b.$\wedge$2) $-$ 1));

$>>$z2 = $-$ sqrt(c.$\wedge$2 $*$ (x.$\wedge$2/(a.$\wedge$2) + y.$\wedge$2/(b.$\wedge$2) $-$ 1));

$>>$surf(x, y, real(z1))

$>>$hold on;

$>>$surf(x, y, real(z2))

$>>$shading interp

$>>$box on;

$>>$grid off

$>>$colormap hsv

按 Enter 键,显示(图 5-38):

视频:二次曲面绘制

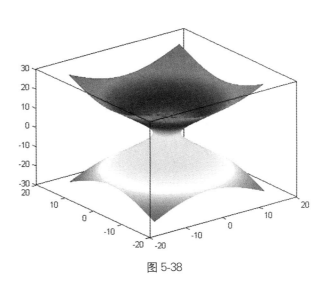

图 5-38

练习 5.5.1 (2)

1. 求抛物线 $\begin{cases} y = x^2, \\ z = 0 \end{cases}$ 绕 y 轴旋转一周所得旋转曲面的方程,并指出曲面的名称.

2. 求椭圆 $\begin{cases} \dfrac{z^2}{9} + \dfrac{y^2}{16} = 1, \\ z = 0 \end{cases}$ 绕 y 轴旋转一周所得旋转曲面的方程,并指出曲面的名称.

3. 求双曲线 $\begin{cases} \dfrac{x^2}{9} - \dfrac{y^2}{16} = 1, \\ z = 0 \end{cases}$ 分别绕 x,y 轴旋转一周所得旋转曲面的方程,并指出曲面的名称.

4. 求直线 $\begin{cases} y = 2x, \\ z = 0 \end{cases}$ 分别绕 x,y 轴旋转一周所得旋转曲面的方程,并指出曲面的名称.

5. 利用 MATLAB 画出以上四题所求的曲面.

5.5.2 空间曲线的方程

新知识

与空间直线类似,空间的任一曲线可以看作空间某两个曲面的交线,即若曲线 C 是曲面 $\Sigma_1 : F_1(x , y , z) = 0$ 与曲面 $\Sigma_2 : F_2(x , y , z) = 0$ 的交线,则曲线 C 的方程为

$$\begin{cases} F_1(x , y , z) = 0, \\ F_2(x , y , z) = 0. \end{cases} \tag{5.6}$$

方程组(5.6)称为**空间曲线的一般方程**.

例如,用平行于 xOz 坐标面的平面 $y = \dfrac{1}{3}$ 截旋转椭球面 $x^2 + 2y^2 + z^2 = 1$,所得的"截痕"是圆,其方程为

$$\begin{cases} x^2 + z^2 = \dfrac{7}{9}, \\ y = \dfrac{1}{3}. \end{cases}$$

再如,方程组 $\begin{cases} \dfrac{y^2}{9} - \dfrac{z^2}{16} = 1, \\ x = 0 \end{cases}$ 表示在 yOz 坐标面上的双曲线 $\dfrac{y^2}{9} - \dfrac{z^2}{16} = 1.$

而方程组 $\begin{cases} x^2 + y^2 + z^2 = 4, \\ z^2 = 6y \end{cases}$ 表示球面 $x^2 + y^2 + z^2 = 4$ 与抛物柱面 $z^2 = 6y$ 的交线.

软件链接

利用 MATLAB 可以方便地绘制空间直角坐标系中的空间曲线,详见数学实验 5,例如图 5-39.

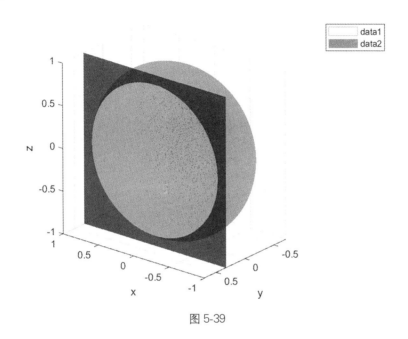

文本:图 5-39 绘制

图 5-39

新知识

与空间直线类似,空间曲线也常用参数方程形式表示.

设曲线 C 上的任一点 $M(x, y, z)$ 的三个坐标都可以表示成参数 t 的函数,即

$$\begin{cases} x = x(t), \\ y = y(t), \\ z = z(t). \end{cases} \tag{5.7}$$

方程(5.7)称为**空间曲线的参数方程.**

例如,螺旋线是由质点在圆柱面上以均匀的角速度 ω 绕 z 轴旋转,同时以均匀的线速度 v 向平行于 z 轴的方向上升所形成的曲线,如图 5-40 所示.

设运动开始时,质点在 $P_0(0, R, 0)$ 处,则质点的运动方程为

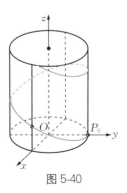

图 5-40

$$\begin{cases} x = R\sin\omega t, \\ y = R\cos\omega t,\ (t\ \text{为参数}). \\ z = vt \end{cases}$$

这就是**螺旋线的参数方程**.

例 5 化参数方程 $\begin{cases} x = 2\sin t, \\ y = 5\cos t,\ (t\ \text{为参数})\text{为一般方程,并说明曲线的形成}. \\ z = 4\sin t \end{cases}$

解 由 $\sin^2 t + \cos^2 t = 1$,得

$$\begin{cases} \dfrac{x^2}{4} + \dfrac{y^2}{25} = 1, \\ z = 2x. \end{cases}$$

此即对应的一般方程.此方程表示的曲线为过 y 轴的平面 $2x - z = 0$ 与母线平行于 z 轴的椭圆柱面 $\dfrac{x^2}{4} + \dfrac{y^2}{25} = 1$ 的交线,即该曲线表示在 $z = 2x$ 平面(斜平面)上的椭圆 $\dfrac{x^2}{4} + \dfrac{y^2}{25} = 1$.

软件链接

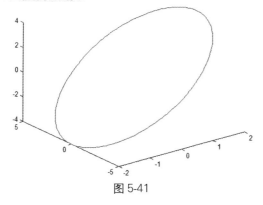

图 5-41

利用 MATLAB 可以方便地绘制空间直角坐标系中参数方程表示的空间曲线,详见数学实验 5,例如例 5 中参数方程

$$\begin{cases} x = 2\sin t, \\ y = 5\cos t, \\ z = 4\sin t \end{cases}$$

所表示的空间曲线(图 5-41).

练习 5.5.2

1. 化参数方程 $\begin{cases} x = 2\sin t, \\ y = 3\cos t,\ (t\ \text{为参数})\text{为一般方程,并说明曲线的形成}. \\ z = \sin t \end{cases}$

2. 化参数方程 $\begin{cases} x = 2\tan t, \\ y = 2\sec t,\ (t\ \text{为参数})\text{为一般方程,并说明曲线的形成}. \\ z = 2 \end{cases}$

3. 方程组 $\begin{cases} z=x^2+y^2, \\ z=1, \end{cases}$ $\begin{cases} z=x^2+y^2, \\ z=4, \end{cases}$ 及 $\begin{cases} z=x^2+y^2, \\ y=4 \end{cases}$ 各表示什么曲线?

4. 方程组 $\begin{cases} z=x^2-y^2, \\ z=1, \end{cases}$ $\begin{cases} z=x^2-y^2, \\ z=4, \end{cases}$ 及 $\begin{cases} z=x^2-y^2, \\ y=4 \end{cases}$ 各表示什么曲线?

5. 利用 MATLAB 画出第 1, 2 两题的图形.

6. 利用 MATLAB 画出第 3, 4 两题的图形(或将第 3, 4 两题化为参数方程,然后利用 MATLAB 画图).

5.5.3 空间曲线在坐标面上的投影

探究

设空间曲线 C 为曲面 $\Sigma_1 : F_1(x, y, z)=0$ 与曲面 $\Sigma_2 : F_2(x, y, z)=0$ 的交线,则曲线 C 的方程为

$$\begin{cases} F_1(x, y, z)=0, \\ F_2(x, y, z)=0. \end{cases} \tag{5.8}$$

由方程组(5.8)消去变量 z 后得到方程

$$F(x, y)=0. \tag{5.9}$$

由于方程(5.9)是方程组(5.8)消去变量 z 的结果,故曲线 C 上所有点坐标中的 x 与 y 都满足方程(5.9),即空间曲线 C 上所有点都在方程(5.9)所表示的曲面上.

新知识

方程(5.9)中不含有变量 z,表示一个母线平行于 z 轴的柱面.这个柱面包含曲线 C 上的所有点,即这个柱面是以曲线 C 为准线,母线平行于 z 轴(即垂直于 xOy 坐标面)的柱面,称为曲线 C 关于 xOy 坐标面的投影柱面,投影柱面与 xOy 坐标面的交线叫作空间曲线 C 在 xOy 坐标面上的投影曲线,简称投影.曲线 C 在 xOy 坐标面的投影为

$$\begin{cases} F(x, y)=0, \\ z=0. \end{cases}$$

用同样的方法,可以求得空间曲线 C 在 yOz 坐标面及 xOz 坐标面的投影.

知识巩固

例 6 已知球面的方程 $(x-1)^2+y^2+(z+1)^2=8$. 求:

(1) 球面与平面 $z=1$ 的交线对 xOy 坐标面的投影柱面的方程;

(2) 球面与平面 $z=1$ 的交线在 xOy 坐标面上的投影.

解 (1) 设球面与平面 $z=1$ 的交线为 C,则其方程为

$$\begin{cases} (x-1)^2+y^2+(z+1)^2=8, \\ z=1. \end{cases}$$

方程组中消去 z,得到交线关于 xOy 坐标面的投影柱面的方程

$$(x-1)^2+y^2=4.$$

(2) 曲线 C 在 xOy 坐标面上的投影为

$$\begin{cases} (x-1)^2+y^2=4, \\ z=0. \end{cases}$$

例7 设一个立体由上半球面 $z=\sqrt{4-x^2-y^2}$ 和锥面 $z=\sqrt{3(x^2+y^2)}$ 所围成,求它在 xOy 坐标面上的投影,如图 5-42 所示.

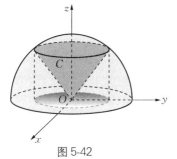

动画:例7空间
图形演示

图 5-42

解 上半球面和锥面的交线为

$$\begin{cases} z=\sqrt{4-x^2-y^2}, \\ z=\sqrt{3(x^2+y^2)}. \end{cases}$$

消去方程组中的 z,得到交线的投影柱面的方程

$$x^2+y^2=1,$$

故交线在 xOy 坐标面上的投影为

$$\begin{cases} x^2+y^2=1, \\ z=0. \end{cases}$$

这是 xOy 坐标面上的圆,所以所求立体在 xOy 坐标面上的投影是圆的内部,即 $x^2+y^2\leqslant 1$.

练习 5.5.3

求圆锥面 $z^2=4(x^2+y^2)$ 与平面 $z=1$ 交线在 xOy 坐标面上的投影.

数学实验 5 MATLAB 软件应用 2(空间图形的绘制)

实验目的

(1) 利用 MATLAB 软件绘制平面曲线.

（2）利用 MATLAB 软件绘制空间曲面.

（3）利用 MATLAB 软件绘制空间曲线.

实验内容

1. 绘制平面曲线

绘制平面曲线 $y = f(x)$ 的命令是"plot(x，y，'s')"，如果在同一个坐标系中绘制多条平面曲线，命令是"plot(x_1，y_1，'s_1'，x_2，y_2，'s_2'，…)".其中，s 为图形显示属性设置选项，缺省为系统默认.常见选项见表 5-4.

表 5-4

线　　型		颜　　色	
符　　号	含　　义	符　　号	含　　义
-	实　　线	y	黄　色
--	虚　　线	r	大　红
:	点　　线	g	绿　色
-.	点画线	b	蓝　色
		k	黑　色

例 1　绘制曲线 $y = e^x$.

操作　在命令窗口中输入：

$\gg$x = 0:0.05:2;

$\gg$y = exp(x);

$\gg$plot(x, y);

按 Enter 键，显示（图 5-43）：

视频：MATLAB
软件应用 2

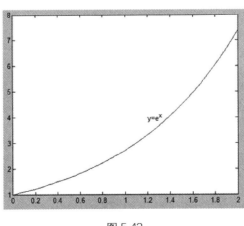

图 5-43

说明　加入图形显示属性设置选项,例如,将命令"plot(x, y)"补充为"plot(x, y, '--r')",则显示曲线为大红色的虚线.

2. 绘制空间曲面

绘制矩形区域 $D=\{(x, y) \mid a<x<b, c<y<d\}$ 上曲面 $z=f(x, y)$ 的命令是"meshgrid()",基本输入格式为

x = [a:k:b];y = [c:k:d]　　% 创建网格点,其中,k 为步长,默认为 1

[x, y] = meshgrid(x, y)　　% 输入命令

Z = f(x, y)　　　　　　　　% 输入曲面方程

surf(x, y, z)　　　　　　% 绘制表面图[若输入 mesh(x, y, z),则绘制网线图]

例 2　绘制空间曲面 $z=-\dfrac{x^2}{4}+\dfrac{y^2}{9}$.

操作　在命令窗口中输入:

$>>$[x, y] = meshgrid(-10:10);　　% 默认步长为 1

$>>$z = -x.^2/4 + y.^2/9;

$>>$surf(x, y, z)

按 Enter 键,显示(图 5-44):

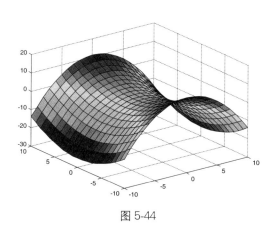

图 5-44

说明　利用 MATLAB 作隐函数的空间曲面,需要通过编写新函数来实现,此处不再阐述.有兴趣的读者请参考相关资料学习.

3. 绘制空间曲线

与绘制平面曲线的命令相类似,绘制空间曲线的基本命令是"plot3(x, y, z, 's')".

例 3　绘制空间曲线 $\begin{cases} x=2\sin t, \\ y=5\cos t, \\ z=4\sin t. \end{cases}$

操作　在命令窗口中输入:

```
>>t = 0:pi/100:20 * pi;
>>x = 2 * sin(t);
>>y = 5 * cos(t);
>>z = 4 * sin(t);
>>plot3(x, y, z)
```

按 Enter 键,显示(图 5-45):

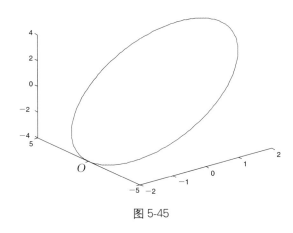

图 5-45

实验作业

1. 绘制平面曲线 $y = \ln x$.

2. 绘制空间曲面 $z = 3x^2 - 2y^2$.

3. 绘制空间曲线 $\begin{cases} x = e^{-t}, \\ y = 2e^{-2t}, \\ z = 3e^{-3t}. \end{cases}$

第 5 章小结

一、基本概念

空间直角坐标系,空间两点间的距离公式;向量的概念及坐标表示,向量的线性运算,向量的数量积、向量积;平面与空间直线的方程;常见的二次曲面及其方程;空间曲线及方程.

二、基础知识

1. 空间直角坐标系

空间直角坐标系是由三个互相垂直的平面相交形成的.

以空间一点 O 为原点,建立三条两两垂直的数轴:x 轴、y 轴、z 轴,这时建立了空间直

角坐标系 $Oxyz$,其中,点 O 叫作坐标原点,三条轴统称为坐标轴,由坐标轴确定的平面叫作坐标面.

空间任一点 M 的坐标为 $M(x,y,z)$.

空间任意两点 $M(x_1,y_1,z_1)$,$N(x_2,y_2,z_2)$ 间的距离为

$$|MN|=\sqrt{(x_2-x_1)^2+(y_2-y_1)^2+(z_2-z_1)^2}.$$

2. 空间向量

向量具有大小和方向.

以原点为起点,点 $M(x,y,z)$ 为终点的任意向量 $\overrightarrow{OM}$,可以用坐标 $\overrightarrow{OM}=(x,y,z)$ 表示. 而以点 $M(x_1,y_1,z_1)$ 为起点,点 $N(x_2,y_2,z_2)$ 为终点的任意向量 $\overrightarrow{MN}$,可以用坐标表示为

$$\overrightarrow{MN}=(x_2-x_1,y_2-y_1,z_2-z_1).$$

设向量 $\boldsymbol{a}=(x_1,y_1,z_1)$,$\boldsymbol{b}=(x_2,y_2,z_2)$,$\lambda\in\mathbf{R}$,则

(1) 向量的线性运算为

$$\boldsymbol{a}\pm\boldsymbol{b}=(x_1\pm x_2,y_1\pm y_2,z_1\pm z_2);$$
$$\lambda\boldsymbol{a}=(\lambda x_1,\lambda y_1,\lambda z_1).$$

(2) 向量的数量积为

$$\boldsymbol{a}\cdot\boldsymbol{b}=x_1x_2+y_1y_2+z_1z_2.$$

(3) 向量的向量积为

$$\boldsymbol{a}\times\boldsymbol{b}=\begin{vmatrix}y_1&z_1\\y_2&z_2\end{vmatrix}\boldsymbol{i}-\begin{vmatrix}x_1&z_1\\x_2&z_2\end{vmatrix}\boldsymbol{j}+\begin{vmatrix}x_1&y_1\\x_2&y_2\end{vmatrix}\boldsymbol{k}.$$

几个重要结论:

(1) 夹角公式:$\cos\langle\boldsymbol{a},\boldsymbol{b}\rangle=\dfrac{\boldsymbol{a}\cdot\boldsymbol{b}}{|\boldsymbol{a}||\boldsymbol{b}|}=\dfrac{x_1x_2+y_1y_2+z_1z_2}{\sqrt{x_1^2+y_1^2+z_1^2}\times\sqrt{x_2^2+y_2^2+z_2^2}}$;

(2) 垂直的充要条件:$\boldsymbol{a}\perp\boldsymbol{b}\Leftrightarrow\boldsymbol{a}\cdot\boldsymbol{b}=0\Leftrightarrow x_1x_2+y_1y_2+z_1z_2=0$;

(3) 平行的充要条件:$\boldsymbol{a}\,/\!/\,\boldsymbol{b}\Leftrightarrow\boldsymbol{a}=\lambda\boldsymbol{b}\Leftrightarrow\dfrac{x_1}{x_2}=\dfrac{y_1}{y_2}=\dfrac{z_1}{z_2}$ 或 $\boldsymbol{a}\,/\!/\,\boldsymbol{b}\Leftrightarrow\boldsymbol{a}\times\boldsymbol{b}=\boldsymbol{0}$;

(4) 向量积的模 $|\boldsymbol{a}\times\boldsymbol{b}|$,其几何意义是以 $\boldsymbol{a}$,$\boldsymbol{b}$ 为邻边的平行四边形的面积,即

$$S_{\square}=|\boldsymbol{a}\times\boldsymbol{b}|.$$

3. 平面及其方程

(1) 过点 $M_0(x_0,y_0,z_0)$,法向量为 $\boldsymbol{n}=(A,B,C)$ 的平面方程为

$$A(x - x_0) + B(y - y_0) + C(z - z_0) = 0.$$

此方程称为平面的点法式方程.

（2）平面的一般式方程为

$$Ax + By + Cz + D = 0 (A, B, C \text{ 不全为 } 0).$$

特殊平面可参考口诀："缺谁平行于谁."

（3）当平面 π 与三个坐标轴分别相交于 $(a, 0, 0)$，$(0, b, 0)$ 和 $(0, 0, c)$ 时，其平面方程为

$$\frac{x}{a} + \frac{y}{b} + \frac{z}{c} = 1.$$

此方程称为平面的截距式方程.

4. 空间直线及其方程

（1）过点 $M_0(x_0, y_0, z_0)$，方向向量为 $\boldsymbol{s} = (m, n, p)$ 的直线方程为

$$\frac{x - x_0}{m} = \frac{y - y_0}{n} = \frac{z - z_0}{p}.$$

此方程称为直线的点向式方程.

（2）过点 $M_0(x_0, y_0, z_0)$，方向向量为 $\boldsymbol{s} = (m, n, p)$ 的直线的参数方程为

$$\begin{cases} x = x_0 + mt, \\ y = y_0 + nt, \ (t \text{ 为参数}). \\ z = z_0 + pt \end{cases}$$

（3）直线的一般式方程为

$$\begin{cases} A_1 x + B_1 y + C_1 z + D = 0, \\ A_2 x + B_2 y + C_2 z + D = 0. \end{cases}$$

事实上，直线的一般式方程就是两个平面的交线，即两个平面方程的联立方程组.该直线的一个方向向量为

$$\boldsymbol{s} = \boldsymbol{n}_1 \times \boldsymbol{n}_2.$$

其中，$\boldsymbol{n}_1$，$\boldsymbol{n}_2$ 分别为两个平面的法向量.

5. 常见的二次曲面

（1）以 $P(x_0, y_0, z_0)$ 为球心，R 为半径的球面方程为

$$(x - x_0)^2 + (y - y_0)^2 + (z - z_0)^2 = R^2.$$

（2）以原点为中心，坐标轴为对称轴的椭球面方程为

$$\frac{x^2}{a^2}+\frac{y^2}{b^2}+\frac{z^2}{c^2}=1.$$

(3) 母线平行于坐标轴的柱面(以母线平行于 z 轴的柱面为例).

① 准线为 $\begin{cases}(x-h)^2+(y-k)^2=R^2, \\ z=0,\end{cases}$ 母线平行于 z 轴的圆柱面方程为

$$(x-h)^2+(y-k)^2=R^2;$$

② 准线为 $\begin{cases}\dfrac{x^2}{a^2}+\dfrac{y^2}{b^2}=1, \\ z=0,\end{cases}$ 母线平行于 z 轴的椭圆柱面方程为

$$\frac{x^2}{a^2}+\frac{y^2}{b^2}=1;$$

③ 准线为 $\begin{cases}\dfrac{y^2}{a^2}-\dfrac{x^2}{b^2}=1, \\ z=0,\end{cases}$ 母线平行于 z 轴的双曲柱面方程为

$$\frac{y^2}{a^2}-\frac{x^2}{b^2}=1;$$

④ 准线为 $\begin{cases}x^2=2py, \\ z=0,\end{cases}$ 母线平行于 z 轴的抛物柱面方程为

$$x^2=2py.$$

(4) 坐标平面内的曲线绕坐标轴旋转所得旋转曲面.

① 曲线 $\begin{cases}f(x,y)=0, \\ z=0\end{cases}$ 绕 x 轴旋转一周所得旋转曲面方程为

$$f(x,\pm\sqrt{y^2+z^2})=0;$$

而绕 y 轴旋转一周所得旋转曲面方程为

$$f(\pm\sqrt{x^2+z^2},y)=0.$$

一般地,坐标平面内的曲线绕哪个轴旋转,曲线方程中对应的变量保持不变,而另一个变量用其余两个变量的平方和的平方根代换,即得该旋转曲面的方程.

② 曲线 $\begin{cases}f(y,z)=0, \\ x=0\end{cases}$ 绕 z 轴旋转一周所得旋转曲面方程为

$$f(\pm\sqrt{x^2+y^2},z)=0;$$

而绕 y 轴旋转一周所得旋转曲面方程为

$$f(y, \pm\sqrt{x^2+z^2})=0.$$

常见的旋转曲面有：球面、圆柱面、圆锥面、旋转椭球面、旋转抛物面、单叶旋转双曲面、双叶旋转双曲面等.

6. 空间曲线

（1）空间曲线的一般方程为

$$\begin{cases} F_1(x, y, z)=0, \\ F_2(x, y, z)=0. \end{cases}$$

事实上，空间曲线的一般方程就是两个空间曲面的交线，即空间曲线的一般方程就是两个空间曲面方程的联立方程组.如果其中一个曲面是平面，则这条空间曲线即为该平面内的一条曲线.

（2）空间曲线的参数方程为

$$\begin{cases} x=x(t), \\ y=y(t), \quad (t \text{ 为参数}). \\ z=z(t) \end{cases}$$

参数方程与一般方程一般情况下是可以互换的.

三、核心能力

（1）已知坐标根据公式、结论完成向量运算；

（2）会求空间直线的方程及平面的方程；

（3）根据方程想象二次曲面的空间图形，并利用 MATLAB 软件绘制其空间图形.

阅 读材料

空间向量的认知过程

"向量"一词来自力学及解析几何中的有向线段，又称为矢量，最初被应用于物理学.很多物理量如力、速度、位移以及电场强度、磁感应强度等都是向量.教材中讨论的向量是一种带几何性质的量.

大约在公元前 350 年，古希腊著名学者亚里士多德就知道了力可以表示成向量，两个力的组合作用可用著名的平行四边形法则来得到.最先使用有向线段表示向量的是英国大科学家牛顿.

18 世纪末期，挪威测量学家威塞尔首次利用坐标平面上的点来表示复数 $a+bi$，并利用具有几何意义的复数运算来定义向量的运算，把坐标平面上的点用向量表示出来，并把向量的几何表示用于研究几何问题与三角问题.人们逐步接受了复数，也学会了利用复数来表示和研究平面中的向量,后来爱尔兰数学家哈密顿澄清了复数的概念,将复数处理成有序实数对(a,b),从此有了平面向量的坐标表示.

由于空间的几个力作用于一个物体时,这些力不一定在一个平面上,因此数学家开始试图用类似平面向量的方法研究空间问题,提出三元数组(a,b,c),它具有实数和复数的所有性质.哈密顿建立了三元数组加法和乘法的可能性质的列表,经过多次失败,转而关注二维中乘法的几何性质,指出这个乘法基于两个向量长度的比率和它们形成的角.1843 年 10 月 16 日,哈密顿与妻子在都柏林的皇家运河边散步,突然灵光一现,记下了形如 $a+bi+cj+dk$ 的数,且写到(图 5-46):

$$i^2=j^2=k^2=ijk=-1;$$
$$ij=-ji=k;\ jk=-kj=i;\ ki=-ik=j.$$

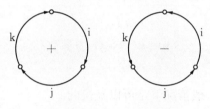

图 5-46

就这样,有四个分量的"四元数(a,b,c,d)"的概念产生了,这是第一个不满足乘法交换律的数系.哈密顿兴奋不已.

如今,人们在布鲁厄姆桥上树立了一块小纪念碑,上面刻着:

"1834 年 10 月 16 日,威廉·罗恩·哈密顿爵士走过这里时,灵光一现,发现了四元数的乘法基本公式:$i^2=j^2=k^2=ijk=-1$,并将其刻在这座桥的一块石头上."

之后,哈密顿继续研究,将四元数分为数量部分和向量部分,写作 $Q=S\cdot Q+V\cdot Q$.

英国数学物理学家泰特是哈密顿的四元数的主要支持者,继承和发扬了四元数理论,于 1867 年完成著作《论四元数基础理论》.

1873 年,英国的物理学家、数学家麦克斯韦在其著作《电磁通论》中,同时使用了笛卡儿和四元数两种形式,引发了人们对四元数的讨论.1878 年,麦克斯韦在给泰特的一封信中提到:现在使用两种语言处理时,令人感到麻烦的是,至少发现 AB 的平方在笛卡儿系统中总是正的,而在四元数中总是负的……当讨论动能时,必须插入一个"-"号……

18 世纪 80 年代,美国耶鲁大学数学物理学家吉布斯和英国数学物理学家亥维赛从研究四元数中,成功地创造出三维向量代数和向量分析.此后,经过多名学者的研究和推广,将向量方法引入到数学分析和几何中,成为了数学研究的一个重要工具.

6

第 6 章
二元函数微积分

设计一个容积为 32 m³ 的长方体的无盖水箱(图 6-1),怎样做才能使得所用材料最省?

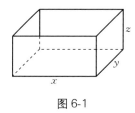

图 6-1

设长方体的长为 x m、宽为 y m,则高为 $\dfrac{32}{xy}$ m,所用材料的面积(单位:m²)为

$$S = xy + \frac{64}{x} + \frac{64}{y}.$$

这个函数与以前所学的函数不同,它含有两个自变量,是二元函数.上面的问题就是求二元函数的最小值.

本章将在一元函数微积分的基础上,学习二元函数、二元函数的微积分及其应用.这些内容是学习专业课程的基础,在生活、生产中有着广泛的应用.

6.1 二元函数及其偏导数

6.1.1 二元函数

1. 二元函数的概念

知识回顾

在某个变化过程中,有两个变量 x 和 y,设 D 是实数集的某个子集,如果对于任意 $x \in D$,按照某个确定的法则 f,存在唯一的 y 与之对应,则称 f 是定义在数集 D 上的一个**函数**,记作 $y = f(x)$.其中,x 叫作**自变量**,y 叫作**因变量**,实数集 D 叫作这个函数的**定义域**.

新知识

设 D 是平面上的一个非空点集,如果对于 D 内的任意点 $P(x, y)$,按照某个法则 f,有唯一确定的实数 z 与之对应,则称 z 是 x,y 的**二元函数**,记作

$$z = f(x, y) \left[\text{或 } z = f(P)\right].$$

x,y 为**自变量**,z 为**因变量**,点集 D 叫作函数的**定义域**.

例如,函数 $z = \sqrt{x} + \sqrt{y} + 2$ 的定义域为 $D = \{(x, y) \mid x \geqslant 0, y \geqslant 0\}$.

设点 $P_0(x_0, y_0)$ 是平面上一点,δ 是某一正数,点集 $\{(x, y) \mid (x - x_0)^2 + (y - y_0)^2 < \delta^2\}$ 称为**点 P_0 的 δ 邻域**,记作 $U(P_0, \delta)$,即

$$U(P_0, \delta) = \{(x, y) \mid (x - x_0)^2 + (y - y_0)^2 < \delta^2\}.$$

其中,$P_0(x_0, y_0)$ 称为**邻域中心**,δ 称为**邻域半径**.不特别强调邻域的半径 δ 时,可以将 $U(P_0, \delta)$ 简记作 $U(P_0)$.不包含邻域中心 P_0 的邻域叫作去心邻域,记作 $\mathring{U}(P_0, \delta)$.

在几何上,邻域 $U(P_0, \delta)(\delta > 0)$ 就是平面上以点 $P_0(x_0, y_0)$ 为圆心、δ 为半径的圆的内部.

由平面上的一条曲线或几条曲线所围成的部分(平面点集)称为平面**区域**,常用大写字母 D 表示.围成区域的曲线叫作区域的**边界**.包含边界的区域称为**闭区域**,不包含边界的区域称为**开区域**.

二元函数的定义域是平面区域.

例如,$D_1 = \{(x, y) \mid x^2 + y^2 \leqslant 4\}$ 是闭区域,如图 6-2(1)所示,$D_2 = \{(x, y) \mid x^2 + y^2 < 4\}$ 是开区域,如图 6-2(2)所示.

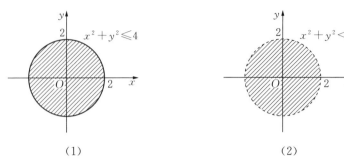

图 6-2

知识巩固

例 1 求二元函数 $z = \dfrac{1}{\sqrt{x+y}}$ 的定义域.

解 要使函数有意义,需 $x + y > 0$. 因此,函数的定义域为

$$\{(x,y) \mid x + y > 0\}.$$

用图形表示为直线 $x + y = 0$ 上方的半平面(图 6-3).

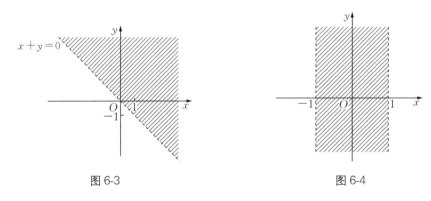

图 6-3   图 6-4

例 2 求二元函数 $z = \dfrac{1}{\sqrt{1-x^2}} + y$ 的定义域.

解 要使函数有意义需 $1 - x^2 > 0$,即 $-1 < x < 1$,由于自变量 y 没有任何约束条件,即 $y \in \mathbf{R}$. 故二元函数的定义域为

$$\{(x,y) \mid -1 < x < 1, y \in \mathbf{R}\}.$$

用图形表示为直线 $x = \pm 1$ 之间的区域(图 6-4).

新知识

与一元函数类似,$P(x,y)$ 取定义域 D 中的点 $P_0(x_0, y_0)$ 时,对应的数值 z_0 叫作函数 $z = f(x,y)$ 在点 $P_0(x_0, y_0)$ 处的**函数值**,记作

$$z \Big|_{\substack{x = x_0 \\ y = y_0}}, \ z \Big|_{(x_0,\, y_0)}, \ f(x_0,\, y_0) \text{ 或 } f(P_0).$$

集合 $\{z \mid z = f(x,\, y),\, (x,\, y) \in D\}$ 叫作函数的**值域**.

知识巩固

例 3　设 $f(x,\, y) = \dfrac{x^2 + y^2}{2x^2 y}$，求 $f(1,\, 1)$，$f(a,\, b)$.

解

$$f(1,\, 1) = \frac{1^2 + 1^2}{2 \times 1^2 \times 1} = 1,$$

$$f(a,\, b) = \frac{a^2 + b^2}{2a^2 b}.$$

自测:测一测 8

新知识

二元函数 $z = f(x,\, y)$ 的几何意义是一张空间曲面,其定义域是曲面在 xOy 坐标面上的投影.例如,二元函数 $z = x^2 + y^2$ 表示旋转抛物面;二元函数 $z = \sqrt{1 - x^2 - y^2}$ 表示上半球面.

软件链接

利用 MATLAB 软件可以方便地绘制二元函数的图像.

例如,绘制上半球面 $z = \sqrt{1 - x^2 - y^2}$ 的操作如下:

在命令窗口中输入:

```
>>[x, y] = meshgrid(-1:0.01:1);
>>z = sqrt(1-x.^2-y.^2);
>>mesh(x, y, z)
```

按 Enter 键,显示(图 6-5):

视频:二元函数
图像绘制

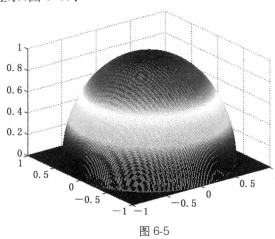

图 6-5

2. 二元函数的极限与连续

知识回顾

一元函数中,由基本初等函数经过有限次的四则运算和有限次的复合所构成,并且只能用一个式子来表示的函数叫作**初等函数**.

设 $f(x)$ 在点 x_0 邻域有定义(在点 x_0 可以没有定义),如果当 $x \to x_0$ 时,$f(x)$ 的值无限趋近于确定的常数 A,则把常数 A 叫作函数 $f(x)$ 当 $x \to x_0$ 时的**极限**,记作

$$\lim_{x \to x_0} f(x) = A \text{ 或 } f(x) \to A(x \to x_0).$$

设函数 $y = f(x)$ 在 x_0 及其邻域有定义,且 $\lim_{x \to x_0} f(x) = f(x_0)$,则函数 $y = f(x)$ 在点 x_0 处**连续**,点 x_0 叫作函数 $y = f(x)$ 的**连续点**.初等函数在其定义区间内都是连续函数,且

$$\lim_{x \to x_0} f(x) = f(x_0).$$

探究

图片:图6-6彩图

作出二元函数 $z = x^2 + y^2$ 的图像,当 xOy 坐标面的点 (x, y) 沿着不同的路径无限趋近于原点 $(0, 0)$ 时,观察二元函数值 z 变化趋势,发现是无限趋近于 0 的(图 6-6).

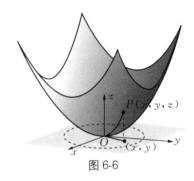

图 6-6

新知识

设函数 $z = f(x, y)$ 在点 $P_0(x_0, y_0)$ 的某邻域内有定义(在点 P_0 可以没有定义),$P(x, y)$ 为该邻域内任意一点,若当点 P 沿任意路径趋近于点 P_0 时,$f(x, y)$ 的值无限趋近于一个确定的常数 A,则常数 A 叫作函数 $f(x, y)$ 当 $P(x, y) \to P_0(x_0, y_0)$ 时的**极限**,记作

$$\lim_{\substack{x \to x_0 \\ y \to y_0}} f(x, y) = A \text{ 或 } \lim_{P \to P_0} f(x, y) = A.$$

也可记作

$$\lim_{(x, y) \to (x_0, y_0)} f(x, y) = A \text{ 或当 } (x, y) \to (x_0, y_0) \text{ 时},f(x, y) \to A.$$

一元函数的极限中,$x \to x_0$ 的途径只能是在数轴上.而二元函数的极限中,$P(x, y) \to P_0(x_0, y_0)$ 的途径是沿着平面中的任意路径,因此情况要复杂得多.

设函数 $z = f(x, y)$ 在点 $P_0(x_0, y_0)$ 的某邻域内有定义,若 $\lim_{\substack{x \to x_0 \\ y \to y_0}} f(x, y) = f(x_0, y_0)$,则称函数 $z = f(x, y)$ 在点 $P_0(x_0, y_0)$ 处**连续**,而点 P_0 叫作函数 $z = f(x, y)$ 的**连续点**.否则称函数 $z = f(x, y)$ 在点 $P_0(x_0, y_0)$ 处**不连续**或**间断**,称点 P_0 为 $z = f(x, y)$

的**不连续点**或**间断点**.

如果函数 $z = f(x, y)$ 在平面区域 D 内每一点都连续,则称 $z = f(x, y)$ 在**区域 D 内连续**.

与一元函数相类似,由常数及两个不同的自变量的二元基本初等函数经过有限次的四则运算和有限次复合所构成,并且只能用一个式子来表示的函数叫作**二元初等函数**.

二元初等函数在其定义域内都是连续函数.因此,对定义域中的任意点 $P_0(x_0, y_0)$ 有

$$\lim_{\substack{x \to x_0 \\ y \to y_0}} f(x, y) = f(x_0, y_0).$$

知识巩固

例 4　计算极限:$\displaystyle\lim_{\substack{x \to 1 \\ y \to 2}} \frac{2x + y}{xy - 3xy^2}$.

解　二元函数 $f(x, y) = \dfrac{2x + y}{xy - 3xy^2}$ 是初等函数,所以

$$\lim_{\substack{x \to 1 \\ y \to 2}} \frac{2x + y}{xy - 3xy^2} = \frac{2 \times 1 + 2}{1 \times 2 - 3 \times 1 \times 2^2} = \frac{4}{-10} = -\frac{2}{5}.$$

练习 6.1.1

1. 设 $f(x, y) = x^2 + 2y$,求 $f(-2, 1)$,$f(x + 2y, 3x)$.

2. 已知 $f(x + y, x - y) = x^2 - y^2$,求 $f(x, y)$.

3. 求下列函数的定义域.

   (1) $z = \sqrt{x^2 + y^2 - 4} + xy$;　　(2) $z = \sqrt{2x - y - 1}$.

4. 计算下列极限.

   (1) $\displaystyle\lim_{\substack{x \to 1 \\ y \to -1}} \frac{x^4 y^3}{x^2 + y^4}$;　　(2) $\displaystyle\lim_{\substack{x \to 0 \\ y \to 0}} \frac{\cos xy}{x^2 + y^2 - 3}$.

6.1.2　二元函数的偏导数

1. 偏导数的概念

知识回顾

函数 $y = f(x)$ 在点 x_0 处的导数为

$$y'|_{x=x_0} = f'(x_0) = \lim_{\Delta x \to 0} \frac{\Delta y}{\Delta x} = \lim_{\Delta x \to 0} \frac{f(x_0 + \Delta x) - f(x_0)}{\Delta x}.$$

导数 $f'(x_0)$ 的几何意义是曲线 $y=f(x)$ 在点 x_0 处切线的斜率.

若函数 $y=f(x)$ 在区间 (a, b) 内每一点都可导,则 $y=f(x)$ 的导函数(简称导数)为

$$y' = f'(x) = \lim_{\Delta x \to 0} \frac{\Delta y}{\Delta x} = \lim_{\Delta x \to 0} \frac{f(x + \Delta x) - f(x)}{\Delta x}.$$

显然,函数 $y=f(x)$ 在点 x_0 处的导数 $f'(x_0)$ 就是导函数 $f'(x)$ 在点 x_0 处的函数值,即

$$f'(x_0) = f'(x)|_{x=x_0}.$$

新知识

设函数 $z=f(x, y)$ 在点 (x_0, y_0) 的某邻域内有定义,若极限

$$\lim_{\Delta x \to 0} \frac{f(x_0 + \Delta x, y_0) - f(x_0, y_0)}{\Delta x}$$

存在,则称此极限值为 $z=f(x, y)$ **在点** (x_0, y_0) **处对** x **的偏导数**,记作

$$\frac{\partial z}{\partial x}\bigg|_{\substack{x=x_0 \\ y=y_0}}, \ \frac{\partial f}{\partial x}\bigg|_{\substack{x=x_0 \\ y=y_0}}, \ z_x'(x_0, y_0) \ \text{或} \ f_x'(x_0, y_0),$$

即

$$f_x'(x_0, y_0) = \lim_{\Delta x \to 0} \frac{f(x_0 + \Delta x, y_0) - f(x_0, y_0)}{\Delta x}.$$

类似地,函数 $z=f(x, y)$ 在点 (x_0, y_0) 处对 y 的偏导数记作

$$\frac{\partial z}{\partial y}\bigg|_{\substack{x=x_0 \\ y=y_0}}, \ \frac{\partial f}{\partial y}\bigg|_{\substack{x=x_0 \\ y=y_0}}, \ z_y'(x_0, y_0) \ \text{或} \ f_y'(x_0, y_0),$$

即

$$f_y'(x_0, y_0) = \lim_{\Delta y \to 0} \frac{f(x_0, y_0 + \Delta y) - f(x_0, y_0)}{\Delta y}.$$

偏导数的几何意义如图 6-7 所示.二元函数 $z=f(x, y)$ 的图像是空间中一个曲面 S,该曲面被平面 $y=y_0$ 所截,得到一条曲线,其在平面 $y=y_0$ 上的方程为 $z=f(x, y_0)$.偏导数 $f_x'(x_0, y_0)$ 就是这曲线在点 $M_0(x_0, y_0, f(x_0, y_0))$ 处的切线 M_0T_x 的斜率.同样,偏导数 $f_y'(x_0, y_0)$ 的几何意义是:曲面被平面 $x=x_0$ 所截得的曲线在点 $M_0(x_0, y_0, f(x_0, y_0))$ 处的切线 M_0T_y 的斜率.

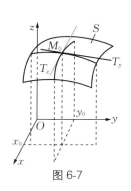

图 6-7

如果函数 $z = f(x, y)$ 在区域 D 内每一点 (x, y) 处对 x 的偏导数都存在,那么这个偏导数就是 x, y 的函数,叫作**函数 $z = f(x, y)$ 对自变量 x 的偏导函数**,简称**偏导数**,记作

$$\frac{\partial z}{\partial x}, \frac{\partial f}{\partial x}, z_x' \text{ 或 } f_x'(x, y),$$

即

$$f_x'(x, y) = \lim_{\Delta x \to 0} \frac{f(x + \Delta x, y) - f(x, y)}{\Delta x}.$$

类似地,**函数 $z = f(x, y)$ 对自变量 y 的偏导函数**,记作

$$\frac{\partial z}{\partial y}, \frac{\partial f}{\partial y}, z_y' \text{ 或 } f_y'(x, y),$$

即

$$f_y'(x, y) = \lim_{\Delta y \to 0} \frac{f(x, y + \Delta y) - f(x, y)}{\Delta y}.$$

由偏导数及偏导函数的概念可知,函数 $z = f(x, y)$ 在点 (x_0, y_0) 处的两个偏导数 $f_x'(x_0, y_0)$ 和 $f_y'(x_0, y_0)$ 就是偏导函数 $f_x'(x, y)$ 和 $f_y'(x, y)$ 分别在点 (x_0, y_0) 处的函数值.

知识巩固

例 5　求 $z = x^y$ 的偏导数.

解　把 y 看作常数,得

$$\frac{\partial z}{\partial x} = y \cdot x^{y-1}.$$

把 x 看作常数,得

$$\frac{\partial z}{\partial y} = x^y \ln x.$$

例 6　求 $z = x^2 + 3xy + y^2$ 在点 $(1, 2)$ 处的偏导数.

解

$$\frac{\partial z}{\partial x} = 2x + 3y, \frac{\partial z}{\partial y} = 3x + 2y.$$

将 $(1, 2)$ 代入,得

$$\frac{\partial z}{\partial x}\bigg|_{\substack{x=1\\y=2}}=2\times1+3\times2=8,\ \frac{\partial z}{\partial y}\bigg|_{\substack{x=1\\y=2}}=3\times1+2\times2=7.$$

软件链接

利用 MATLAB 可以方便地求出二元函数的偏导数,详见数学实验 6.

2. 二元函数的二阶偏导数

新知识

若二元函数 $z=f(x,y)$ 在区域 D 内的两个偏导数 $f_x'(x,y)$ 和 $f_y'(x,y)$ 都存在,则 $f_x'(x,y)$, $f_y'(x,y)$ 仍然是 x,y 的函数,若它们的偏导数仍然存在,那么这种偏导数的偏导数,叫作 $z=f(x,y)$ 的**二阶偏导数**.

按照对变量求导次序的不同,函数 $z=f(x,y)$ 的二阶偏导数有四个:

$$\frac{\partial}{\partial x}\left(\frac{\partial z}{\partial x}\right)=\frac{\partial^2 z}{\partial x^2}=f_{xx}''(x,y)=z_{xx}'',\ \frac{\partial}{\partial y}\left(\frac{\partial z}{\partial x}\right)=\frac{\partial^2 z}{\partial x\partial y}=f_{xy}''(x,y)=z_{xy}'',$$

$$\frac{\partial}{\partial x}\left(\frac{\partial z}{\partial y}\right)=\frac{\partial^2 z}{\partial y\partial x}=f_{yx}''(x,y)=z_{yx}'',\ \frac{\partial}{\partial y}\left(\frac{\partial z}{\partial y}\right)=\frac{\partial^2 z}{\partial y^2}=f_{yy}''(x,y)=z_{yy}''.$$

其中,$f_{xy}''(x,y)$ 和 $f_{yx}''(x,y)$ 叫作混合偏导数.

知识巩固

例 7　设 $z=x^3y+2xy^2-3y^3$,求其二阶偏导数.

解

$$\frac{\partial z}{\partial x}=3x^2y+2y^2,\ \frac{\partial z}{\partial y}=x^3+4xy-9y^2;$$

$$\frac{\partial^2 z}{\partial x^2}=6xy,\ \frac{\partial^2 z}{\partial x\partial y}=3x^2+4y,\ \frac{\partial^2 z}{\partial y\partial x}=3x^2+4y,\ \frac{\partial^2 z}{\partial y^2}=4x-18y.$$

例 8　求 $f(x,y)=e^{xy}$ 的二阶偏导数.

解

$$f_x'(x,y)=ye^{xy},\ f_y'(x,y)=xe^{xy};$$

$$f_{xx}''(x,y)=y^2e^{xy},\ f_{xy}''(x,y)=e^{xy}+xye^{xy}=(1+xy)e^{xy},$$

$$f_{yx}''(x,y)=e^{xy}+xye^{xy}=(1+xy)e^{xy},\ f_{yy}''(x,y)=x^2e^{xy}.$$

新知识

在例 7 和例 8 中,$f_{xy}''(x,y)$ 与 $f_{yx}''(x,y)$ 都是相等的.

一般地,如果函数 $z = f(x, y)$ 的两个二阶混合偏导数 $\dfrac{\partial^2 z}{\partial x \partial y}$ 和 $\dfrac{\partial^2 z}{\partial y \partial x}$ 在区域 D 内连续,那么,在该区域内这两个混合偏导数必相等,即

$$\frac{\partial^2 z}{\partial x \partial y} = \frac{\partial^2 z}{\partial y \partial x}.$$

我们主要研究二元初等函数,因此两个二阶偏导数一般总是相等的.

软件链接

利用 MATLAB 可以方便地计算出函数的二阶偏导数,详见数学实验 6.

练习 6.1.2

1. 设 $f(x, y) = \sqrt{x^2 + y^2}$,求 $f'_x(3, -4)$, $f'_y(-4, 3)$.

2. 计算下列函数的偏导数.

　(1) $z = x^2 y + y^2$;　　　　　　　　(2) $z = x^3 y - x y^3 + 1$;

　(3) $z = \dfrac{x - y}{x + y}$;　　　　　　　　(4) $u = x + \sin \dfrac{y}{2} + \mathrm{e}^{yz}$.

3. 计算下列函数的二阶偏导数.

　(1) $z = xy + 3y^3 - 6$;　　　　　　　(2) $z = x^3 y^2 - 3x y^3 - xy + 1$.

6.1.3　二元函数的全微分

知识回顾

函数 $y = f(x)$ 的自变量在点 x_0 处有增量 Δx ,则函数的增量可表示为

$$\Delta y = f(x_0 + \Delta x) - f(x_0).$$

设函数 $y = f(x)$ 在点 x_0 处可导,则函数 $y = f(x)$ 在点 x_0 处可微,函数 $y = f(x)$ 在点 x_0 处的微分记作 $\mathrm{d}y|_{x = x_0}$,即

$$\mathrm{d}y|_{x = x_0} = f'(x_0) \Delta x.$$

通常把自变量 x 的增量 Δx 称为自变量的微分,记作 $\mathrm{d}x$,即 $\mathrm{d}x = \Delta x$,则在任意点 x 处,函数 $y = f(x)$ 的微分可记作

$$\mathrm{d}y = f'(x) \mathrm{d}x.$$

探究

设有一块矩形的金属薄板,长为 x,宽为 y.金属薄板受热膨胀,长增加 Δx,宽增加 Δy,计算金属薄板的面积增加了多少.

记金属薄板的面积为 S,则

$$S = xy.$$

由于金属薄板的长、宽分别增加 Δx 和 Δy,故面积 S 的增量为

$$\Delta S = (x + \Delta x)(y + \Delta y) - xy = y\Delta x + x\Delta y + \Delta x \cdot \Delta y.$$

观察图 6-8 并分析 ΔS 的表达式,第一部分 $y\Delta x + x\Delta y$ 是 Δx,Δy 的线性函数,其系数分别是 S 对 x,y 的偏导数,即

$$y\Delta x + x\Delta y = \frac{\partial S}{\partial x}\Delta x + \frac{\partial S}{\partial y}\Delta y.$$

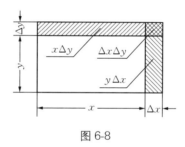

图 6-8

第二部分 $\Delta x \cdot \Delta y$ 是 Δx 或 Δy 的高阶无穷小,也是 $\rho = \sqrt{(\Delta x)^2 + (\Delta y)^2}$ 的高阶无穷小.因此可以表示为

$$\Delta x \cdot \Delta y = o(\rho) \quad (\text{当 } \Delta x \to 0,\ \Delta y \to 0 \text{ 时}).$$

因此,金属薄板面积的增量可以表示为

$$\Delta S = \frac{\partial S}{\partial x}\Delta x + \frac{\partial S}{\partial y}\Delta y + o(\rho).$$

上式右边第一部分称为 ΔS 的线性主部,第二部分是 ρ 的高阶无穷小,用线性主部去代替 ΔS 时,计算比较简单,而且产生的误差是关于 ρ 的高阶无穷小.

新知识

对函数 $z = f(x, y)$,如果两个自变量 x,y 有增量 Δx,Δy,那么函数取得相应增量 $f(x + \Delta x, y + \Delta y) - f(x, y)$,我们称它为函数 $z = f(x, y)$ 在点 (x, y) 处的**全增量**,记作 Δz,即

$$\Delta z = f(x + \Delta x, y + \Delta y) - f(x, y).$$

设函数 $z = f(x, y)$ 在点 $P(x, y)$ 的某个邻域内有定义,且 $\dfrac{\partial z}{\partial x}$,$\dfrac{\partial z}{\partial y}$ 存在,二元函数 $z = f(x, y)$ 在点 $P(x, y)$ 处的全增量 Δz 可以表示为

$$\Delta z = \frac{\partial z}{\partial x} \Delta x + \frac{\partial z}{\partial y} \Delta y + o(\rho),$$

其中,$\rho = \sqrt{(\Delta x)^2 + (\Delta y)^2}$,则称 $\dfrac{\partial z}{\partial x} \Delta x + \dfrac{\partial z}{\partial y} \Delta y$ 为函数 $z = f(x, y)$ 在点 (x, y) 处的**全微分**,记作 $\mathrm{d}z$,即

$$\mathrm{d}z = \frac{\partial z}{\partial x} \Delta x + \frac{\partial z}{\partial y} \Delta y.$$

此时也称函数 $z = f(x, y)$ **在点 $P(x, y)$ 处可微**.

如果函数 $z = f(x, y)$ 在区域 D 内处处可微,则称函数 $z = f(x, y)$ **在区域 D 内可微**.

因为自变量的增量等于自变量的微分,即 $\Delta x = \mathrm{d}x$,$\Delta y = \mathrm{d}y$,所以,全微分通常记为

$$\mathrm{d}z = \frac{\partial z}{\partial x} \mathrm{d}x + \frac{\partial z}{\partial y} \mathrm{d}y.$$

知识巩固

例 9　求函数 $z = \sin x + \dfrac{x}{y}$ 的全微分.

解　因为

$$\frac{\partial z}{\partial x} = \cos x + \frac{1}{y}, \quad \frac{\partial z}{\partial y} = -\frac{x}{y^2},$$

所以全微分为

$$\mathrm{d}z = \left(\cos x + \frac{1}{y} \right) \mathrm{d}x - \frac{x}{y^2} \mathrm{d}y.$$

例 10　求函数 $f(x, y) = x^2 + y$ 当 $\Delta x = 0.1$,$\Delta y = -0.1$ 时,在点 $(1, 1)$ 处的全增量和全微分.

解　在点 $(1, 1)$ 处的全增量为

$$\begin{aligned}
\Delta z &= f(1 + 0.1, 1 - 0.1) - f(1, 1) \\
&= (1.1^2 + 0.9) - (1 + 1) = 1.21 + 0.9 - 2 = 0.11.
\end{aligned}$$

因为　　　　　　　　　　$f'_x(x, y) = 2x, \quad f'_y(x, y) = 1,$

所以 $\qquad f_x'(1,1)=2x\Big|_{\substack{x=1\\y=1}}=2, \quad f_y'(1,1)=1\Big|_{\substack{x=1\\y=1}}=1.$

在点(1,1)处的全微分为

$$dz=2\times0.1-1\times0.1=0.1.$$

练习 6.1.3

1. 已知函数 $z=3x^2+2y$，求：

   (1) 函数微分 dz；

   (2) 在点(1,-3)的微分 $dz\Big|_{\substack{x=1\\y=-3}}$；

   (3) 在点(1,-3)，当 $\Delta x=0.01$，$\Delta y=0.02$ 时的微分 $dz\Big|_{\substack{\Delta x=0.01\\\Delta y=0.02}}$.

2. 求下列函数的全微分.

   (1) $z=\dfrac{x}{y}+\dfrac{y}{x}$；　　　(2) $z=x^2\sin y$；　　　(3) $z=e^{3x}\cos 2y$.

3. 一圆柱形的无盖铜质容器，壁的厚度为 0.01 cm，底的厚度均为 0.02 cm，内高为 20 cm，内半径为 4 cm，求容器质量的近似值(铜的密度为 8.9 g/cm³).

6.1.4　二元函数的极值

知识回顾

设函数 $y=f(x)$ 在区间(a,b)内有定义，如果在 x_0 的某邻域内有 $f(x)<f(x_0)$［或 $f(x)>f(x_0)$］成立，则称 $f(x_0)$ 为函数 $f(x)$ 的一个极大值(或极小值)，点 x_0 称为函数 $f(x)$ 的一个极大值点(或极小值点).

函数的极大值和极小值统称为函数的极值，极大值点和极小值点统称为极值点.

可导函数的极值点一定是驻点，但驻点不一定是极值点.

导数不存在的点也可能是极值点.

探究

观察二元函数 $f(x,y)=x^2+3y^2+2$ 的图像，点(0,0,2)是开口向上的椭圆抛物面的顶点(图 6-9).函数的定义域为 xOy 坐标面内的平面点集.在 xOy 坐标面内，点(0,0)对应的函数值为 2，点(0,0)任一邻域内异于(0,0)的点，其函数值都大于 2.所以，点

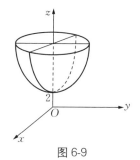

图 6-9

$(0，0)$ 的函数值比其周围近旁点的函数值都小，是函数的极小值.

新知识

一般地，设函数 $z=f(x，y)$ 在点 $(x_0，y_0)$ 的某个邻域内有定义，对于该邻域内异于 $(x_0，y_0)$ 的点 $(x，y)$ 如果都满足不等式 $f(x，y)<f(x_0，y_0)$，则称函数在点 $(x_0，y_0)$ 有**极大值** $f(x_0，y_0)$；如果都满足不等式 $f(x，y)>f(x_0，y_0)$，则称函数在点 $(x_0，y_0)$ 有**极小值** $f(x_0，y_0)$.极大值和极小值统称为**极值**.使函数取得极值的点称为**极值点**.

例如，函数 $f(x，y)=\sqrt{1-x^2-y^2}$ 在点 $(0，0)$ 处有极大值 $f(0，0)=1$，因为在点 $(0，0)$ 附近任意的 $(x，y)$，都有

$$f(x，y)=\sqrt{1-x^2-y^2}<1=f(0，0).$$

从几何上看是显然的，函数的图形是上半球面，而点 $(0，0，1)$ 是球面的最高点(图 6-10).

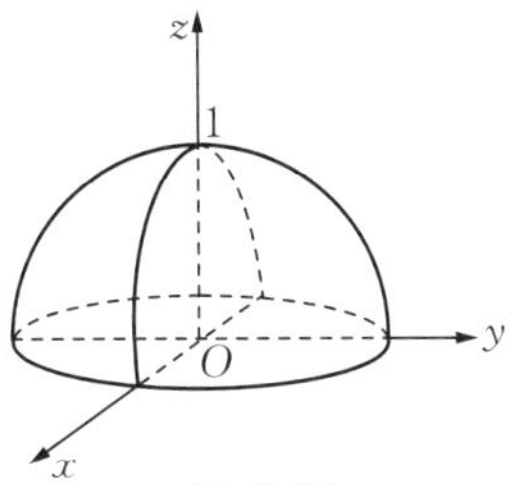

可以证明，若函数 $z=f(x，y)$ 在点 $(x_0，y_0)$ 可微，且在点 $(x_0，y_0)$ 处有极值，则在该点的偏导数必然为零，即

$$f_x'(x_0，y_0)=0，f_y'(x_0，y_0)=0.$$

图 6-10

与一元函数类似，使 $f_x'(x_0，y_0)=0$，$f_y'(x_0，y_0)=0$ 同时成立的点 $(x_0，y_0)$ 称为函数 $z=f(x，y)$ 的**驻点**.

从上面可知，可微函数的极值点一定是驻点.反之，函数的驻点不一定是极值点.

如何判定一个驻点是否是极值点呢？通常依据下面的结论.

设函数 $z=f(x，y)$ 在点 $(x_0，y_0)$ 的某一邻域内具有一阶及二阶连续偏导数，又 $f_x'(x_0，y_0)=0$，$f_y'(x_0，y_0)=0$，令

$$f_{xx}''(x_0，y_0)=A，f_{xy}''(x_0，y_0)=B，f_{yy}''(x_0，y_0)=C，$$

则 $z=f(x，y)$ 在点 $(x_0，y_0)$ 处的极值情况如下：

(1) 当 $B^2-AC<0$ 时取得极值，且当 $A<0$ 时有极大值 $f(x_0，y_0)$，当 $A>0$ 时有极小值 $f(x_0，y_0)$；

(2) 当 $B^2-AC>0$ 时没有极值；

(3) 当 $B^2-AC=0$ 时可能有极值，也可能没有极值，还需另作讨论.

由此得到求函数 $z=f(x，y)$ 的极值的一般步骤：

(1) 解方程组 $\begin{cases} f_x'(x，y)=0， \\ f_y'(x，y)=0， \end{cases}$ 求得一切实数解，即求得一切驻点；

(2) 对于每个驻点 $(x_0，y_0)$，求出二阶偏导数的值 A，B 和 C；

(3) 求出 B^2-AC，按极值存在的充分条件判定 $f(x_0，y_0)$ 是否为极值，是极大值还

是极小值.

知识巩固

例 11 求函数 $z = x^3 + y^3 - 3xy$ 的极值.

解

$$\frac{\partial z}{\partial x} = 3x^2 - 3y, \quad \frac{\partial z}{\partial y} = 3y^2 - 3x.$$

解方程组 $\begin{cases} 3x^2 - 3y = 0, \\ 3y^2 - 3x = 0, \end{cases}$ 得驻点为 $(0, 0)$ 和 $(1, 1)$.

因为

$$\frac{\partial^2 z}{\partial x^2} = 6x, \quad \frac{\partial^2 z}{\partial x \partial y} = -3, \quad \frac{\partial^2 z}{\partial y^2} = 6y.$$

所以,列表判定(表 6-1).

表 6-1

(x_0, y_0)	A	B	C	$B^2 - AC$	结　　论
$(0, 0)$	0	-3	0	$9 > 0$	不是极值点
$(1, 1)$	6	-3	6	$-27 < 0$	极小值点

故函数在 $(1, 1)$ 点取得极小值,且极小值为 $f(1, 1) = -1$.

例 12 求函数 $f(x, y) = x^3 - 2x^2 + 2xy + y^2$ 的极值.

解 $f_x'(x, y) = 3x^2 - 4x + 2y$, $f_y'(x, y) = 2x + 2y$.

解方程组 $\begin{cases} 3x^2 - 4x + 2y = 0, \\ 2x + 2y = 0, \end{cases}$ 得驻点为 $(0, 0)$ 和 $(2, -2)$.

因为

$$f_{xx}'' = 6x - 4, \quad f_{xy}'' = 2, \quad f_{yy}'' = 2.$$

所以,列表判定(表 6-2).

表 6-2

(x_0, y_0)	A	B	C	$B^2 - AC$	结　　论
$(0, 0)$	-4	2	2	$12 > 0$	不是极值点
$(2, -2)$	8	2	2	$-12 < 0$	极小值点

故函数在点 $(2, -2)$ 处取得极小值,且极小值为

$$f(2, -2) = 2^3 - 2 \times 2^2 + 2 \times 2 \times (-2) + (-2)^2 = -4.$$

软件链接

利用 MATLAB 可以方便地计算二元函数的极值,详见数学实验 6.

新知识

实际问题中的二元函数极值问题比较复杂,如果根据问题的性质特点,知道其最大值(或最小值)一定在定义域 D 的内部取得,并且函数在定义域 D 内只有一个驻点,那么该驻点的函数值就是函数 $f(x,y)$ 在 D 上的最大值(或最小值).

知识巩固

例 13　本章开始的问题:要做一个容积为 $32\ \mathrm{m}^3$ 的长方体的无盖水箱,如何设计,才能使用料最省?

解　设底面长为 $x\ \mathrm{m}$,宽为 $y\ \mathrm{m}$,则高为 $\dfrac{32}{xy}\ \mathrm{m}$,于是所用材料的面积(单位:$\mathrm{m}^2$)为

$$S=xy+\frac{64}{x}+\frac{64}{y}(x>0,\ y>0),$$

则

$$\begin{cases} S_x'=y-\dfrac{64}{x^2}, \\ S_y'=x-\dfrac{64}{y^2}. \end{cases}$$

解方程组,得

$$\begin{cases} y-\dfrac{64}{x^2}=0, \\ x-\dfrac{64}{y^2}=0, \end{cases}$$

得唯一驻点 $(4,4)$.

由于驻点唯一,且由问题的实际意义可知,最小值一定存在,故这唯一的驻点就是最小值点.所以当长、宽都为 $4\ \mathrm{m}$,高为 $\dfrac{32}{4\times4}\ \mathrm{m}=2\ \mathrm{m}$ 时,用料最省.

练习 6.1.4

1. 求下列函数的极值.

　(1) $z=4(x-y)-x^2-y^2$;　　(2) $z=x^2+xy+y^2-2x-y$.

2. 建造一个长方形水池,其底和壁的总面积为 $108\ \mathrm{m}^2$,问:水池的尺寸如何设计时,其容积最大?

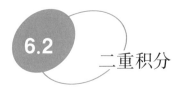

二重积分

6.2.1 二重积分的概念

知识回顾

在第 3 章中,我们通过"分割→近似代替→求和→取极限"的过程计算曲边梯形的面积,从而研究了定积分.

探究

我们来研究下面两个问题.

问题 1 求曲顶柱体的体积.

设有一几何体,它的底是 xOy 坐标面上的有界闭区域 D,它的侧面是以 D 的边界曲线为准线而母线平行于 z 轴的柱面,它的顶是曲面 $z=f(x,y)$,这里 $f(x,y)>0$,且在 D 上连续,如图 6-11 所示.这种几何体称为曲顶柱体.现在我们来讨论它的体积.

动画:曲顶柱体
演示

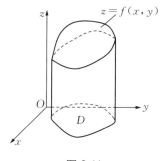

图 6-11

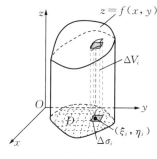

图 6-12

关于曲顶柱体,当点 (x,y) 在区域 D 上变动时,高 $f(x,y)$ 是个变量,因此,它的体积不能直接用平顶柱体体积公式来计算.不难想到,用求曲边梯形面积的方法,即"分割→近似代替→求和→取极限"的手段来解决这个问题.

(1) 分割:用一曲线网把区域 D 任意分成 n 个小区域

$$\Delta\sigma_1,\ \Delta\sigma_2,\ \cdots,\ \Delta\sigma_n,$$

小区域 $\Delta\sigma_i$ 的面积也记作 $\Delta\sigma_i$.以这些小区域的边界曲线为准线作母线平行于 z 轴的柱面,这些柱面把原来的曲顶柱体分为 n 个小曲顶柱体.它们的体积分别记作

$$\Delta V_1,\ \Delta V_2,\ \cdots,\ \Delta V_n.$$

（2）近似代替：对于任意一个小区域 $\Delta\sigma_i$，当直径很小时，由于 $f(x,y)$ 连续，$f(x,y)$ 在 $\Delta\sigma_i$ 中的变化很小，因此可以近似地看作常数，即若任意取点 $(\xi_i,\eta_i)\in\Delta\sigma_i$，则当 $(x,y)\in\Delta\sigma_i$ 时，有 $f(x,y)\approx f(\xi_i,\eta_i)$，从而以 $\Delta\sigma_i$ 为底的小曲顶柱体可近似地看作以 $f(\xi_i,\eta_i)$ 为高的平顶柱体（图 6-12 所示），于是

$$\Delta V_i\approx f(\xi_i,\eta_i)\Delta\sigma_i (i=1,2,3,\cdots,n).$$

（3）求和：把这些小曲顶柱体体积的近似值 $f(\xi_i,\eta_i)\Delta\sigma_i$ 累加起来，就得到所求的曲顶柱体体积 V 的近似值，即

$$V=\sum_{i=1}^n\Delta V_i\approx\sum_{i=1}^n f(\xi_i,\eta_i)\Delta\sigma_i.$$

（4）取极限：很显然，如果区域 D 分得越细，则上述和式就越接近于曲顶柱体体积 V，当把区域 D 无限细分时，即当所有小区域的最大直径（区间内，最远两端点间的距离，称为**该区间的直径**）$\lambda\to0$ 时，则和式的极限就是所求的曲顶柱体的体积 V，即

$$V=\lim_{\lambda\to0}\sum_{i=1}^n f(\xi_i,\eta_i)\Delta\sigma_i.$$

问题 2 求非均匀平面薄板的质量.

设平面薄板的形状为闭区域 D（图 6-13），其面密度 ρ 是点 (x,y) 的函数，即 $\rho=\rho(x,y)$ 在 D 上为正的连续函数.当质量分布均匀时，即 ρ 为常数，则质量 M 等于面密度 ρ 乘以薄板的面积.当质量分布不均匀时，ρ 随点 (x,y) 变化，如何求质量呢？我们采用与求曲顶柱体的体积相类似的思路和方法，求薄板的质量.

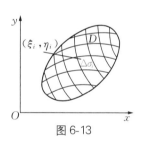

图 6-13

（1）分割：把区域 D 任意分成 n 个小区域

$$\Delta\sigma_1,\ \Delta\sigma_2,\ \cdots,\ \Delta\sigma_n,$$

小区域 $\Delta\sigma_i$ 的面积也记作 $\Delta\sigma_i$.该薄板就相应地分成 n 个小块薄板.它们的质量分别记作

$$\Delta M_1,\ \Delta M_2,\ \cdots,\ \Delta M_n.$$

（2）近似代替：对于一个小区域 $\Delta\sigma_i$，当直径很小时，由于 $\rho(x,y)$ 连续，$\rho(x,y)$ 在 $\Delta\sigma_i$ 中的变化很小，可以近似地看作常数，即若任意取点 $(\xi_i,\eta_i)\in\Delta\sigma_i$，则当 $(x,y)\in\Delta\sigma_i$ 时，有 $\rho(x,y)\approx\rho(\xi_i,\eta_i)$，从而 $\Delta\sigma_i$ 上薄板的质量可近似地看作以 $\rho(\xi_i,\eta_i)$ 为面密度的均匀薄板的质量，于是

$$\Delta M_i\approx\rho(\xi_i,\eta_i)\Delta\sigma_i (i=1,2,3,\cdots,n).$$

（3）求和：把这些小薄板质量的近似值 $\rho(\xi_i, \eta_i)\Delta\sigma_i$ 累加起来，就得到所求的整块薄板质量的近似值，即

$$M = \sum_{i=1}^{n} \Delta M_i \approx \sum_{i=1}^{n} \rho(\xi_i, \eta_i)\Delta\sigma_i.$$

（4）取极限：很明显，如果区域 D 分得越细，则上述和式就越接近于非均匀平面薄板的质量 M，当把区域 D 无限细分时，即当所有小区域的最大直径 $\lambda \to 0$ 时，则和式的极限就是所求的非均匀平面薄板的质量 M，即

$$M = \lim_{\lambda \to 0} \sum_{i=1}^{n} \rho(\xi_i, \eta_i)\Delta\sigma_i.$$

新知识

上面两个问题，虽然实际意义不同，但解决问题的方法完全相同，都是计算一种二元函数和式的极限.

一般地，设函数 $z = f(x, y)$ 在闭区域 D 上有定义，将 D 任意分成 n 个小区域

$$\Delta\sigma_1, \Delta\sigma_2, \cdots, \Delta\sigma_n,$$

其中，$\Delta\sigma_i$ 表示第 i 个小区域，也表示它的面积.在每个小区域 $\Delta\sigma_i$ 上任取一点 (ξ_i, η_i)，作乘积 $f(\xi_i, \eta_i)\Delta\sigma_i(i = 1, 2, 3, \cdots, n)$，并作和式 $\sum_{i=1}^{n} f(\xi_i, \eta_i)\Delta\sigma_i$.

如果当各小区域的直径中的最大值 λ 趋于 0 时，此和式的极限存在，且极限值与区域 D 的分法无关，也与每个小区域 $\Delta\sigma_i$ 中点 (ξ_i, η_i) 的取法无关，则称此极限值为函数 $f(x, y)$ 在闭区域 D 上的**二重积分**，记作 $\iint\limits_{D} f(x, y)\mathrm{d}\sigma$，即

$$\iint\limits_{D} f(x, y)\mathrm{d}\sigma = \lim_{\lambda \to 0} \sum_{i=1}^{n} f(\xi_i, \eta_i)\Delta\sigma_i.$$

其中，$\iint$ 叫作**二重积分号**，$f(x, y)$ 叫作**被积函数**，$f(x, y)\mathrm{d}\sigma$ 叫作**被积表达式**，$\mathrm{d}\sigma$ 叫作**面积元素**，x 与 y 叫作**积分变量**，D 叫作**积分区域**.

关于二重积分的几点说明：

（1）二重积分仅与被积函数及积分区域有关，而与积分变量所用符号无关，即有

$$\iint\limits_{D} f(x, y)\mathrm{d}\sigma = \iint\limits_{D} f(u, v)\mathrm{d}\sigma.$$

（2）如果被积函数 $f(x, y)$ 在闭区域 D 上的二重积分存在，则称 $f(x, y)$ 在 D 上**可积**. $f(x, y)$ 在闭区域 D 上连续时，$f(x, y)$ 在 D 上一定可积.以后总假定 $f(x, y)$ 在 D 上连续.

（3）二重积分 $\iint\limits_D f(x，y)\mathrm{d}\sigma$ 的几何意义是：当 $f(x，y)>0$ 时，二重积分就表示曲顶柱体的体积 $\iint\limits_D f(x，y)\mathrm{d}\sigma=V$［图 6-14(1)］；当 $f(x，y)<0$ 时，二重积分就表示曲顶柱体的体积的负值 $\iint\limits_D f(x，y)\mathrm{d}\sigma=-V$［图 6-14(2)］；当 $f(x，y)$ 在 D 上的符号有正、有负时，二重积分就等于这些部分区域上的上方柱体体积减去下方柱体体积所得之差［图 6-14(3)］，即

$$\iint\limits_D f(x，y)\mathrm{d}\sigma=\iint\limits_D f_1(x，y)\mathrm{d}\sigma+\iint\limits_D f_2(x，y)\mathrm{d}\sigma=V_1-V_2.$$

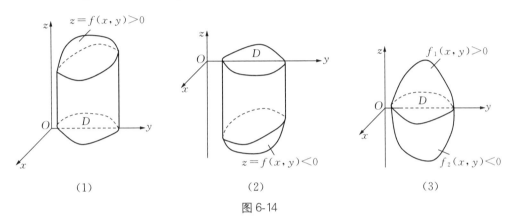

图 6-14

与定积分的性质相类似，二重积分有如下的性质（证明略）.

假设二元函数 $f(x，y)$，$g(x，y)$ 在 xOy 坐标面内的积分区域 D 上都连续，因而它们在 D 上的二重积分都是存在的.

性质 1 被积函数的常数因子可以提到二重积分号的外面，即

$$\iint\limits_D kf(x，y)\mathrm{d}\sigma=k\iint\limits_D f(x，y)\mathrm{d}\sigma.$$

性质 2 两个函数代数和的二重积分等于各个函数二重积分的代数和，即

$$\iint\limits_D[f(x，y)\pm g(x，y)]\mathrm{d}\sigma=\iint\limits_D f(x，y)\mathrm{d}\sigma\pm\iint\limits_D g(x，y)\mathrm{d}\sigma.$$

性质 3 如果把积分区域 D 分成两个闭区域 D_1 与 D_2，即 $D=D_1+D_2$，则

$$\iint\limits_D f(x，y)\mathrm{d}\sigma=\iint\limits_{D_1} f(x，y)\mathrm{d}\sigma+\iint\limits_{D_2} f(x，y)\mathrm{d}\sigma.$$

性质 4 如果在 D 上，$f(x，y)=1$，D 的面积为 σ，则

$$\iint\limits_D f(x，y)\mathrm{d}\sigma=\iint\limits_D 1\mathrm{d}\sigma=\sigma.$$

练习 6.2.1

1. 用二重积分表示下列曲顶柱体的体积.

(1) $f(x,y)=(x+y)^2$，D 为矩形区域：$1\leqslant x\leqslant 2$，$1\leqslant y\leqslant 4$；

(2) $f(x,y)=x^2+y^2$，D 为圆形区域：$x^2+y^2\leqslant R^2$.

2. 根据二重积分的几何意义，说明下列积分值大于零、小于零还是等于零.

(1) $\displaystyle\iint\limits_{\substack{1\leqslant x\leqslant 2\\ -1\leqslant y\leqslant 0}}(x+y)\mathrm{d}\sigma$；　　(2) $\displaystyle\iint\limits_{x^2+y^2\leqslant 1}(x^2+y^2-2)\mathrm{d}\sigma$；　　(3) $\displaystyle\iint\limits_{\substack{|x|\leqslant 1\\ |y|\leqslant 1}}x\,\mathrm{d}\sigma$.

3. 利用二重积分的几何意义计算二重积分.

(1) $\displaystyle\iint\limits_{D}\mathrm{d}\sigma$，$D:x^2+y^2\leqslant 1$；　　(2) $\displaystyle\iint\limits_{D}\sqrt{R^2-x^2-y^2}\,\mathrm{d}\sigma$，$D:x^2+y^2\leqslant R^2$.

6.2.2　二重积分的计算

知识回顾

我们学习过牛顿-莱布尼茨公式

$$\int_a^b f(x)\mathrm{d}x=F(x)\big|_a^b=F(b)-F(a)\big[其中,F'(x)=f(x)\big].$$

利用公式可以将定积分转化为不定积分来计算.

新知识

二重积分计算可以转化为两次定积分进行计算，这种方法称为**二次积分**（或**累次积分**）.

由二重积分的概念可知，如果二重积分 $\displaystyle\iint\limits_{D}f(x,y)\mathrm{d}\sigma$ 存在，它的值与区域 D 的分法无关，其面积元素 $\mathrm{d}\sigma$ 象征着和式极限中的 $\Delta\sigma_i$.

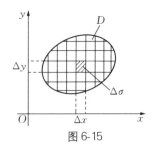

图 6-15

在平面直角坐标系下，我们可以采用便于计算的分割方法：用与坐标轴平行的两组直线把 D 划分成各边平行于坐标轴的一些小矩形（图 6-15），于是，小矩形的面积 $\Delta\sigma=\Delta x\Delta y$，因此在平面直角坐标系下，面积元素为 $\mathrm{d}\sigma=\mathrm{d}x\mathrm{d}y$. 于是二重积分可写成

$$\iint\limits_{D}f(x,y)\mathrm{d}\sigma=\iint\limits_{D}f(x,y)\mathrm{d}x\,\mathrm{d}y.$$

下面根据二重积分的几何意义，结合积分区域 D 的形状特点，介绍二重积分的计算

方法.

1. 积分区域为 X 型域

积分区域 D 为：$a \leqslant x \leqslant b$，$\varphi_1(x) \leqslant y \leqslant \varphi_2(x)$，称为 **$X$ 型域**（或上下结构），其中，函数 $\varphi_1(x)$，$\varphi_2(x)$ 在 $[a,b]$ 上连续（图 6-16）.

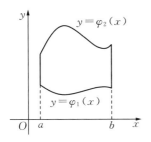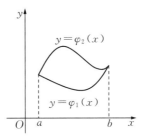

图 6-16

不妨设 $f(x,y) > 0$，由二重积分的几何意义知，$\iint\limits_{D} f(x,y)\mathrm{d}x\mathrm{d}y$ 表示以 D 为底 [图 6-17(1)]，以曲面 $z = f(x,y)$ 为顶的曲顶柱体 [图 6-17(2)] 的体积.

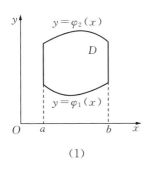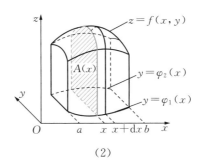

(1)　　　　　　　　　　(2)

图 6-17

选取 x 为积分变量，在 $[a,b]$ 上任取一个小区间 $[x,x+\mathrm{d}x]$，设 $A(x)$ 表示过点 x 且垂直于 x 轴的平面与曲顶柱体相交的截面的面积，得曲顶柱体体积 V 的微元为 $\mathrm{d}V = A(x)\mathrm{d}x$，所以

$$V = \int_a^b A(x)\mathrm{d}x.$$

又因为截面是以区间 $[\varphi_1(x),\varphi_2(x)]$ 为底，以曲线 $z = f(x,y)$（x 是固定的）为曲边的曲边梯形，所以

$$A(x) = \int_{\varphi_1(x)}^{\varphi_2(x)} f(x,y)\mathrm{d}y.$$

于是

$$V = \int_a^b \Big[\int_{\varphi_1(x)}^{\varphi_2(x)} f(x,y)\mathrm{d}y \Big]\mathrm{d}x.$$

上式右端是一个先对 y、再对 x 的二次积分(累次积分).就是说,先把 x 看作常数,把 $f(x,y)$ 只看作 y 的函数,并对 y 计算从 $\varphi_1(x)$ 到 $\varphi_2(x)$ 的定积分,然后把所得的结果(是 x 的函数)再对 x 计算从 a 到 b 的定积分.这个先对 y、再对 x 的二次积分常记作

$$\int_a^b \mathrm{d}x \int_{\varphi_1(x)}^{\varphi_2(x)} f(x,y)\mathrm{d}y.$$

因此将二重积分化为先对 y、再对 x 的二次积分的计算公式写作

$$\iint\limits_D f(x,y)\mathrm{d}x\,\mathrm{d}y = \int_a^b \mathrm{d}x \int_{\varphi_1(x)}^{\varphi_2(x)} f(x,y)\mathrm{d}y.$$

在上述讨论中,我们假定了 $f(x,y)>0$.但实际上,公式的成立并不受此条件限制.

知识巩固

例 1 计算二重积分 $\iint\limits_D \left(1-\dfrac{x}{3}-\dfrac{y}{4}\right)\mathrm{d}x\,\mathrm{d}y$,其中,$D$ 为矩形区域:$-1 \leqslant x \leqslant 1$,$-2 \leqslant y \leqslant 2$.

解 矩形区域是 X 型域(图 6-18),所以选取先对 y 积分,后对 x 积分的顺序,即

$$\begin{aligned}
\iint\limits_D \left(1-\frac{x}{3}-\frac{y}{4}\right)\mathrm{d}x\,\mathrm{d}y &= \int_{-1}^1 \mathrm{d}x \int_{-2}^2 \left(1-\frac{x}{3}-\frac{y}{4}\right)\mathrm{d}y \\
&= \int_{-1}^1 \left(y-\frac{x}{3}y-\frac{y^2}{8}\right)\Big|_{-2}^2 \mathrm{d}x \\
&= \int_{-1}^1 \left(4-\frac{4}{3}x\right)\mathrm{d}x \\
&= \left(4x-\frac{2}{3}x^2\right)\Big|_{-1}^1 = 8.
\end{aligned}$$

图 6-18

2. 积分区域为 Y 型域

积分区域 D 为:$\psi_1(y) \leqslant x \leqslant \psi_2(y)$,$c \leqslant y \leqslant d$,称为 **$Y$ 型域**(或**左右结构**),其中,函数 $\psi_1(y)$,$\psi_2(y)$ 在区间 $[c,d]$ 上连续(图 6-19).

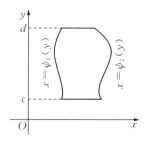
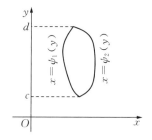

图 6-19

仿照"X 型域"的计算方法,有"Y 型域"的计算方法:

$$\iint\limits_{D} f(x,y)\mathrm{d}x\mathrm{d}y = \int_{c}^{d}\Big[\int_{\psi_1(y)}^{\psi_2(y)} f(x,y)\mathrm{d}x\Big]\mathrm{d}y = \int_{c}^{d}\mathrm{d}y\int_{\psi_1(y)}^{\psi_2(y)} f(x,y)\mathrm{d}x.$$

这就是把二重积分化为先对 x、再对 y 的二次积分的公式.

注意 如果积分区域 D 不能表示成上面两种形式中的任何一种,那么,可将 D 分割,使其各部分符合 X 型域或 Y 型域.

例 2 计算二重积分 $\iint\limits_{D}\Big(1-\dfrac{x}{3}-\dfrac{y}{4}\Big)\mathrm{d}x\mathrm{d}y$,其中 D,为矩形区域: $-1\leqslant x\leqslant 1$,$-2\leqslant y\leqslant 2$.

解 矩形区域既是 X 型域,也是 Y 型域(图 6-20).选择先对 x 积分,后对 y 积分的顺序.

$$\iint\limits_{D}\Big(1-\frac{x}{3}-\frac{y}{4}\Big)\mathrm{d}x\mathrm{d}y = \int_{-2}^{2}\mathrm{d}y\int_{-1}^{1}\Big(1-\frac{x}{3}-\frac{y}{4}\Big)\mathrm{d}x = \int_{-2}^{2}\Big(x-\frac{x^2}{6}-\frac{y}{4}x\Big)\,\Big|_{-1}^{1}\mathrm{d}y$$

$$= \int_{-2}^{2}\Big(2-\frac{y}{2}\Big)\mathrm{d}y = \Big(2y-\frac{y^2}{4}\Big)\,\Big|_{-2}^{2} = 8.$$

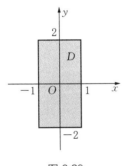

图 6-20

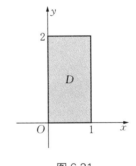

图 6-21

例 3 计算二重积分 $\iint\limits_{D}(x+y)^2\mathrm{d}x\mathrm{d}y$,其中,$D$ 为矩形区域: $0\leqslant x\leqslant 1$,$0\leqslant y\leqslant 2$.

解 矩形区域既是 X 型域,也是 Y 型域(图 6-21).选择先对 x 积分,后对 y 积分的顺序.

$$\iint\limits_{D}(x+y)^2\mathrm{d}x\mathrm{d}y = \int_{0}^{2}\mathrm{d}y\int_{0}^{1}(x+y)^2\mathrm{d}x = \int_{0}^{2}\mathrm{d}y\int_{0}^{1}(x+y)^2\mathrm{d}(x+y)$$

$$= \int_{0}^{2}\frac{1}{3}(x+y)^3\,\Big|_{0}^{1}\mathrm{d}y = \frac{1}{3}\int_{0}^{2}\big[(1+y)^3-y^3\big]\mathrm{d}y$$

$$= \frac{1}{12}(1+y)^4\,\Big|_{0}^{2} - \frac{1}{12}y^4\,\Big|_{0}^{2} = \frac{16}{3}.$$

例 4 计算二重积分 $\iint\limits_{D}\dfrac{x^2}{y^2}\mathrm{d}x\mathrm{d}y$,其中,$D$ 是由直线 $x=2$,$y=x$ 及双曲线 $xy=1$ 所围

高等数学

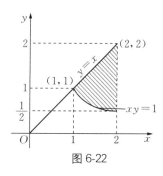

图 6-22

成的区域.

解 直线 $y=x$ 与双曲线 $xy=1$ 在第 I 象限的交点为 $(1，1)$(图 6-22).选择先对 y 积分,后对 x 积分.积分区域 D 表示为

$$1 \leqslant x \leqslant 2，\frac{1}{x} \leqslant y \leqslant x.$$

于是

$$\iint\limits_D \frac{x^2}{y^2}\mathrm{d}x\,\mathrm{d}y = \int_1^2 \mathrm{d}x \int_{\frac{1}{x}}^x \frac{x^2}{y^2}\mathrm{d}y = \int_1^2 x^2\left(-\frac{1}{y}\right)\bigg|_{\frac{1}{x}}^x \mathrm{d}x$$

$$= \int_1^2 (-x+x^3)\mathrm{d}x = \left(-\frac{1}{2}x^2+\frac{1}{4}x^4\right)\bigg|_1^2 = \frac{9}{4}.$$

当然,这个积分也可以选择另一种积分次序,即先对 x 积分,后对 y 积分.但必须把积分区域 D 划分成两个区域,分别表示为

$$D_1:\frac{1}{y} \leqslant x \leqslant 2，\frac{1}{2} \leqslant y \leqslant 1，D_2:y \leqslant x \leqslant 2，1 \leqslant y \leqslant 2.$$

此时有

$$\iint\limits_D \frac{x^2}{y^2}\mathrm{d}x\,\mathrm{d}y = \int_{\frac{1}{2}}^1 \mathrm{d}y \int_{\frac{1}{y}}^2 \frac{x^2}{y^2}\mathrm{d}x + \int_1^2 \mathrm{d}y \int_y^2 \frac{x^2}{y^2}\mathrm{d}x = \frac{1}{3}\int_{\frac{1}{2}}^1 \frac{x^3}{y^2}\bigg|_{\frac{1}{y}}^2 \mathrm{d}y + \frac{1}{3}\int_1^2 \frac{x^3}{y^2}\bigg|_y^2 \mathrm{d}y$$

$$= \frac{1}{3}\int_{\frac{1}{2}}^1 \left(\frac{8}{y^2}-\frac{1}{y^5}\right)\mathrm{d}y + \frac{1}{3}\int_1^2 \left(\frac{8}{y^2}-y\right)\mathrm{d}y$$

$$= \frac{1}{3}\left(-\frac{8}{y}+\frac{1}{4y^4}\right)\bigg|_{\frac{1}{2}}^1 + \frac{1}{3}\left(-\frac{8}{y}-\frac{1}{2}y^2\right)\bigg|_1^2$$

$$= \frac{9}{4}.$$

例 5 计算二重积分 $\iint\limits_D y^2\mathrm{d}x\,\mathrm{d}y$,其中,$D$ 是由抛物线 $x=y^2$,直线 $2x-y-1=0$ 所围成的区域.

解 画出积分区域的图形(图 6-23).

解方程组

$$\begin{cases} x=y^2， \\ 2x-y-1=0， \end{cases}$$

得抛物线和直线的两个交点 $(1，1)$,$\left(\frac{1}{4}，-\frac{1}{2}\right)$.

选择先对 x 积分,后对 y 积分,则积分区域 D 表示为

$$y^2 \leqslant x \leqslant \frac{y+1}{2}，-\frac{1}{2} \leqslant y \leqslant 1.$$

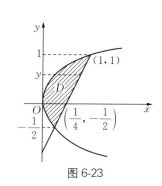

图 6-23

206

于是

$$\iint\limits_{D} y^2 \,\mathrm{d}x\,\mathrm{d}y = \int_{-\frac{1}{2}}^{1} \mathrm{d}y \int_{y^2}^{\frac{y+1}{2}} y^2 \,\mathrm{d}x = \int_{-\frac{1}{2}}^{1} (y^2 x) \Big|_{y^2}^{\frac{y+1}{2}} \,\mathrm{d}y$$

$$= \int_{-\frac{1}{2}}^{1} y^2 \Big(\frac{y+1}{2} - y^2\Big) \,\mathrm{d}y = \Big(\frac{y^4}{8} + \frac{y^3}{6} - \frac{y^5}{5}\Big) \Big|_{-\frac{1}{2}}^{1} = \frac{63}{640}.$$

当然,这个积分也可以选择另一种积分次序,但必须把积分区域 D 划分成两个区域.

从上面两例可以看出,积分次序的选择直接影响着二重积分计算的繁简程度.显然,积分次序的选择与积分区域有关.

例 6　计算二重积分 $\iint\limits_{D} \mathrm{e}^{-y^2} \,\mathrm{d}x\,\mathrm{d}y$,其中,$D$ 是由直线 $x=0$,$y=x$,$y=1$ 所围成的区域.

解　画出积分区域的图形(图 6-24).选择先对 x 积分,后对 y 积分.积分区域 D 表示为 $0 \leqslant x \leqslant y$,$0 \leqslant y \leqslant 1$,于是

$$\iint\limits_{D} \mathrm{e}^{-y^2} \,\mathrm{d}x\,\mathrm{d}y = \int_0^1 \mathrm{d}y \int_0^y \mathrm{e}^{-y^2} \,\mathrm{d}x$$

$$= \int_0^1 \mathrm{e}^{-y^2} x \Big|_0^y \,\mathrm{d}y = \int_0^1 y\mathrm{e}^{-y^2} \,\mathrm{d}y$$

$$= -\frac{1}{2} \mathrm{e}^{-y^2} \Big|_0^1 = \frac{1}{2}\Big(1 - \frac{1}{\mathrm{e}}\Big).$$

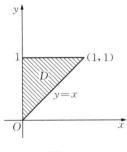

图 6-24

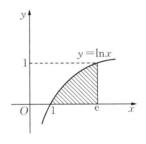

图 6-25

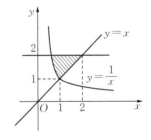

图 6-26

例 7　交换下列二次积分的积分顺序.

(1) $\displaystyle\int_1^{\mathrm{e}} \mathrm{d}x \int_0^{\ln x} f(x,y)\,\mathrm{d}y$;　　(2) $\displaystyle\int_{\frac{1}{2}}^1 \mathrm{d}x \int_{\frac{1}{x}}^2 f(x,y)\,\mathrm{d}y + \int_1^2 \mathrm{d}x \int_x^2 f(x,y)\,\mathrm{d}y$.

解　根据所给二次积分画出积分区域 D,再按另一种积分顺序写出二次积分.

(1) 积分区域 D 是由 $y=\ln x$,$y=0(x$ 轴$)$,$x=\mathrm{e}$ 所围成的区域(图 6-25),于是

$$\int_1^{\mathrm{e}} \mathrm{d}x \int_0^{\ln x} f(x,y)\,\mathrm{d}y = \int_0^1 \mathrm{d}y \int_{\mathrm{e}^y}^{\mathrm{e}} f(x,y)\,\mathrm{d}x.$$

(2) 积分区域 D 是由 $y=\dfrac{1}{x}$,$y=x$,$y=2$ 所围的区域(图 6-26),于是

$$\int_{\frac{1}{2}}^1 \mathrm{d}x \int_{\frac{1}{x}}^2 f(x,y)\,\mathrm{d}y + \int_1^2 \mathrm{d}x \int_x^2 f(x,y)\,\mathrm{d}y = \int_1^2 \mathrm{d}y \int_{\frac{1}{y}}^y f(x,y)\,\mathrm{d}x.$$

软件链接

利用 MATLAB 可以方便地计算二重积分,详见数学实验 6.

练习 6.2.2

1. 将二重积分 $\iint\limits_{D} f(x,y)\mathrm{d}\sigma$ 化为二次积分.

(1) $D:1\leqslant x\leqslant 2,3\leqslant y\leqslant 4$;

(2) D 由 $x+y=1$,$x-y=1$,$x=0$ 围成.

2. 计算下列二重积分.

(1) $\iint\limits_{D}(2x-y^2)\mathrm{d}x\,\mathrm{d}y$,$D:0\leqslant x\leqslant 3,0\leqslant y\leqslant 2$;

(2) $\iint\limits_{D}(x+y)\mathrm{d}x\,\mathrm{d}y$,$D$ 由抛物线 $y=x^2$ 与直线 $y=x$ 围成.

3. 交换下列二次积分的积分顺序.

(1) $\int_1^e \mathrm{d}x \int_0^{\ln x} f(x,y)\mathrm{d}y$;

(2) $\int_0^1 \mathrm{d}y \int_y^{\sqrt{y}} f(x,y)\mathrm{d}x$.

4. 利用二重积分计算由抛物线 $x=y^2$ 和直线 $x-y=2$ 所围成图形的面积.

视频:MATLAB
软件应用3

数学实验 6 MATLAB 软件应用 3
(偏导数与重积分的计算)

实验目的

(1) 利用软件 MATLAB 计算二元函数的偏导数.

(2) 利用软件 MATLAB 计算二元函数的极值.

(3) 利用软件 MATLAB 计算二重积分.

实验内容

1. 计算二元函数的偏导数

利用 MATLAB 软件计算二元函数的偏导数的命令是"diff( )".输入格式有如下两种:

(1) diff('二元函数','自变量',n),其中,n 为所求偏导数的阶数,缺省默认值为 1;

(2) syms x y;

　　diff(二元函数,自变量,n)

说明　两种格式的区别是在第二种格式中不需要添加单引号（'），但需要先声明变量 x，y.

例 1　求函数 $z = \ln \tan \dfrac{x}{y}$ 的偏导数.

操作　在命令窗口中输入：

$>>$ dz_dx = diff('log(tan(x/y))', 'x')　　　　% 计算 z 对 x 的偏导数

按 Enter 键，显示：

dz_dx = (1 + tan(x/y)^2)/y/tan(x/y)

继续输入：

$>>$ dz_dy = diff('log(tan(x/y))', 'y')　　　　% 计算 z 对 y 的偏导数

按 Enter 键，显示：

dz_dy = -(1 + tan(x/y)^2) * x/y^2/tan(x/y)

即

$$\frac{\partial z}{\partial x} = \frac{1 + \tan^2\left(\frac{x}{y}\right)}{\tan\left(\frac{x}{y}\right)} \frac{1}{y} = \frac{\sec^2\left(\frac{x}{y}\right)}{y \cdot \tan\left(\frac{x}{y}\right)}, \frac{\partial z}{\partial y} = -\frac{1 + \tan^2\left(\frac{x}{y}\right)}{\tan\left(\frac{x}{y}\right)} \cdot \frac{x}{y^2} = -\frac{\sec^2\left(\frac{x}{y}\right)}{\tan\left(\frac{x}{y}\right)} \frac{x}{y^2}.$$

例 2　求函数 $z = \cos(x + y^2)$ 的二阶偏导数.

操作　在命令窗口中输入：

$>>$ dz_dx = diff('cos(x + y^2)', 'x', 2)　　　　%计算 z 对 x 的二阶偏导数

按 Enter 键，显示：

dz_dx = -cos(x + y^2)

继续输入：

$>>$ dz_dy = diff('cos(x + y^2)', 'y', 2)　　　　%计算 z 对 y 的二阶偏导数

按 Enter 键，显示：

-4 * cos(x + y^2) * y^2 - 2 * sin(x + y^2)

最后输入：

$>>$ dz_dxdy = diff(diff('cos(x + y^2)', 'x'), 'y')　%计算 z 对 x, y 的混合偏导数

按 Enter 键，显示：

dz_dxdy = -2 * cos(x + y^2) * y

即

$$\frac{\partial^2 z}{\partial x^2} = -\cos(x + y^2), \frac{\partial^2 z}{\partial x \partial y} = -2y\cos(x + y^2),$$

$$\frac{\partial^2 z}{\partial y^2} = -4y^2\cos(x + y^2) - 2\sin(x + y^2).$$

2. 计算二元函数的极值

在 MATLAB 中，对于二元函数的极值问题，根据二元函数极值的充分和必要条件，可分为以下几个步骤：

（1）定义二元函数 $z = f(x, y)$；

（2）解方程组 $f_x(x, y) = 0$，$f_y(x, y) = 0$，得到驻点；

（3）计算二阶偏导数 $\dfrac{\partial^2 z}{\partial x^2}$，$\dfrac{\partial^2 z}{\partial y^2}$ 以及二阶混合偏导数 $\dfrac{\partial^2 z}{\partial x \partial y}$；

（4）判断各个驻点是否为极值点，若是，则求出极值.

说明

（1）计算二阶混合偏导数 $\dfrac{\partial^2 z}{\partial x \partial y}$ 可采用先对 x 求导，再对 y 求导的方法. 具体输入格式为

$$\text{diff}(\text{diff}(z, x), y).$$

（2）解方程组的命令为"solve()"，解二元方程组的输入格式为

$$[\text{x}, \text{y}] = \text{solve}('方程 1', '方程 2', '变量 1', '变量 2').$$

例 3 计算函数 $z = e^{2x}(x + y^2 + 2y)$ 的极值.

操作 在命令窗口中输入：

$>>$ syms x y;

$>>$ z = exp(2 * x) * (x + y ^ 2 + 2 * y);

$>>$ dz_dx = diff(z, x) 　　　　　%计算 z 对 x 的偏导数

按 Enter 键，显示：

dz_dx = 2 * exp(2 * x) * (x + y ^ 2 + 2 * y) + exp(2 * x)

继续输入：

$>>$ dz_dy = diff(z, y) 　　　　　%计算 z 对 y 的偏导数

按 Enter 键，显示：

dz_dy = exp(2 * x) * (2 * y + 2)

继续输入：

$>>$ [x, y] = solve('2 * exp(2 * x) * (x + y ^ 2 + 2 * y) + exp(2 * x) = 0', 'exp(2 * x) * (2 * y + 2) = 0', 'x', 'y')

按 Enter 键，显示：

x = 1/2

y = −1

结果显示仅有一个驻点 $P\left(\dfrac{1}{2}, -1\right)$. 下面接着求二元函数极值判别式中的二阶导数.

继续输入：

$>>$ syms x y;

```
>>A_ = diff(z, x, 2);          %计算 z 对 x 的二阶偏导数
>>B_ = diff(diff(z, x), y);     %计算 z 对 x, y 的二阶混合偏导数
>>C_ = diff(z, y, 2);          %计算 z 对 y 的二阶偏导数
>>A_x = subs(A_, x, 1/2);      %把 x = 1/2 代入 z 对 x 的二阶偏导数
>>A = subs(A_x, y, -1);        %继续把 y = -1 代入 z 对 x 的二阶偏导数,得到 A
>>B_x = subs(B_, x, 1/2);      %把 x = 1/2 代入 z 对 x, y 的二阶偏导数
>>B = subs(B_x, y, -1);        %继续把 y = -1 代入 z 对 x, y 的二阶偏导数,得到 B
>>C_x = subs(C_, x, 1/2);      %把 x = 1/2 代入 z 对 y 的二阶偏导数
>>C = subs(C_x, y, -1);        %继续把 y = -1 代入 z 对 y 的二阶偏导数,得到 C
>>A * C - B^2
```

按 Enter 键,显示:

ans = 29.5562

根据二元函数极值的判定定理可知,在点 $\left(\dfrac{1}{2},\ -1\right)$ 处有 $AC-B^2>0$,原函数存在极

大值.

最后输入:

```
>>syms x y;
>>z = exp(2 * x) * (x + y^2 + 2 * y);
>>z_x = subs(z, x, 1/2);
>>z_xy = subs(z_x, y, -1)     %计算函数 z = f(x, y) 在 (1/2, -1) 点的函数值
```

按 Enter 键,显示:

z_xy = -1.3591

即极大值为 -1.359 1.

3. 计算二重积分

计算二重积分的命令与计算定积分的命令相同,也是"int".计算 $\iint\limits_{D} f(x,\ y)\mathrm{d}x\mathrm{d}y$,

$D = \{(x,\ y)\mid a\leqslant x\leqslant b, c\leqslant y\leqslant d\}$,其输入格式为"int(int(f, y, c, d), x, a, b)".

说明 计算二重积分,需要先换为相应的累次积分,再利用 int 来进行积分.

例 4 计算 $\iint\limits_{D} x\cos(x+y)\mathrm{d}x\mathrm{d}y$,$D$:顶点分别为 $(0,0)$,$(\pi,0)$ 和 (π,π) 的三角形闭

区域.

操作 在命令窗口中输入:

```
>>syms x y;
>>S = int(int(x * cos(x + y), y, 0, x), x, 0, pi)
                              %将二重积分转化为累次积分来计算
```

按 Enter 键,显示:

S = − 3/2 ∗ pi

即

$$\iint\limits_{D} x\cos(x+y)\,\mathrm{d}x\,\mathrm{d}y = -\frac{3\pi}{2}.$$

实验作业

1. 计算函数 $z = \cos xy$ 的偏导数.

2. 计算函数 $y = x^2 - y^3$ 的极值.

3. 计算 $\iint\limits_{D}(2x-y)\mathrm{d}x\,\mathrm{d}y$，$D$：顶点分别为 $(0,0)$，$(1,1)$ 和 $(0,1)$ 的三角形闭区域.

第 6 章 小 结

一、基本概念

二元函数，二元函数的定义域、函数值、几何意义，平面区域、邻域，二元函数的极限，二元函数的连续，二元函数的偏导数、二阶偏导数、全微分，二重积分及其计算.

二、基础知识

1. 二元函数

(1) 含有两个自变量的函数称为**二元函数**.

(2) 平面上的点集 $\{(x,y)\,|\,(x-x_0)^2+(y-y_0)^2<\delta^2\}$ 称为**点 P_0 的 δ 邻域**，记作 $U(P_0,\delta)$，即

$$U(P_0,\delta) = \{(x,y)\,|\,(x-x_0)^2+(y-y_0)^2<\delta^2\}.$$

(3) 二元函数两个自变量允许的取值范围称为二元函数的**定义域**，它是平面中的一个**区域**.

(4) 若平面上的点 $P(x,y)$ 在平面内沿任何路径趋于点 $P_0(x_0,y_0)$，二元函数 $f(x,y)$ 的值无限趋近于确定常数 A，则常数 A 叫作函数 $f(x,y)$ 当 $(x,y)\to(x_0,y_0)$ 时的**极限**，记作

$$\lim_{(x,y)\to(x_0,y_0)}f(x,y)=A,\text{或} \lim_{\substack{x\to x_0\\y\to y_0}}f(x,y)=A,\text{或当}(x,y)\to(x_0,y_0)\text{时}, f(x,y)\to A.$$

(5) 若 $\lim\limits_{\substack{x\to x_0\\y\to y_0}}f(x,y)=f(x_0,y_0)$，则称函数 $z=f(x,y)$ 在点 $P_0(x_0,y_0)$ 处**连续**.

2. 偏导数和全微分

(1) 若极限

$$\lim_{\Delta x\to 0}\frac{f(x_0+\Delta x,y_0)-f(x_0,y_0)}{\Delta x}$$

存在,则把这个极限值叫作**函数 $z = f(x, y)$ 在点 (x_0, y_0) 处对 x 的偏导数**,记作

$$\frac{\partial z}{\partial x}\bigg|_{\substack{x=x_0 \\ y=y_0}}, \quad z_x{}'(x_0, y_0) \text{ 或 } f_x{}'(x_0, y_0).$$

即
$$f_x{}'(x_0, y_0) = \lim_{\Delta x \to 0} \frac{f(x_0 + \Delta x, y_0) - f(x_0, y_0)}{\Delta x}.$$

若极限

$$\lim_{\Delta y \to 0} \frac{f(x_0, y_0 + \Delta y) - f(x_0, y_0)}{\Delta y}$$

存在,则把这个极限值叫作**函数 $z = f(x, y)$ 在点 (x_0, y_0) 处对 y 的偏导数**,记作

$$\frac{\partial z}{\partial y}\bigg|_{\substack{x=x_0 \\ y=y_0}}, \quad z_y{}'(x_0, y_0) \text{ 或 } f_y{}'(x_0, y_0).$$

即
$$f_y{}'(x_0, y_0) = \lim_{\Delta y \to 0} \frac{f(x_0, y_0 + \Delta y) - f(x_0, y_0)}{\Delta y}.$$

(2) 函数 $z = f(x, y)$ 在可导区域 D 内每一点 (x, y) 处对 x 或 y 的偏导数都存在,那么这个偏导数就是 x, y 的函数,叫作**函数 $z = f(x, y)$ 对自变量 x 或 y 的偏导函数**,简称**偏导数**,记作

$$\frac{\partial z}{\partial x}, \frac{\partial f}{\partial x}, z_x{}' \text{ 或 } f_x{}'(x, y); \frac{\partial z}{\partial y}, \frac{\partial f}{\partial y}, z_y{}' \text{ 或 } f_y{}'(x, y).$$

即
$$f_x{}'(x, y) = \lim_{\Delta x \to 0} \frac{f(x + \Delta x, y) - f(x, y)}{\Delta x},$$

或
$$f_y{}'(x, y) = \lim_{\Delta y \to 0} \frac{f(x, y + \Delta y) - f(x, y)}{\Delta y}.$$

(3) 对两个偏导数 $f_x{}'(x, y)$ 和 $f_y{}'(x, y)$ 分别再对 x, y 求偏导数,其结果叫作 $z = f(x, y)$ 的**二阶偏导数**,即

$$\frac{\partial}{\partial x}\left(\frac{\partial z}{\partial x}\right) = \frac{\partial^2 z}{\partial x^2} = f_{xx}''(x, y) = z_{xx}'', \quad \frac{\partial}{\partial y}\left(\frac{\partial z}{\partial x}\right) = \frac{\partial^2 z}{\partial x \partial y} = f_{xy}''(x, y) = z_{xy}'',$$

$$\frac{\partial}{\partial x}\left(\frac{\partial z}{\partial y}\right) = \frac{\partial^2 z}{\partial y \partial x} = f_{yx}''(x, y) = z_{yx}'', \quad \frac{\partial}{\partial y}\left(\frac{\partial z}{\partial y}\right) = \frac{\partial^2 z}{\partial y^2} = f_{yy}''(x, y) = z_{yy}''.$$

其中,$f_{xy}''(x, y)$ 和 $f_{yx}''(x, y)$ 叫作混合偏导数.

(4) 函数 $z = f(x, y)$ **全增量** $\Delta z = f(x + \Delta x, y + \Delta y) - f(x, y)$ 中的线性主部 $\frac{\partial z}{\partial x}\Delta x + \frac{\partial z}{\partial y}\Delta y$ 称为函数 $z = f(x, y)$ 在点 (x, y) 处的**全微分**,记作 $\mathrm{d}z$,即

$$dz = \frac{\partial z}{\partial x}\Delta x + \frac{\partial z}{\partial y}\Delta y.$$

亦即
$$dz = \frac{\partial z}{\partial x}dx + \frac{\partial z}{\partial y}dy.$$

(5) 如果函数 $z = f(x, y)$ 对点 (x_0, y_0) 的某个去心邻域内的点 (x, y) 都有 $f(x, y) < f(x_0, y_0)$，则称函数在点 (x_0, y_0) 取得**极大值** $f(x_0, y_0)$；如果都有 $f(x, y) > f(x_0, y_0)$，则称函数在点 (x_0, y_0) 取得**极小值** $f(x_0, y_0)$. 极大值和极小值统称为**极值**. 函数取得极值的点 (x_0, y_0) 称为**极值点**.

(6) 如果 $\lim\limits_{\lambda \to 0} \sum\limits_{i=1}^{n} f(\xi_i, \eta_i)\Delta\sigma_i$（$\lambda$ 为各小区域的直径中的最大值）极限存在，且极限值与区域 D 的分法无关，也与每个小区域 $\Delta\sigma_i$ 中点 (ξ_i, η_i) 的选取无关，则称此极限值为函数 $f(x, y)$ 在闭区域 D 上的**二重积分**，记作 $\iint\limits_{D} f(x, y)d\sigma$，即

$$\iint\limits_{D} f(x, y)d\sigma = \lim_{\lambda \to 0} \sum_{i=1}^{n} f(\xi_i, \eta_i)\Delta\sigma_i.$$

(7) 当 $f(x, y) > 0$ 时，二重积分 $\iint\limits_{D} f(x, y)d\sigma$ 表示以区域 D 为底面，$z = f(x, y)$ 为顶面的曲顶柱体的体积.

(8) 二重积分 $\iint\limits_{D} f(x, y)d\sigma$ 的计算：

积分区域 D 为 X 型域：$\iint\limits_{D} f(x, y)dx\,dy = \int_a^b dx \int_{\varphi_1(x)}^{\varphi_2(x)} f(x, y)dy$；

积分区域 D 为 Y 型域：$\iint\limits_{D} f(x, y)dx\,dy = \int_c^d dy \int_{\psi_1(y)}^{\psi_2(y)} f(x, y)dx$.

三、核心能力

(1) 在一元函数的基础上，理解并掌握二元函数的概念、定义域，二元函数的极限、连续，会求二元函数的定义域、函数值以及简单的极限；

(2) 在理解偏导数的基础上，比较熟练地进行偏导数、全微分的计算；

(3) 二元函数的极值计算，并能运用极值的知识，解决简单的实际问题；

(4) 二重积分的计算，把二重积分化为二次积分，通过两次定积分计算来解决；

(5) 二重积分计算中，确定二次积分中内、外积分的上、下限方法.

阅 **读材料**

二元函数极值问题的相关联命题及其应用

命题 1 设正变数 x，y 满足 $Ax + By = a$，则函数 $z = x^m y^n$ 当 $\dfrac{Ax}{m} = \dfrac{By}{n}$ 时取得极

大值,其中,a,A,B 为正常数,m,n 为正有理数.

证明　由约束条件,得 $By = a - Ax$,于是有

$$z = \left(\frac{Ax}{A}\right)^m \left(\frac{By}{B}\right)^n = \frac{1}{A^m B^n}(Ax)^m (By)^n = \frac{1}{A^m B^n}(Ax)^m (a - Ax)^n,$$

$$z' = \frac{A}{A^m B^n}\left[m(Ax)^{m-1}(a - Ax)^n - n(a - Ax)^{n-1}(Ax)^m\right]$$

$$= \frac{A}{A^m B^n}(Ax)^m (a - Ax)^n \left[\frac{m}{Ax} - \frac{n}{a - Ax}\right].$$

令 $z' = 0$,得 $\dfrac{m}{Ax} = \dfrac{n}{a - Ax}$,即

$$\frac{Ax}{m} = \frac{By}{n}.$$

由于当 $\dfrac{Ax}{m} < \dfrac{By}{n}$ 时,$\dfrac{m}{Ax} > \dfrac{n}{a - Ax}$,即 $z' > 0$;

当 $\dfrac{Ax}{m} > \dfrac{By}{n}$ 时,$\dfrac{m}{Ax} < \dfrac{n}{a - Ax}$,即 $z' < 0$.

故函数 $z = x^m y^n$ 当 $\dfrac{Ax}{m} = \dfrac{By}{n}$ 时取得极大值.

命题 2　设正变数 x,y 满足 $x^m y^n = a$,则函数 $z = Ax + By$ 当 $\dfrac{Ax}{m} = \dfrac{By}{n}$ 时取得极

小值,其中,a,A,B 为正常数,m,n 为正有理数.

证明　因为 $x^m y^n = a$,所以 $By = a^{\frac{1}{n}} B x^{-\frac{m}{n}}$,于是有

$$z = Ax + By = Ax + a^{\frac{1}{n}} B x^{-\frac{m}{n}},$$

$$z' = A - \frac{m}{n} a^{\frac{1}{n}} B x^{-\frac{m}{n}-1}.$$

令 $z' = 0$,得 $Ax = \dfrac{m}{n} a^{\frac{1}{n}} B x^{-\frac{m}{n}}$,即

$$\frac{Ax}{m} = \frac{a^{\frac{1}{n}} B x^{-\frac{m}{n}}}{n} = \frac{By}{n}.$$

由于当 $\dfrac{Ax}{m} < \dfrac{By}{n}$ 时,$A < \dfrac{m}{n} a^{\frac{1}{n}} B x^{-\frac{m}{n}-1}$,即 $z' < 0$;

当 $\dfrac{Ax}{m} > \dfrac{By}{n}$ 时,$A > \dfrac{m}{n} a^{\frac{1}{n}} B x^{-\frac{m}{n}-1}$,即 $z' > 0$.

故函数 $z = Ax + By$ 当 $\dfrac{Ax}{m} = \dfrac{By}{n}$ 时取得极小值.

命题 1 和命题 2 在条件和结论上是互相关联的,在实际中具有广泛的应用.

例1 侧面积为 πa^2 的圆锥中,底面半径和高如何选取,才能使得圆锥的体积最大?

解 设底面半径为 x,高为 y,体积为 V,则

$$\pi a^2 = \pi x \sqrt{x^2 + y^2}, \ \text{即} \ y = \frac{\sqrt{a^4 - x^4}}{x}.$$

故

$$V = \frac{\pi}{3} x^2 y = \frac{\pi}{3} x \sqrt{a^4 - x^4} = \frac{\pi}{3} (x^4)^{\frac{1}{4}} (a^4 - x^4)^{\frac{1}{2}}.$$

而 $x^4 + a^4 - x^4 = a^4$,且 $x^4 > 0$, $a^4 - x^4 > 0$, $a^4 > 0$,所以当 $\dfrac{x^4}{\frac{1}{4}} = \dfrac{a^4 - x^4}{\frac{1}{2}}$,即 x^2

$= \dfrac{a^2}{\sqrt{3}}$, $y^2 = \dfrac{2a^2}{\sqrt{3}}$ 时,函数 $V = \dfrac{\pi}{3} x^2 y$ 取得极大值.

由问题的实际意义知,当 $x^2 = \dfrac{a^2}{\sqrt{3}}$, $y^2 = \dfrac{2a^2}{\sqrt{3}}$ 时,圆锥的体积最大.

例2 设计制造一个容积为 A 的无盖的长方体水箱,它的底面是正方形,侧面是矩形.在水箱内部涂上一层防锈漆.如何设计才能使得所用的防锈漆最少?

解 设水箱的底面边长为 x,高为 y,内部涂漆部分的面积为 S,则

$$A = x^2 y, \ \text{即} \ x^4 y^2 = x^2 \cdot (xy)^2 = A^2.$$

又 $S = x^2 + 4xy$,所以当 $\dfrac{x^2}{1} = \dfrac{4xy}{2}$,即 $y = \dfrac{x}{2}$ 时,$S = x^2 + 4xy$ 取得极小值.

由问题的实际意义知,高为底面边长的一半时,所用的防锈漆最少.

可以证明,命题 1 和命题 2 可以推广到二元以上的函数.例如,推广到三元函数有:

命题 3 设正变数 x, y, z 满足 $Ax + By + Cz = a$,则函数 $u = x^m y^n z^p$ 当 $\dfrac{Ax}{m} = \dfrac{By}{n} = \dfrac{Cz}{p}$ 时取得极大值,其中,a, A, B, C 为正常数,m, n, p 为正有理数.

命题 4 设正变数 x, y, z 满足 $x^m y^n z^p = a$,则函数 $u = Ax + By + Cz$ 当 $\dfrac{Ax}{m} = \dfrac{By}{n} = \dfrac{Cz}{p}$ 时取得极小值,其中,a, A, B, C 为正常数,m, n, p 为正有理数.

类似地,可以写出三元以上的多元函数相应的命题的形式,并利用它们解决此类常见的问题.

7

第 7 章
级数与拉普拉斯变换

计算 1 除以 3 的商,得到 $\dfrac{1}{3}=0.\dot{3}=0.3+0.03+0.003+\cdots$,即

$$\frac{1}{3}=\frac{3}{10}+\frac{3}{10^2}+\cdots+\frac{3}{10^n}+\cdots.$$

上式的左边是一个确切的数,右边是一个无穷项的和.

看到这个结果,人们会提出问题:是不是无穷个数的和都可以与一个数建立这样的关系? 这种关系对于数学研究有什么意义?

这类问题就是级数问题,它在近似计算及电工学中有着广泛的应用.

本章将在介绍级数的一些基本概念和性质的基础上,着重讨论幂级数和傅里叶级数.同时介绍在专业课程中常用来解微分方程的重要变换——拉普拉斯变换.本章内容是自动化等偏电类专业的数学基础,在科学研究和专业课程的学习中有着重要的应用.

级数的概念

7.1.1　基本概念

知识回顾

在等比数列 $\{a_n\}$ 中,当公比 $q \neq 1$ 时,前 n 项和为

$$S_n = a_1 + a_1 q + a_1 q^2 + \cdots + a_1 q^{n-1} = \frac{a_1(1-q^n)}{1-q}.$$

其中,$a_n = a_1 q^{n-1}$ 叫作一般项或通项.

新知识

无穷数列 $\{u_n\}$ 的各项和(即所有项的和)

$$u_1 + u_2 + u_3 + \cdots + u_n + \cdots$$

叫作**无穷级数**,简称**级数**,记作 $\sum\limits_{n=1}^{\infty} u_n$,即

$$\sum_{n=1}^{\infty} u_n = u_1 + u_2 + u_3 + \cdots + u_n + \cdots.$$

其中,第 n 项 u_n 叫作级数的**一般项**或**通项**.

例如,级数 $\sum\limits_{n=1}^{\infty} \dfrac{1}{2^n} = \dfrac{1}{2} + \dfrac{1}{4} + \dfrac{1}{8} + \cdots + \dfrac{1}{2^n} + \cdots$ 的一般项是 $\dfrac{1}{2^n}$.

如果 u_n 是常数,那么级数 $\sum\limits_{n=1}^{\infty} u_n$ 叫作**常数项级数**.例如,级数 $\sum\limits_{n=1}^{\infty} \dfrac{1}{n}$、级数 $\sum\limits_{n=1}^{\infty} (-1)^{n-1} \cdot \dfrac{1}{2^n}$

都是常数项级数;如果 u_n 是变量 x(或其他变量)的函数,那么级数 $\sum\limits_{n=1}^{\infty} u_n$ 叫作**函数项级数**.例如,级数 $\sum\limits_{n=1}^{\infty} (-1)^{n-1} x^n$、级数 $\sum\limits_{n=1}^{\infty} \sin nx$ 都是函数项级数.

首先研究常数项级数.

级数 $\sum\limits_{n=1}^{\infty} u_n$ 的前 n 项之和 $S_n = u_1 + u_2 + u_3 + \cdots + u_n$ 叫作级数的部分和.如果当 $n \to \infty$ 时,S_n 有极限 s,即

$$\lim_{n\to\infty} S_n = s,$$

那么,称级数 $\sum_{n=1}^{\infty} u_n$ **收敛**,并把极限值 s 叫作这个**级数的和**,即

$$\sum_{n=1}^{\infty} u_n = s.$$

如果当 $n\to\infty$ 时,S_n 的极限不存在,那么称这个级数**发散**.

知识巩固

例 1 判断级数 $\sum_{n=1}^{\infty}(-1)^{n-1}\dfrac{1}{2^n}=\dfrac{1}{2}-\dfrac{1}{4}+\cdots+(-1)^{n-1}\dfrac{1}{2^n}+\cdots$ 是否收敛. 若收敛,求其和.

解 这个级数是公比为 $-\dfrac{1}{2}$ 的等比数列的各项和,叫作**等比级数**.其部分和为

$$S_n = \frac{a_1(1-q^n)}{1-q} = \frac{\dfrac{1}{2}\left[1-\left(-\dfrac{1}{2}\right)^n\right]}{1+\dfrac{1}{2}} = \frac{1}{2}\cdot\frac{2}{3}\left[1-\left(-\dfrac{1}{2}\right)^n\right],$$

所以

$$\lim_{n\to\infty} S_n = \frac{1}{3}\lim_{n\to\infty}\left[1-\left(-\frac{1}{2}\right)^n\right] = \frac{1}{3}.$$

因此,级数 $\sum_{n=1}^{\infty}(-1)^{n-1}\dfrac{1}{2^n}$ 收敛,其和为 $\dfrac{1}{3}$.

说明 等比级数(又称为几何级数) $\sum_{n=1}^{\infty} a_1 q^{n-1}$,当 $|q|<1$ 时,

$$\lim_{n\to\infty} S_n = \lim_{n\to\infty}\frac{a_1(1-q^n)}{1-q} = \frac{a_1}{1-q}\lim_{n\to\infty}(1-q^n) = \frac{a_1}{1-q}.$$

故级数收敛,且其为 $\dfrac{a_1}{1-q}$;当 $|q|\geqslant 1$ 时,级数发散.

例 2 判断级数 $\sum_{n=1}^{\infty} n = 1+2+3+4+\cdots+n+\cdots$ 的敛散性.

解 级数的部分和为

$$S_n = \frac{n(n+1)}{2},$$

因为

$$\lim_{n \to \infty} S_n = \lim_{n \to \infty} \frac{n(n+1)}{2} = \infty,$$

所以级数 $\sum\limits_{n=1}^{\infty} n$ 发散.

新知识

利用极限的性质可以得到级数下列性质(证明略).

性质1 如果级数 $\sum\limits_{n=1}^{\infty} u_n$ 收敛,其和为 s,那么级数 $\sum\limits_{n=1}^{\infty} Cu_n$ 也收敛,其和为 Cs(C 为常数).

性质2 如果级数 $\sum\limits_{n=1}^{\infty} u_n$ 与级数 $\sum\limits_{n=1}^{\infty} v_n$ 都收敛,其和分别为 s_1 和 s_2,那么级数 $\sum\limits_{n=1}^{\infty} (u_n + v_n)$ 也收敛,其和为 $s_1 + s_2$.

性质3 如果一个级数收敛,那么去掉、加上或改变有限项得到的级数仍然收敛.

利用定义判断一个级数是否收敛一般都是比较复杂的,因此,学者研究了许多判断的定理和方法,对此本章不做过多的研究.有兴趣的读者可以参照相关教科书.

知识巩固

例3 判断级数 $\sum\limits_{n=1}^{\infty} \dfrac{2 + (-1)^{n-1}}{3^n}$ 是否收敛,如果收敛,求出级数的和.

解 级数 $\sum\limits_{n=1}^{\infty} \dfrac{2}{3^n}$ 是等比级数,且公比 $|q| = \dfrac{1}{3} < 1$,该级数收敛,其和为

$$s = \frac{a_1}{1-q} = \frac{\dfrac{2}{3}}{1 - \dfrac{1}{3}} = 1.$$

自测:测一测9

级数 $\sum\limits_{n=1}^{\infty} \dfrac{(-1)^{n-1}}{3^n}$ 是等比级数,且公比 $|q| = \dfrac{1}{3} < 1$,该级数收敛,其和为

$$s = \frac{a_1}{1-q} = \frac{\dfrac{1}{3}}{1 + \dfrac{1}{3}} = \frac{1}{4}.$$

因此,级数 $\sum\limits_{n=1}^{\infty} \dfrac{2 + (-1)^{n-1}}{3^n}$ 收敛,其和为 $\dfrac{5}{4}$.

软件链接

利用 MATLAB 可以方便地判断级数是否收敛,如果收敛可以求出和.

例如,计算例 3 的操作如下:

在命令窗口中输入:

>>clear

>>syms n;

>>f = (2 + (−1)^(n−1))/3^n;

>>I = symsum(f, n, 1, inf)

按 Enter 键,显示:

I = $\frac{5}{4}$.

说明 如果级数发散,则显示结果为 inf(即∞).

视频:级数审敛

练习 7.1.1

1. 判断下列级数是否收敛,若收敛,求出级数的和.

(1) $\frac{3}{5} - \left(\frac{3}{5}\right)^2 + \left(\frac{3}{5}\right)^3 - \left(\frac{3}{5}\right)^4 + \cdots + (-1)^{n-1}\left(\frac{3}{5}\right)^n + \cdots$;

(2) $\ln^3\pi + \ln^4\pi + \ln^5\pi + \cdots + \ln^{n+2}\pi + \cdots$.

2. 利用级数收敛的性质,判断级数的敛散性,若收敛,则求其和.

$\left(\frac{1}{3} + \frac{1}{4}\right) + \left(\frac{1}{3^3} + \frac{1}{4^2}\right) + \left(\frac{1}{3^5} + \frac{1}{4^3}\right) + \left(\frac{1}{3^7} + \frac{1}{4^4}\right) + \cdots.$

7.1.2 幂级数

探究

下面研究函数项级数.

观察等比级数

$$\sum_{n=1}^{\infty} x^{n-1} = 1 + x + x^2 + \cdots + x^n + \cdots.$$

级数的部分和为

$$S_n = \frac{1 - x^n}{1 - x},$$

所以

$$\lim_{n\to\infty} S_n = \begin{cases} \dfrac{1}{1-x}, & \text{当}\ |x|<1\ \text{时}, \\ \text{不存在}, & \text{当}\ |x|\geqslant 1\ \text{时}. \end{cases}$$

因此,级数 $\sum\limits_{n=1}^{\infty} x^{n-1}$ 当 $|x|<1$ 时收敛,且其和为 $\dfrac{1}{1-x}$;当 $|x|\geqslant 1$ 时发散.

新知识

形如

$$\sum_{n=0}^{\infty} a_n (x-x_0)^n = a_0 + a_1(x-x_0) + a_2(x-x_0)^2 + \cdots + a_n(x-x_0)^n + \cdots$$

的函数项级数叫作 **$x-x_0$ 的幂级数**(其中,$a_0, a_1, \cdots, a_n, \cdots$ 是常数).

当 $x_0=0$ 时,上述的幂级数成为

$$\sum_{n=0}^{\infty} a_n x^n = a_0 + a_1 x + a_2 x^2 + \cdots + a_n x^n + \cdots.$$

可以看到,等比级数 $\sum\limits_{n=1}^{\infty} x^{n-1} = 1 + x + x^2 + \cdots + x^n + \cdots$ 是幂级数.

使函数项级数 $\sum\limits_{n=1}^{\infty} u_n(x)$ 收敛的点 x_0 叫作级数的**收敛点**,使函数项级数 $\sum\limits_{n=1}^{\infty} u_n(x)$ 发散的点 x_0 叫作级数的**发散点**.所有收敛点的集合叫作级数的**收敛域**,所有发散点的集合叫作级数的**发散域**.例如,幂级数 $\sum\limits_{n=1}^{\infty} x^{n-1}$ 的收敛域为 $(-1, 1)$.

函数项级数 $\sum\limits_{n=1}^{\infty} u_n(x)$ 对于收敛域内的某一个点 x,都有一个确定的和数与之对应,这样在收敛域内,函数项级数的和是 x 的函数,叫作函数项级数的**和函数**,记作 $S(x)$,即

$$S(x) = \sum_{n=1}^{\infty} u_n(x).$$

例如,幂级数 $\sum\limits_{n=1}^{\infty} x^{n-1}$ 的和函数为 $\dfrac{1}{1-x}$,即

$$\sum_{n=1}^{\infty} u_n(x) = \frac{1}{1-x}, \ x \in (-1, 1).$$

知识巩固

例 4　求幂级数 $1 + (x+1) + (x+1)^2 + (x+1)^3 + \cdots$ 的收敛域与和函数.

解 该幂级数是公比为 $q = x + 1$ 的等比级数，其部分和为

$$S_n = \frac{1 - (x+1)^n}{1 - (x+1)}.$$

根据上面的讨论，当 $|x+1| < 1$，即 $-2 < x < 0$ 时，级数收敛，并且

$$\lim_{n \to \infty} S_n = \frac{a_1}{1-q} = -\frac{1}{x}.$$

故级数的收敛域为 $(-2, 0)$，和函数为 $S(x) = -\frac{1}{x}$，即

$$\sum_{n=1}^{\infty} (x+1)^{n-1} = -\frac{1}{x}, \ x \in (-2, 0).$$

新知识

幂级数 $\sum\limits_{n=0}^{\infty} a_n x^n$ 的收敛性一般有以下三种情形：

(1) 仅在点 $x = 0$ 处收敛；

(2) 在 $(-\infty, +\infty)$ 内处处收敛；

(3) 存在一个正数 R，当 $|x| < R$ 时收敛，当 $|x| > R$ 时发散，称正数 R 为幂级数的**收敛半径**，区间 $(-R, R)$ 叫作**收敛区间**.

经常使用下面的方法进行判定：

对于幂级数 $\sum\limits_{n=0}^{\infty} a_n x^n$，设 $a_n \neq 0$，如果 $\lim\limits_{n \to \infty} \left| \dfrac{a_{n+1}}{a_n} \right| = \rho$，那么

(1) 当 $0 < \rho < +\infty$ 时，收敛半径 $R = \dfrac{1}{\rho}$；

(2) 当 $\rho = 0$ 时，收敛半径 $R = +\infty$；

(3) 当 $\rho = +\infty$ 时，收敛半径 $R = 0$.

知识巩固

例 5 求幂级数 $\sum\limits_{n=1}^{\infty} \dfrac{x^n}{n}$ 的收敛半径及收敛区间.

解 由于 $a_n = \dfrac{1}{n}$，$a_{n+1} = \dfrac{1}{n+1}$，因此

$$\lim_{n \to \infty} \left| \frac{a_{n+1}}{a_n} \right| = \lim_{n \to \infty} \left| \frac{\frac{1}{n+1}}{\frac{1}{n}} \right| = \lim_{n \to \infty} \left| \frac{n}{n+1} \right| = 1 = \rho,$$

则收敛半径 $R = \dfrac{1}{\rho} = 1$，收敛区间为 $(-1, 1)$.

例 6　求幂级数 $\displaystyle\sum_{n=0}^{\infty} \dfrac{x^{2n}}{4^n}$ 的收敛区间.

解　令 $t = x^2$，于是原幂级数变为 $\displaystyle\sum_{n=0}^{\infty} \dfrac{t^n}{4^n}$.

$$\rho = \lim_{n \to \infty} \left| \frac{a_{n+1}}{a_n} \right| = \lim_{n \to \infty} \frac{4^n}{4^{n+1}} = \frac{1}{4}.$$

所以
$$R = \frac{1}{\rho} = 4.$$

由 $|t| < 4$，即 $|x^2| < 4$，得 $|x| < 2$. 故幂级数 $\displaystyle\sum_{n=0}^{\infty} \dfrac{x^{2n}}{4^n}$ 的收敛区间为 $(-2, 2)$.

说明　求幂级数的收敛域的时候，一般需要首先求出收敛区间，然后判定级数在区间端点处是否收敛. 如例 5 中，级数在 $x = -1$ 处收敛，在 $x = 1$ 处发散，因此级数的收敛域是 $[-1, 1)$. 在本教材中，一般不做这方面的研究，如果需要可以利用软件来完成.

问题

我们已经知道，幂级数

$$1 + x + x^2 + x^3 + \cdots + x^n + \cdots, \quad x \in (-1, 1)$$

的和函数为 $\dfrac{1}{1-x}$.

现在考虑问题：已知函数 $y = f(x)$，如何将其展开成幂级数呢？

*新知识

将函数展开成幂级数，一般使用两种方法：直接展开法和间接展开法.

方法 1　直接展开法.

把函数 $f(x)$ 展开成幂级数，按照下列步骤进行：

(1) 求出函数 $f(x)$ 的各阶导数 $f'(x)$，$f''(x)$，$\cdots$，$f^{(n)}(x)$，$\cdots$；

(2) 求出函数 $f(x)$ 及 $f(x)$ 的各阶导数在 $x = 0$ 处的值，即 $f(0)$，$f'(0)$，$f''(0)$，$\cdots$，$f^{(n)}(0)$，$\cdots$；

(3) 写出幂级数

$$f(x) = f(0) + f'(0)x + \frac{1}{2!} f''(0) x^2 + \cdots + \frac{1}{n!} f^{(n)}(0) x^n + \cdots,$$

并求出它的收敛区间.

知识巩固

*例 7 将函数 $f(x)=\mathrm{e}^x$ 展开成幂级数.

解 因为 $f^{(n)}(x)=\mathrm{e}^x$（n 为正整数），所以

$$f(0)=f'(0)=f''(0)=\cdots=f^{(n)}(0)\cdots=1 \quad (n \text{ 为正整数}),$$

于是

$$\mathrm{e}^x=1+x+\frac{1}{2!}x^2+\frac{1}{3!}x^3+\cdots+\frac{1}{n!}x^n+\cdots.$$

又 $a_n=\dfrac{1}{n!}$，$a_{n+1}=\dfrac{1}{(n+1)!}$，由幂级数收敛区间的判定法知，

$$\lim_{n\to\infty}\left|\frac{a_{n+1}}{a_n}\right|=\lim_{n\to\infty}\frac{1}{n+1}=0=\rho,$$

所以 $\mathrm{e}^x=1+x+\dfrac{1}{2!}x^2+\dfrac{1}{3!}x^3+\cdots+\dfrac{1}{n!}x^n+\cdots$，$x\in(-\infty,+\infty)$.

动画:函数及其展
级数的图形对照

从例 7 可以看到用直接展开法求 $f^{(n)}(x)$ 是比较麻烦的,如果知道常见函数(基本初等函数)的幂级数展开式,利用幂级数的性质等方法,求其他函数的幂级数展开式,这样的方法叫作幂级数的间接展开法.

* **新知识**

方法 2 间接展开法.

这种方法基于某些已知的幂级数展开式,利用变量替换的思想完成.

作为已知的幂级数展开式,经常会用到下面几个幂级数展开式：

(1) $\mathrm{e}^x=1+x+\dfrac{x^2}{2!}+\cdots+\dfrac{x^n}{n!}+\cdots$，$x\in(-\infty,+\infty)$；

(2) $\sin x=x-\dfrac{x^3}{3!}+\dfrac{x^5}{5!}-\cdots+(-1)^n\dfrac{x^{2n+1}}{(2n+1)!}+\cdots$，$x\in(-\infty,+\infty)$；

(3) $\cos x=1-\dfrac{x^2}{2!}+\dfrac{x^4}{4!}-\cdots+(-1)^n\dfrac{x^{2n}}{(2n)!}+\cdots$，$x\in(-\infty,+\infty)$；

(4) $\ln(1+x)=x-\dfrac{x^2}{2}+\dfrac{x^3}{3}-\cdots+(-1)^{n-1}\dfrac{x^n}{n}+\cdots$，$x\in(-1,1]$；

(5) $\dfrac{1}{1-x}=1+x+x^2+x^3+\cdots+x^n+\cdots$，$x\in(-1,1)$.

知识巩固

*例 8 求函数 $f(x)=\cos 2x$ 的幂级数展开式.

解 考虑到公式

$$\cos x=1-\frac{x^2}{2!}+\frac{x^4}{4!}-\cdots+(-1)^n\frac{x^{2n}}{(2n)!}+\cdots,\ x\in(-\infty,+\infty),$$

用 $2x$ 替换公式中的 x，得到

$$\cos 2x = 1 - \frac{(2x)^2}{2!} + \frac{(2x)^4}{4!} - \cdots + (-1)^n \frac{(2x)^{2n}}{(2n)!} + \cdots, \ x \in (-\infty, +\infty).$$

软件链接

利用 MATLAB 可以方便地将一个函数展开为幂级数，详见数学实验 7.

例如，将函数 $f(x) = \sin x$ 展开为幂级数，写出展开至 5 次幂项的操作如下：

在命令窗口中输入：

>>clear

>>syms x;

>>f = sin(x);

>>taylor(f)

按 Enter 键，显示：

f =

sin(x)

ans =

x − 1/6 ∗ x^3 + 1/120 ∗ x^5

即

$$\sin x = x - \frac{1}{6}x^3 + \frac{1}{120}x^5 + \cdots.$$

动画:图形对照

练习 7.1.2

1. 求下列幂级数 $\sum\limits_{n=1}^{\infty} \frac{1}{2^n} x^n$ 的收敛区间与和函数.

2. 求下列幂级数的收敛半径和收敛区间.

（1）$\sum\limits_{n=1}^{\infty} \frac{x^n}{n!}$; （2）$\sum\limits_{n=1}^{\infty} \frac{x^{2n}}{3^n}$.

3. 求下列函数的幂级数展开式.

（1）$f(x) = \mathrm{e}^{-x}$，$x \in (-\infty, +\infty)$;

（2）$f(x) = \ln(x+1)$，$x \in (-1, 1)$.

4. 利用 MATLAB 软件，将函数 $f(x) = \dfrac{3}{2-x}$ 展开为幂级数.

7.2 傅里叶级数

7.2.1 周期为 2π 的函数展开为傅里叶级数

新知识

设 $f(x)$ 是一个以 2π 为周期的函数,且能展开成级数,即

$$f(x) = \frac{a_0}{2} + \sum_{n=1}^{\infty}(a_n\cos nx + b_n\sin nx). \tag{7.1}$$

式(7.1)叫作函数 $f(x)$ 的**傅里叶级数**,其中,

视频:傅里叶级数介绍

$$a_0 = \frac{1}{\pi}\int_{-\pi}^{\pi}f(x)\mathrm{d}x,$$

$$a_n = \frac{1}{\pi}\int_{-\pi}^{\pi}f(x)\cos nx\mathrm{d}x \ (n=1,\,2,\,3,\,\cdots),$$

$$b_n = \frac{1}{\pi}\int_{-\pi}^{\pi}f(x)\sin nx\mathrm{d}x \ (n=1,\,2,\,3,\,\cdots).$$

系数 a_0,a_n,b_n 叫作**函数 $f(x)$ 的傅里叶系数**.

设 $f(x)$ 是以 2π 为周期的函数,如果函数 $f(x)$ 在一个周期内连续或至多只有有限个第一类间断点①,并且至多只有有限个极值点,可以证明函数 $f(x)$ 的傅里叶级数收敛,并且

(1) 当 x 是 $f(x)$ 的连续点时,级数收敛于 $f(x)$;

(2) 当 x 是 $f(x)$ 的间断点时,级数收敛于 $\frac{1}{2}[f(x^+)+f(x^-)]$.

实际问题中我们所遇到的周期函数,一般都能满足上述定理的条件,因而都能展开为傅里叶级数.

知识巩固

例1 设 $f(x)$ 是以 2π 为周期的函数,它在 $[-\pi,\pi)$ 上的表示式为

$$f(x) = \begin{cases} 0, & -\pi \leqslant x < 0, \\ x, & 0 \leqslant x < \pi. \end{cases}$$

将 $f(x)$ 展开为傅里叶级数.

---

① 特征是该点的左极限与右极限都存在.

解　计算傅里叶系数：

$$a_0 = \frac{1}{\pi} \int_{-\pi}^{\pi} f(x)\,\mathrm{d}x = \frac{1}{\pi} \int_0^{\pi} x\,\mathrm{d}x = \frac{1}{\pi} \left[\frac{x^2}{2} \right]_0^{\pi} = \frac{\pi}{2},$$

$$a_n = \frac{1}{\pi} \int_{-\pi}^{\pi} f(x)\cos nx\,\mathrm{d}x = \frac{1}{\pi} \int_0^{\pi} x \cos nx\,\mathrm{d}x = \frac{1}{\pi} \left[\frac{x}{n}\sin nx + \frac{1}{n^2}\cos nx \right]_0^{\pi}$$

$$= \frac{1}{n^2\pi}(\cos n\pi - 1) = \begin{cases} 0, & \text{当 } n \text{ 为偶数}, \\ -\dfrac{2}{n^2\pi}, & \text{当 } n \text{ 为奇数}, \end{cases}$$

$$b_n = \frac{1}{\pi} \int_{-\pi}^{\pi} f(x)\sin nx\,\mathrm{d}x = \frac{1}{\pi} \int_0^{\pi} x \sin nx\,\mathrm{d}x = \frac{1}{\pi} \left[-\frac{x}{n}\cos nx + \frac{1}{n^2}\sin nx \right]_0^{\pi}$$

$$= \frac{1}{\pi}\left(-\frac{\pi}{n}\cos n\pi \right) = \frac{(-1)^{n+1}}{n} \quad (n = 1,\ 2,\ 3,\ \cdots).$$

因此得到 $f(x)$ 的傅里叶级数为

$$\frac{\pi}{4} - \frac{2}{\pi}\left[\cos x + \frac{1}{3^2}\cos 3x + \frac{1}{5^2}\cos 5x + \cdots + \frac{1}{(2n-1)^2}\cos(2n-1)x + \cdots \right] +$$

$$\left[\sin x - \frac{1}{2}\sin 2x + \frac{1}{3}\sin 3x - \cdots + (-1)^{n+1}\frac{1}{n}\sin nx + \cdots \right].$$

在函数的间断点处，它收敛于

$$\frac{1}{2}\big[f((2k-1)\pi^-) + f((2k-1)\pi^+) \big] = \frac{\pi}{2}.$$

所以 $f(x)$ 展开为傅里叶级数

$$f(x) = \frac{\pi}{4} - \frac{2}{\pi}\left[\cos x + \frac{1}{3^2}\cos 3x + \frac{1}{5^2}\cos 5x + \cdots + \frac{1}{(2n-1)^2}\cos(2n-1)x + \cdots \right] +$$

$$\left[\sin x - \frac{1}{2}\sin 2x + \frac{1}{3}\sin 3x - \cdots + (-1)^{n+1}\frac{1}{n}\sin nx + \cdots \right]$$

$$[-\infty < x < +\infty,\ x \neq (2k-1)\pi,\ k \in \mathbf{Z}].$$

和函数的图像如图 7-1 所示.

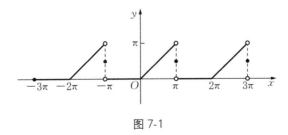

图 7-1

说明　为简单起见，本章后面讨论周期函数 $f(x)$ 展开为傅里叶级数时，不再讨论间断点处的收敛情况.

例2 设 $f(x)$ 是以 2π 为周期的函数,它在 $[-\pi, \pi)$ 上的表达式为

$$f(x) = x \quad (-\pi \leqslant x < \pi),$$

将 $f(x)$ 展开为傅里叶级数.

解 因为

$$a_0 = \frac{1}{\pi} \int_{-\pi}^{\pi} f(x) \,\mathrm{d}x = \frac{1}{\pi} \int_{-\pi}^{\pi} x \,\mathrm{d}x = 0,$$

$$a_n = \frac{1}{\pi} \int_{-\pi}^{\pi} f(x) \cos nx \,\mathrm{d}x = \frac{1}{\pi} \int_{-\pi}^{\pi} x \cos nx \,\mathrm{d}x = 0 \ (n = 1, 2, 3, \cdots),$$

$$b_n = \frac{1}{\pi} \int_{-\pi}^{\pi} f(x) \sin nx \,\mathrm{d}x = \frac{1}{\pi} \int_{-\pi}^{\pi} x \sin nx \,\mathrm{d}x = \frac{2}{\pi} \left[-\frac{x}{n} \cos nx + \frac{1}{n^2} \sin nx \right]_0^{\pi}$$

$$= -\frac{2}{n} \cos n\pi = (-1)^{n+1} \frac{2}{n} \ (n = 1, 2, 3, \cdots).$$

图片:例2的和
函数图形

所以 $f(x)$ 展开为傅里叶级数

$$f(x) = 2 \left[\sin x - \frac{1}{2} \sin 2x + \frac{1}{3} \sin 3x - \cdots + \frac{(-1)^{n+1}}{n} \sin nx + \cdots \right]$$

$$[-\infty < x < +\infty, \ x \neq (2k-1)\pi, \ k \in \mathbf{Z}].$$

新知识

如果 $f(x)$ 是周期为 2π 的奇函数,那么它的傅里叶系数中

$$a_0 = 0, \ a_n = 0 \ (n = 1, 2, 3, \cdots),$$

$$b_n = \frac{2}{\pi} \int_0^{\pi} f(x) \sin nx \,\mathrm{d}x \ (n = 1, 2, 3, \cdots).$$

于是 $f(x)$ 可展开为傅里叶级数

$$f(x) = \sum_{n=1}^{\infty} b_n \sin nx.$$

傅里叶展开式中只有正弦项,这样的级数叫作**正弦级数**.

如果 $f(x)$ 是周期为 2π 的偶函数,那么它的傅里叶系数中

$$b_n = 0 \ (n = 1, 2, 3, \cdots),$$

$$a_0 = \frac{2}{\pi} \int_0^{\pi} f(x) \,\mathrm{d}x, \ a_n = \frac{2}{\pi} \int_0^{\pi} f(x) \cos nx \,\mathrm{d}x \ (n = 1, 2, 3, \cdots),$$

于是 $f(x)$ 可展开为傅里叶级数

$$f(x) = \frac{a_0}{2} + \sum_{n=1}^{\infty} a_n \cos nx.$$

傅里叶展开式中只有余弦项,这样的级数叫作**余弦级数**.

首先判断函数的奇偶性,有时候会给函数的傅里叶级数展开带来便利.

知识巩固

例 3 设 $f(x)$ 是以 2π 为周期的函数,它在 $[-\pi, \pi)$ 上的表达式为

$$f(x)=\begin{cases} -x, & -\pi \leqslant x < 0, \\ x, & 0 \leqslant x < \pi, \end{cases}$$

将 $f(x)$ 展开为傅里叶级数.

解 因为周期函数 $f(x)$ 为偶函数,所以它的傅里叶级数是余弦级数.又因为

$$a_0 = \frac{2}{\pi}\int_0^\pi f(x)\,\mathrm{d}x = \frac{2}{\pi}\int_0^\pi x\,\mathrm{d}x = \pi,$$

$$a_n = \frac{2}{\pi}\int_0^\pi x\cos nx\,\mathrm{d}x = \frac{2}{\pi}\left[\frac{x}{n}\sin nx + \frac{1}{n^2}\cos nx\right]_0^\pi$$

$$= \frac{2}{n^2\pi}(\cos n\pi - 1) = \begin{cases} 0, & \text{当 } n \text{ 为偶数}, \\ -\dfrac{4}{n^2\pi}, & \text{当 } n \text{ 为奇数} \end{cases} \quad (n = 1, 2, 3, \cdots),$$

$$b_n = 0 \quad (n = 1, 2, 3, \cdots).$$

所以 $f(x)$ 展开为傅里叶级数

$$f(x) = \frac{\pi}{2} - \frac{4}{\pi}\left[\cos x + \frac{1}{3^2}\cos 3x + \cdots + \frac{1}{(2n-1)^2}\cos(2n-1)x + \cdots\right]$$

$$(-\infty < x < +\infty).$$

图片:例 3 的和函数图形

练习 7.2.1

1. 设 $f(x)$ 是周期为 2π 的函数,它在 $[-\pi, \pi)$ 上的表达式为

$$f(x)=\begin{cases} 0, & -\pi \leqslant x < 0, \\ A, & 0 \leqslant x < \pi, \end{cases}$$

其中,A 为不等于零的常数,将 $f(x)$ 展开为傅里叶级数.

2. 设 $f(x)$ 是周期为 2π 的函数,它在 $[-\pi, \pi)$ 上的表达式为

$$f(x)=\begin{cases} \pi + x, & -\pi \leqslant x < 0, \\ \pi - x, & 0 \leqslant x < \pi, \end{cases}$$

将 $f(x)$ 展开为傅里叶级数.

7.2.2　周期为 $2l$ 的函数展开为傅里叶级数

探究

前面讨论的都是周期为 2π 的周期函数.实际问题中的周期函数,其周期不一定是 2π.下面讨论周期为 $2l$ 的函数展开为傅里叶级数.

设函数 $f(x)$ 的周期为 $2l$,令 $t=\dfrac{\pi}{l}x$,则当 x 在区间 $[-l,\ l]$ 上取值时,t 就在 $[-\pi,\ \pi]$ 上取值.设

$$f(x)=f\left(\frac{l}{\pi}t\right)=\varphi(t),$$

则 $\varphi(t)$ 是以 2π 为周期的函数.将 $\varphi(t)$ 展开为傅里叶级数

$$\varphi(t)=\frac{a_0}{2}+\sum_{n=1}^{\infty}(a_n\cos nt+b_n\sin nt),$$

其中,

$$a_0=\frac{1}{\pi}\int_{-\pi}^{\pi}\varphi(t)\mathrm{d}t,$$

$$a_n=\frac{1}{\pi}\int_{-\pi}^{\pi}\varphi(t)\cos nt\,\mathrm{d}t\ (n=1,\ 2,\ 3,\ \cdots),$$

$$b_n=\frac{1}{\pi}\int_{-\pi}^{\pi}\varphi(t)\sin nt\,\mathrm{d}t\ (n=1,\ 2,\ 3,\ \cdots).$$

在以上各式中,把变量 t 换回 x 并注意到 $f(x)=\varphi(t)$,可以得到周期为 $2l$ 的函数 $f(x)$ 的傅里叶级数展开式.

新知识

周期为 $2l$ 的函数 $f(x)$ 的傅里叶级数展开式

$$f(x)=\frac{a_0}{2}+\sum_{n=1}^{\infty}\left(a_n\cos\frac{n\pi x}{l}+b_n\sin\frac{n\pi x}{l}\right),$$

其中,

$$a_0=\frac{1}{l}\int_{-l}^{l}f(x)\mathrm{d}x,$$

$$a_n=\frac{1}{l}\int_{-l}^{l}f(x)\cos\frac{n\pi x}{l}\mathrm{d}x\ (n=1,\ 2,\ 3,\ \cdots),$$

$$b_n=\frac{1}{l}\int_{-l}^{l}f(x)\sin\frac{n\pi x}{l}\mathrm{d}x\ (n=1,\ 2,\ 3,\ \cdots).$$

类似地,如果 $f(x)$ 是奇函数,则它的傅里叶级数是正弦级数,即

$$f(x) = \sum_{n=1}^{\infty} b_n \sin \frac{n\pi x}{l},$$

其中，$b_n = \dfrac{2}{l} \displaystyle\int_0^l f(x) \sin \dfrac{n\pi x}{l} \mathrm{d}x \ (n = 1, 2, 3, \cdots)$.

如果 $f(x)$ 是偶函数，则它的傅里叶级数是余弦级数，即

$$f(x) = \frac{a_0}{2} + \sum_{n=1}^{\infty} a_n \cos \frac{n\pi x}{l},$$

其中，$a_0 = \dfrac{2}{l} \displaystyle\int_0^l f(x) \mathrm{d}x$，$a_n = \dfrac{2}{l} \displaystyle\int_0^l f(x) \cos \dfrac{n\pi x}{l} \mathrm{d}x \ (n = 1, 2, 3, \cdots)$.

知识巩固

例 4　设 $f(x)$ 是周期为 4 的函数，它在 $[-2, 2)$ 上的表达式为

$$f(x) = \begin{cases} 0, & -2 \leqslant x < 0, \\ A, & 0 \leqslant x < 2, \end{cases}$$

其中，A 为不等于零的常数，将 $f(x)$ 展开为傅里叶级数.

解　计算傅里叶系数：

$$a_0 = \frac{1}{2} \int_{-2}^{2} f(x) \mathrm{d}x = \frac{1}{2} \int_{0}^{2} A \mathrm{d}x = A,$$

$$a_n = \frac{1}{2} \int_{-2}^{2} f(x) \cos \frac{n\pi x}{2} \mathrm{d}x = \frac{1}{2} \int_{0}^{2} A \cos \frac{n\pi x}{2} \mathrm{d}x$$

$$= \left[\frac{A}{n\pi} \sin \frac{n\pi x}{2} \right]_0^2 = 0 \ (n = 1, 2, 3, \cdots),$$

$$b_n = \frac{1}{2} \int_{-2}^{2} f(x) \sin \frac{n\pi x}{2} \mathrm{d}x = \frac{1}{2} \int_{0}^{2} A \sin \frac{n\pi x}{2} \mathrm{d}x$$

$$= \left[-\frac{A}{n\pi} \cos \frac{n\pi x}{2} \right]_0^2 = \frac{A}{n\pi} (1 - \cos n\pi)$$

$$= \frac{A}{n\pi} [1 - (-1)^n] = \begin{cases} \dfrac{2A}{n\pi}, & \text{当 } n \text{ 为奇数}, \\ 0, & \text{当 } n \text{ 为偶数} \end{cases} \quad (n = 1, 2, 3, \cdots).$$

所以 $f(x)$ 展开为傅里叶级数

$$f(x) = \frac{A}{2} + \frac{2A}{\pi} \left(\sin \frac{\pi}{2} x + \frac{1}{3} \sin \frac{3\pi}{2} x + \frac{1}{5} \sin \frac{5\pi}{2} x + \cdots \right)$$

$$(-\infty < x < +\infty, \ x \neq 2k, \ k \in \mathbf{Z}).$$

练习 7.2.2

1. 设 $f(x)$ 是周期为 2 的函数,它在 $[-1,1)$ 上的表达式为

$$f(x) = \begin{cases} 1, & -1 \leqslant x < 0, \\ 0, & 0 \leqslant x < 1, \end{cases}$$

将 $f(x)$ 展开为傅里叶级数.

2. 将周期为 4 的函数 $f(x) = x$, $x \in [-2, 2)$ 展开为傅里叶级数.

7.2.3 周期延拓

新知识

我们已经讨论了将周期函数展开为傅里叶级数的问题.而实际问题中会遇到大量的非周期函数,有时需要把它们展开成傅里叶级数.下面讨论如何把定义在 $(-l, l)$ 或 $(0, l)$ 上的函数展开为傅里叶级数.

一般地,若将 $(0, l)$ 上的函数 $f(x)$ 展开为正弦级数,则把 $f(x)$ 延拓为 $(-l, l)$ 上的奇函数 $F(x)$,叫作奇延拓,即

$$F(x) = \begin{cases} f(x), & 0 < x < l, \\ -f(-x), & -l < x < 0. \end{cases}$$

然后将 $F(x)$ 展开为傅里叶级数,这样得到定义在 $(0, l)$ 上的函数 $f(x)$ 的正弦级数.

一般地,若将 $(0, l)$ 上的函数 $f(x)$ 展开为余弦级数,则把 $f(x)$ 延拓为 $(-l, l)$ 上的偶函数 $F(x)$,叫作偶延拓,即

$$F(x) = \begin{cases} f(x), & 0 < x < l, \\ f(-x), & -l < x < 0. \end{cases}$$

然后将 $F(x)$ 展开为傅里叶级数,这样得到定义在 $(0, l)$ 上的函数 $f(x)$ 的余弦级数.

知识巩固

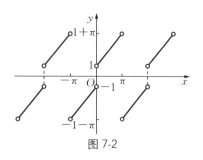

图 7-2

例 5 将函数 $f(x) = x + 1 (0 < x < \pi)$ 分别展开为正弦级数和余弦级数.

解 先将 $f(x)$ 展开为正弦级数,为此,先对 $f(x)$ 进行奇延拓,再延拓为周期是 2π 的函数.延拓后的函数如图 7-2 所示.

由于延拓后的函数是奇函数,傅里叶系数为

$$a_0 = 0,\ a_n = 0\ (n = 1,\ 2,\ 3,\ \cdots),$$

$$b_n = \frac{2}{\pi} \int_0^\pi f(x) \sin nx\, \mathrm{d}x = \frac{2}{\pi} \int_0^\pi (x+1) \sin nx\, \mathrm{d}x$$

$$= \frac{2}{\pi} \left\{ \left[-\frac{x \cos nx}{n} \right]_0^\pi + \left[\frac{\sin nx}{n^2} \right]_0^\pi - \left[\frac{\cos nx}{n} \right]_0^\pi \right\}$$

$$= \frac{2}{n\pi} (1 - \pi\cos n\pi - \cos n\pi)$$

$$= \begin{cases} \dfrac{2}{\pi} \cdot \dfrac{\pi+2}{n}, & n = 1,\ 3,\ 5,\ \cdots, \\ -\dfrac{2}{n}, & n = 2,\ 4,\ 6,\ \cdots. \end{cases}$$

所以 $f(x)$ 展开为正弦级数

$$x + 1 = \frac{2}{\pi} \left[(\pi+2)\sin x - \frac{\pi}{2}\sin 2x + \frac{1}{3}(\pi+2)\sin 3x - \frac{\pi}{4}\sin 4x + \cdots \right]$$
$$(0 < x < \pi).$$

再将 $f(x)$ 展开为余弦级数,对 $f(x)$ 进行偶延拓后,再作周期延拓,延拓后的函数是偶函数,如图 7-3 所示.

$$b_n = 0\ (n = 1,\ 2,\ 3,\ \cdots),$$

$$a_0 = \frac{2}{\pi} \int_0^\pi f(x)\,\mathrm{d}x = \frac{2}{\pi} \int_0^\pi (x+1)\,\mathrm{d}x$$

$$= \frac{2}{\pi} \left\{ \left[\frac{x^2}{2} \right]_0^\pi + [x]_0^\pi \right\} = \pi + 2,$$

$$a_n = \frac{2}{\pi} \int_0^\pi f(x) \cos nx\, \mathrm{d}x = \frac{2}{\pi} \int_0^\pi (x+1)\cos nx\, \mathrm{d}x$$

$$= \frac{2}{\pi} \left\{ \left[\frac{(x+1)\sin nx}{n} \right]_0^\pi + \left[\frac{\cos nx}{n^2} \right]_0^\pi \right\}$$

$$= \frac{2}{n^2\pi} (\cos n\pi - 1) = \begin{cases} -\dfrac{4}{n^2\pi}, & n = 1,\ 3,\ 5,\ \cdots, \\ 0, & n = 2,\ 4,\ 6,\ \cdots. \end{cases}$$

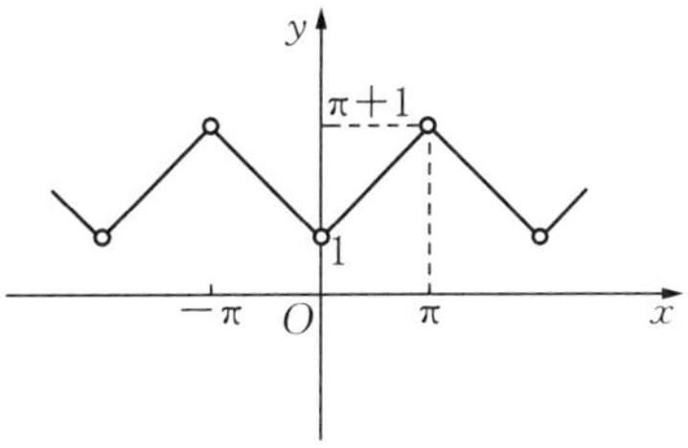

图 7-3

所以 $f(x)$ 展开为余弦级数

$$x + 1 = \left(\frac{\pi}{2} + 1 \right) - \frac{4}{\pi} \left(\cos x + \frac{1}{3^2}\cos 3x + \frac{1}{5^2}\cos 5x + \cdots \right) (0 < x < \pi).$$

将定义在 $(0, \pi)$ 上的函数展开为正弦级数或余弦级数时,一般不必写出延拓后的函数,只要按公式计算出系数代入正弦级数或余弦级数即可.

用同样的方法,还可以将定义在 $(-l, l)$ 或 $(0, l)$ 上的函数展开为正弦级数或余弦级数.

软件链接

要将一个函数展开为傅里叶级数,傅里叶系数的计算一般是比较麻烦的.可以利用 MATLAB 方便地将函数展开为傅里叶级数,详见数学实验 7.

1. 将函数 $f(x)=x \ (0<x<\pi)$ 分别展开为正弦级数和余弦级数.

2. 将 $f(x)=\dfrac{\pi}{2}-x \ (0<x<\pi)$ 展开为余弦级数.

7.3 拉普拉斯变换

第 4 章介绍了微分方程,并介绍了利用 MATLAB 软件解微分方程.但是,这些都只能解一些比较特殊的简单类型的微分方程.在自动化控制中,经常采用一种积分变换来降低求解微分方程的难度,这种变换就是拉普拉斯变换.

7.3.1 拉普拉斯变换的基本概念

新知识

设函数 $f(t)$ 的定义域为 $[0,+\infty)$,若广义积分 $\displaystyle\int_0^{+\infty} f(t)\mathrm{e}^{-st}\,\mathrm{d}t$ 在 s 的某一范围内收敛,则此积分就确定了一个参数为 s 的函数,记作 $F(s)$,即

$$F(s)=\int_0^{+\infty} f(t)\mathrm{e}^{-st}\,\mathrm{d}t.$$

函数 $F(s)$ 叫作 $f(t)$ 的**拉普拉斯(Laplace)变换**,简称**拉氏变换**[或叫作 $f(t)$ 的**象函数**],用记号 $L[f(t)]$ 表示,即

$$F(s)=L[f(t)]=\int_0^{+\infty} f(t)\mathrm{e}^{-st}\,\mathrm{d}t. \tag{7.2}$$

关于拉氏变换定义的几点说明:

(1) 定义中只要求 $f(t)$ 在 $t \geqslant 0$ 时有定义,假定在 $t<0$ 时,$f(t)\equiv 0$;

（2）在自然科学和工程技术中经常遇到的函数，总能满足拉氏变换的存在条件，故本章略去拉氏变换的存在性的讨论.

知识巩固

例 1　求指数函数 $f(t)=e^{3t}(t \geqslant 0)$ 的拉氏变换.

解　由公式（7.2），得

$$L\left[e^{3t}\right]=\int_{0}^{+\infty} e^{3t} e^{-st} \,dt=\int_{0}^{+\infty} e^{-(s-3)t} \,dt.$$

当 $s>3$ 时，此积分收敛，故

$$L\left[e^{3t}\right]=\int_{0}^{+\infty} e^{-(s-3)t} \,dt=-\frac{1}{s-3} e^{-(s-3)t}\bigg|_{0}^{+\infty}=\frac{1}{s-3}.$$

新知识

在实际应用中，直接用定义的方法求函数的拉氏变换比较繁琐.为了应用方便，我们将常用的函数的拉氏变换分别列表（表 7-1）供读者使用.

表 7-1

序号	$f(t)$	$F(s)$
1	$\delta(t)$	1
2	$u(t)$	$\dfrac{1}{s}$
3	$t^n(n=1,2,\cdots)$	$\dfrac{n!}{s^{n+1}}$
4	e^{at}	$\dfrac{1}{s-a}$
5	$t^n e^{at}(n=1,2,\cdots)$	$\dfrac{n!}{(s-a)^{n+1}}$
6	$\sin \omega t$	$\dfrac{\omega}{s^2+\omega^2}$
7	$\cos \omega t$	$\dfrac{s}{s^2+\omega^2}$
8	$\sin(\omega t+\varphi)$	$\dfrac{s\sin\varphi+\omega\cos\varphi}{s^2+\omega^2}$
9	$\cos(\omega t+\varphi)$	$\dfrac{s\cos\varphi-\omega\sin\varphi}{s^2+\omega^2}$
10	$t\sin\omega t$	$\dfrac{2\omega s}{(s^2+\omega^2)^2}$

序号	$f(t)$	$F(s)$
11	$t\cos\omega t$	$\dfrac{s^2-\omega^2}{(s^2+\omega^2)^2}$
12	$\mathrm{e}^{-at}\sin\omega t$	$\dfrac{\omega}{(s+a)^2+\omega^2}$
13	$\mathrm{e}^{-at}\cos\omega t$	$\dfrac{s+a}{(s+a)^2+\omega^2}$
14	$\sin at\cos bt$	$\dfrac{2abs}{[s^2+(a+b)^2][s^2+(a-b)^2]}$
15	$\mathrm{e}^{at}-\mathrm{e}^{bt}$	$\dfrac{a-b}{(s-a)(s-b)}$

知识巩固

例 2 求下列函数的拉氏变换.

(1) $f(t)=\mathrm{e}^{-4t}$；　　　　(2) $f(t)=t^4$；　　　　(3) $f(t)=\mathrm{e}^{2t}\sin 4t$.

解　(1) 由拉氏变换表中 $L[\mathrm{e}^{at}]=\dfrac{1}{s-a}$，得

$$L[f(t)]=L[\mathrm{e}^{-4t}]=\frac{1}{s+4}.$$

(2) 由拉氏变换表中 $L[t^n]=\dfrac{n!}{s^{n+1}}$，得

$$L[t^4]=\frac{4!}{s^{4+1}}=\frac{4\times 3\times 2\times 1}{s^5}, \text{即 } L[t^4]=\frac{24}{s^5}.$$

(3) 由 $L[\mathrm{e}^{-at}\sin\omega t]=\dfrac{\omega}{(s+a)^2+\omega^2}$，得

$$L[\mathrm{e}^{2t}\sin 4t]=\frac{4}{(s-2)^2+16}.$$

新知识

下面介绍两个自动控制系统中常用的函数.

1. 单位阶梯函数

单位阶梯函数的表示形式为

$$u(t)=\begin{cases}0, & t<0,\\ 1, & t\geqslant 0,\end{cases}$$

如图 7-4(1)所示.

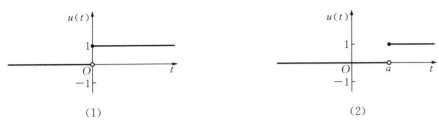

图 7-4

将 $u(t)$ 平移 $|a|$ 个单位,如图 7-4(2)所示,则

$$u(t-a)=\begin{cases}0, & t<a, \\ 1, & t\geqslant a.\end{cases}$$

2. 狄拉克函数

设

$$\delta_\tau(t)=\begin{cases}0, & t<0, \\ \dfrac{1}{\tau}, & 0\leqslant t\leqslant \tau, \\ 0, & t>\tau.\end{cases}$$

当 $\tau\to 0$ 时,$\delta_\tau(t)$ 的极限 $\delta(t)=\lim\limits_{\tau\to 0}\delta_\tau(t)$ 叫作**狄拉**

克(Dirac)**函数**,简称 δ 函数.

当 $t\neq 0$ 时,$\delta(t)=0$;当 $t=0$ 时,$\delta(t)\to\infty$,即

$$\delta(t)=\begin{cases}0, & t\neq 0, \\ \infty, & t=0,\end{cases}$$

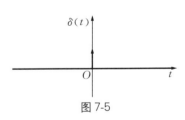

图 7-5

如图 7-5 所示.

练习 7.3.1

利用拉氏变换表求下列函数的拉氏变换.

(1) $f(t)=t^2$;   (2) $f(t)=\cos 2t$;   (3) $f(t)=e^{-t}$;

(4) $f(t)=e^{3t}\sin 3t$;   (5) $f(t)=t^2 e^{2t}$;   (6) $f(t)=e^t-e^{-2t}$.

7.3.2 拉普拉斯变换的性质

新知识

利用拉氏变换的性质,可以更方便地求一些较为复杂的函数的拉氏变换.

性质 1 （线性性质）

设 a_1, a_2 是任意常数,且 $L[f_1(t)]=F_1(s)$, $L[f_2(t)]=F_2(s)$,则

$$L[a_1f_1(t)+a_2f_2(t)]=a_1F_1(s)+a_2F_2(s).$$

这个性质可以推广到有限个函数的情形,即

$$L\left[\sum_{k=1}^{n}a_kf_k(t)\right]=\sum_{k=1}^{n}a_kL[f_k(t)],$$

其中,$a_k(k=1, 2, \cdots, n)$为常数.

证明略.

性质 1 表明,函数线性组合的拉氏变换等于各个函数拉氏变换的线性组合.

知识巩固

例 3 求函数 $f(t)=\dfrac{1}{a}(1-\cos\omega t)$ 的拉氏变换.

解

$$L\left[\frac{1}{a}(1-\cos\omega t)\right]=\frac{1}{a}L[1]-\frac{1}{a}L[\cos\omega t]=\frac{1}{a}\cdot\frac{1}{s}-\frac{1}{a}\cdot\frac{s}{s^2+\omega^2}$$

$$=\frac{1}{as}-\frac{s}{a(s^2+\omega^2)}=\frac{s^2+\omega^2-s^2}{as(s^2+\omega^2)}=\frac{\omega^2}{as(s^2+\omega^2)}.$$

即

$$L\left[\frac{1}{a}(1-\cos\omega t)\right]=\frac{\omega^2}{as(s^2+\omega^2)}.$$

新知识

性质 2 （平移性质）

设 $L[f(t)]=F(s)$,则

$$L[e^{at}f(t)]=F(s-a)\ (s>a).$$

证明略.

性质 2 表明,$f(t)$ 乘以 e^{at} 的拉氏变换等于其象函数 $F(s)$ 平移 a 个单位.

知识巩固

例 4 求 $L[e^{-at}\sin\omega t]$.

解 因为 $L[\sin\omega t]=\dfrac{\omega}{s^2+\omega^2}$,根据平移性质,得

$$L\left[\mathrm{e}^{-at}\sin\omega t\right]=\frac{\omega}{(s+a)^2+\omega^2}.$$

同理,得

$$L\left[\mathrm{e}^{-at}\cos\omega t\right]=\frac{s+a}{(s+a)^2+\omega^2}.$$

新知识

性质 3 （延滞性质）

设 $L[f(t)]=F(s)$，则

$$L[f(t-a)]=\mathrm{e}^{-as}F(s)\ (a>0).$$

证明略.

性质 3 表明,函数 $f(t-a)$ 的拉氏变换等于 $f(t)$ 的拉氏变换乘以 e^{-as}.

知识巩固

例 5 求函数 $u(t-a)=\begin{cases}0, & t<a, \\ 1, & t\geqslant a\end{cases}(a>0)$ 的拉氏变换.

解 因为 $L[u(t)]=\dfrac{1}{s}$，由延滞性质,得

$$L[u(t-a)]=\frac{1}{s}\mathrm{e}^{-as}.$$

例 6 求 $L\left[\sin\left(t-\dfrac{\pi}{2}\right)\right]$.

解
$$L\left[\sin\left(t-\frac{\pi}{2}\right)\right]=L\left[\sin t\cos\frac{\pi}{2}-\cos t\sin\frac{\pi}{2}\right]$$
$$=-\sin\frac{\pi}{2}L[\cos t]=-\frac{s}{s^2+1}.$$

注意 $L\left[\sin\left(t-\dfrac{\pi}{2}\right)\right]$ 不能直接使用上述性质,因为 $f(t)=\sin t$,当 $t<0$ 时, $\sin t$ 不恒为零.

新知识

性质 4 （微分性质）

设 $L[f(t)]=F(s)$， $f(t)$ 在 $[0,+\infty)$ 上连续,且 $f'(t)$ 连续,则

$$L[f'(t)] = sF(s) - f(0).$$

证明略.

性质 4 表明,一个函数求导后取拉氏变换等于这个函数的拉氏变换乘以参数 s,再减去函数的初始值 $f(0)$.

同理,得

$$L[f''(t)] = sL[f'(t)] - f'(0)$$
$$= s^2 F(s) - [sf(0) + f'(0)].$$

一般地,

$$L[f^{(n)}(t)] = s^n F(s) - [s^{(n-1)}f(0) + s^{(n-2)}f'(0) + \cdots + f^{(n-1)}(0)].$$

知识巩固

例 7 利用微分性质求 $L[\sin t]$.

解 设 $f(t) = \sin t$,那么 $f(0) = 0$, $f'(t) = \cos t$, $f'(0) = 1$, $f''(t) = -\sin t$.

利用线性性质,得

$$L[f''(t)] = L[-\sin t] = -L[\sin t].$$

利用微分性质,得

$$L[f''(t)] = s^2 L[f(t)] - [sf(0) + f'(0)] = s^2 L[\sin t] - 1,$$

有

$$-L[\sin t] = s^2 L[\sin t] - 1,$$

得

$$L[\sin t] = \frac{1}{s^2 + 1}.$$

同理可得

$$L[\cos t] = \frac{s}{s^2 + 1}.$$

软件链接

利用 MATLAB 可以方便地求函数的拉氏变换,详见数学实验 7.

例如,求 $L[\sin t]$ 的操作如下:

在命令窗口中输入:

>>syms t

>>laplace(sin(x))

按 Enter 键,显示:

ans =

1/(s^2 + 1)

242

即

$$L[\sin t] = \frac{1}{s^2 + 1}.$$

练习 7.3.2

求下列各函数的拉氏变换.

(1) $f(t) = t^2 + 5t - 3$；   (2) $f(t) = 3\sin 2t - 5\cos 2t$；   (3) $f(t) = 1 + t\mathrm{e}^t$；

(4) $f(t) = u(t - 1)$；   (5) $f(t) = 2\sin^2 3t$.

7.3.3 拉普拉斯变换的逆变换

新知识

前面我们讨论了由已知函数 $f(t)$ 去求它的象函数 $F(s)$ 的问题.但在实际问题中会遇到许多与此相反的问题.

如果 $F(s)$ 是 $f(t)$ 的拉氏变换,那么把 $f(t)$ 叫作 $F(s)$ 的**拉氏逆变换**[或 $F(s)$ 的象原函数],记作 $L^{-1}[F(s)]$,即

$$f(t) = L^{-1}[F(s)].$$

例如,由 $L[\mathrm{e}^{-5t}] = \frac{1}{s+5}$ 知,$L^{-1}\left[\frac{1}{s+5}\right] = \mathrm{e}^{-5t}$.

一些简单的象函数 $F(s)$,常常要从拉氏变换表中查找得到它的象原函数 $f(t)$.

例如,$F(s) = \frac{4}{s^2 + 16}$,查看表 7-1,这里 $\omega = 4$,故

$$L^{-1}\left[\frac{4}{s^2 + 16}\right] = \sin 4t.$$

用拉氏变换表求逆变换时,经常需要结合使用拉氏逆变换的下面三个性质(证明略).

性质 1 (线性性质)

$$L^{-1}[a_1 F_1(s) + a_2 F_2(s)] = a_1 L^{-1}[F_1(s)] + a_2 L^{-1}[F_2(s)] = a_1 f_1(t) + a_2 f_2(t).$$

性质 2 (平移性质)

$$L^{-1}[F(s - a)] = \mathrm{e}^{at} L^{-1}[F(s)] = \mathrm{e}^{at} f(t).$$

性质 3 (延滞性质)

$$L^{-1}[\mathrm{e}^{-as} F(s)] = f(t - a).$$

知识巩固

例 8 求下列函数的拉氏逆变换.

(1) $F(s) = \dfrac{3s-7}{s^2}$;   (2) $F(s) = \dfrac{1}{(s-3)^3}$;   (3) $F(s) = \dfrac{3s+1}{s^2+2s+2}$.

解 (1) 由性质 1 及拉氏变换表,得

$$L^{-1}[F(s)] = L^{-1}\left[\frac{3s-7}{s^2}\right] = 3L^{-1}\left[\frac{1}{s}\right] - 7L^{-1}\left[\frac{1}{s^2}\right] = 3 - 7t.$$

(2) 由性质 2 及拉氏变换表,得

$$L^{-1}[F(s)] = L^{-1}\left[\frac{1}{(s-3)^3}\right] = e^{3t}L^{-1}\left[\frac{1}{s^3}\right] = \frac{e^{3t}}{2}L^{-1}\left[\frac{2!}{s^3}\right] = \frac{e^{3t}}{2} \cdot t^2 = \frac{1}{2}t^2 e^{3t}.$$

(3) 由性质 1、性质 2 及拉氏变换表,得

$$
\begin{aligned}
L^{-1}[F(s)] &= L^{-1}\left[\frac{3s+1}{s^2+2s+2}\right] = L^{-1}\left[\frac{3(s+1)-2}{(s+1)^2+1}\right] \\
&= L^{-1}\left[\frac{3(s+1)}{(s+1)^2+1} - \frac{2}{(s+1)^2+1}\right] \\
&= 3L^{-1}\left[\frac{s+1}{(s+1)^2+1}\right] - 2L^{-1}\left[\frac{1}{(s+1)^2+1}\right] \\
&= 3e^{-t}L^{-1}\left[\frac{s}{s^2+1}\right] - 2e^{-t}L^{-1}\left[\frac{1}{s^2+1}\right] = 3e^{-t}\cos t - 2e^{-t}\sin t.
\end{aligned}
$$

软件链接

利用 MATLAB 可以方便地求函数的拉氏逆变换,详见数学实验 7.

例如,求 $L^{-1}\left[\dfrac{3s+1}{s^2+2s+2}\right]$ 的操作如下:

在命令窗口中输入:

$>>$ syms s

$>>$ ilaplace((3 * s + 1)/(s ^ 2 + 2 * s + 2))

按 Enter 键,显示:

ans =

exp(− t) * (3 * cos(t) − 2 * sin(t))

即

$$L^{-1}\left[\frac{3s+1}{s^2+2s+2}\right] = 3e^{-t}\cos t - 2e^{-t}\sin t.$$

练习 7.3.3

求下列函数的拉氏逆变换.

(1) $F(s) = \dfrac{3}{s+3}$;　　　(2) $F(s) = \dfrac{6s}{s^2+36}$;　　　(3) $F(s) = \dfrac{2s-8}{s^2+36}$;

(4) $F(s) = \dfrac{s+3}{s^2+2s+5}$;　　　(5) $F(s) = \dfrac{s+9}{s^2+5s+6}$.

7.3.4　拉普拉斯变换的简单应用

探究

在研究电路理论和自动控制理论时,所用的数学模型多为常系数线性微分方程.下面我们通过例题来探究使用拉氏变换解线性微分方程及常系数微分方程组的问题.

例 9　求微分方程 $y'(t) + 3y(t) = 0$ 满足初始条件 $y|_{t=0} = 3$ 的解.

解　设 $L[y(t)] = Y(s)$,对微分方程两端取拉氏变换,有

$$L[y'(t) + 3y(t)] = L[0].$$

由线性性质,得　　　　　　$L[y'(t)] + 3L[y(t)] = 0,$

由微分性质,得　　　　　　$sY(s) - y(0) + 3Y(s) = 0,$

化简,整理,得　　　　　　$(s+3)Y(s) = 3,$

于是,　　　　　　　　　　$Y(s) = \dfrac{3}{s+3}.$

对上述方程两边取拉氏逆变换,得

$$y(t) = L^{-1}[Y(s)] = L^{-1}\left[\frac{3}{s+3}\right] = 3L^{-1}\left[\frac{1}{s+3}\right].$$

于是,得到方程的解为 $y(t) = 3\mathrm{e}^{-3t}$.

由例 9 看到,用拉氏变换解常系数线性微分方程的方法及步骤如下:

(1) 对微分方程两边取拉氏变换,得象函数的代数方程;

(2) 解象函数的代数方程求出象函数;

(3) 对象函数取拉氏逆变换,求出象原函数,即为微分方程的解.

知识巩固

例 10　求方程 $y''(t) + 9y(t) = 0 (t > 0)$ 满足初始条件 $y(0) = 2$, $y'(0) = 4$ 的解.

解　设 $L[y(t)] = Y(s)$,对方程两边取拉氏变换,得

$$[s^2Y(s)-sy(0)-y'(0)]+9Y(s)=0,$$

代入初始条件,得

$$s^2Y(s)-2s-4+9Y(s)=0,$$

$$Y(s)=\frac{2s+4}{s^2+9}=\frac{2s}{s^2+9}+\frac{4}{s^2+9}.$$

取拉氏逆变换,得

$$y(t)=L^{-1}[Y(s)]=2L^{-1}\left[\frac{s}{s^2+9}\right]+\frac{4}{3}L^{-1}\left[\frac{3}{s^2+9}\right],$$

于是,得到方程的解 $y(t)=2\cos 3t+\dfrac{4}{3}\sin 3t\ (t>0)$.

例 11 求方程 $y''(t)+y(t)=1$ 满足初始条件 $y(0)=y'(0)=0$ 的解.

解 设 $L[y(t)]=Y(s)$,对方程两边取拉氏变换,得

$$[s^2Y(s)-sy(0)-y'(0)]+Y(s)=\frac{1}{s},$$

$$(s^2+1)Y(s)=\frac{1}{s},$$

$$Y(s)=\frac{1}{s(s^2+1)},$$

$$=\frac{1}{s}-\frac{s}{s^2+1}.$$

取拉氏逆变换,得

$$y(t)=L^{-1}\left[\frac{1}{s}-\frac{s}{s^2+1}\right]$$

$$=1-\cos t.$$

例 12 求微分方程组 $\begin{cases}x''-2y'-x=0,\\x'-y=0\end{cases}$ 满足初始条件 $x(0)=0$, $x'(0)=1$, $y(0)=1$ 的特解.

解 设 $L[x(t)]=X(s)$, $L[y(t)]=Y(s)$.

对方程组两边取拉氏变换,得

$$\begin{cases}s^2X(s)-sx(0)-x'(0)-2[sY(s)-y(0)]-X(s)=0,\\sX(s)-x(0)-Y(s)=0.\end{cases}$$

代入初始条件,得

$$\begin{cases} (s^2 - 1) X(s) - 2sY(s) + 1 = 0, \\ sX(s) - Y(s) = 0. \end{cases}$$

解方程组,得

$$\begin{cases} X(s) = \dfrac{1}{s^2 + 1}, \\ Y(s) = \dfrac{s}{s^2 + 1}. \end{cases}$$

取拉氏逆变换,得特解为

$$\begin{cases} x(t) = \sin t, \\ y(t) = \cos t. \end{cases}$$

练习 7.3.4

1. 用拉氏变换解下列微分方程.

(1) $2\dfrac{\mathrm{d}i}{\mathrm{d}t} + 40i = 10$, $i(0) = 0$;

(2) $\dfrac{\mathrm{d}^2 y}{\mathrm{d}t^2} + \omega^2 y = 0$, $y(0) = 0$, $y'(0) = \omega$.

2. 解微分方程组 $\begin{cases} x' + x - y = \mathrm{e}^t, \\ y' + 3x - 2y = 2\mathrm{e}^t, \end{cases}$ $x(0) = y(0) = 1$.

数学实验 7　MATLAB 软件应用 4
(级数的展开、拉氏变换及其逆变换的计算)

实验目的

(1) 利用 MATLAB 软件计算函数的幂级数展开式.

(2) 利用 MATLAB 软件计算函数的傅里叶级数展开式.

(3) 利用 MATLAB 软件计算拉氏变换.

(4) 利用 MATLAB 软件计算拉氏逆变换.

实验内容

1. 幂级数展开

将一个函数展开为幂级数的命令是"taylor()",其输入格式为

视频:MATLAB
软件应用 4

$$taylor(f, n, x, a),$$

其中,n 为展开项数,缺省时展开至 5 次幂,即共 6 项;x 为自变量;a 为函数的展开点,缺省时为 0.

例 1 将函数 $f(x)=\sin x$ 展开为幂级数,写出展开至 5 次幂项.

操作 在命令窗口中输入:

>>clear;

>>syms x;

>>f = sin(x);

>>taylor(f)

按 Enter 键,显示:

ans = x - 1/6 * x ^ 3 + 1/120 * x ^ 5

即

$$\sin x = x - \frac{1}{6}x^3 + \frac{1}{120}x^5 + \cdots.$$

2. 傅里叶级数展开

到目前为止,MATLAB 中还没有专门计算傅里叶级数展开式的命令.但是,可以根据公式,使用"int"命令方便地算出傅里叶级数的系数,从而编制 M 文件,方便地将函数展开为傅里叶级数.

例 2 求函数 $y=x^2$ 在 $[-\pi, \pi]$ 上的傅里叶级数(前 7 项).

操作

(1) 建立 M 文件,以 myfourier.m 命名,代码如下:

```
function fourier = myfourier(f, n)
syms x;
fourier = int(f, x, -pi, pi)/pi/2;          %用变量 fourier 来接收 a0 的值
for i = 1:n
    a(i) = int(f * cos(i * x), -pi, pi)/pi;
    b(i) = int(f * sin(i * x), -pi, pi)/pi;
    fourier = fourier + a(i) * cos(i * x) + b(i) * sin(i * x);
end
return
```

(2) 在 MATLAB 的命令窗口中输入:

>>syms x;

>>myfourier(x ^ 2, 7)

按 Enter 键,显示:

ans = 1/3 * pi^2 − 4/49 * cos(7 * x) + 1/9 * cos(6 * x) − 4/25 * cos(5 * x) + 1/4 * cos(4 * x) − 4/9 * cos(3 * x) + cos(2 * x) − 4 * cos(x)

3. 拉氏变换及其逆变换

利用 MATLAB 软件可以求函数的拉氏变换及其逆变换,其用法如下:

(1) 求象原函数 $f(t)$ 的拉氏变换的命令为"laplace(f)";

(2) 求象函数 $F(s)$ 的拉氏逆变换的命令为"ilaplace(F)".

例 3 求 $L[\sin t]$.

操作 在命令窗口中输入:

>>syms t;

>>laplace(sin(t))

按 Enter 键,显示:

ans = 1/(s^2 + 1)

即

$$L[\sin t] = \frac{1}{s^2 + 1}.$$

例 4 求 $L^{-1}\left[\dfrac{3s + 1}{s^2 + 2s + 2}\right]$.

操作 在命令窗口中输入:

>>syms s;

>>ilaplace((3 * s + 1)/(s^2 + 2 * s + 2))

按 Enter 键,显示:

ans = 3 * exp(−t) * cos(t) − 2 * exp(−t) * sin(t)

即

$$L^{-1}\left[\frac{3s + 1}{s^2 + 2s + 2}\right] = 3e^{-t}\cos t - 2e^{-t}\sin t.$$

实验作业

1. 将函数 $f(x) = \dfrac{1}{1 - x}$ 展开为幂级数,写出展开至 6 次幂项.

2. 求函数 $f(t) = e^{2t}$ 的拉氏变换.

3. 求函数 $F(s) = \dfrac{s + 2}{s^2 - 5s + 6}$ 的拉氏逆变换.

第 7 章小结

一、基本概念

无穷级数,常数项级数,函数项级数,级数的部分和,级数收敛与发散,级数的性质,幂级数,收敛点,收敛区间,发散点,发散区间,和函数,傅里叶系数,傅里叶级数,正弦级数,余弦级数,周期延拓,拉普拉斯变换,象函数,象原函数,单位阶梯函数,狄拉克函数.

二、基础知识

1. 级数

(1) 级数判断敛散性时,先求级数 $\displaystyle\sum_{n=1}^{\infty}u_n$ 的前 n 项之和 $S_n=u_1+u_2+u_3+\cdots+u_n$,再取极限,即

$$\lim_{n\to\infty}S_n=s,$$

那么,就称级数 $\displaystyle\sum_{n=1}^{\infty}u_n$ **收敛**,并把极限值 s 叫作这个**级数的和**.

(2) 使函数项级数 $\displaystyle\sum_{n=1}^{\infty}u_n(x)$ 收敛的点 x_0 叫作级数的**收敛点**,使函数项级数 $\displaystyle\sum_{n=1}^{\infty}u_n(x)$ 发散的点 x_0 叫作级数的**发散点**.所有收敛点的集合叫作级数的**收敛区间**,所有发散点的集合叫作级数的**发散区间**.

(3) 等比级数 $\displaystyle\sum_{n=1}^{\infty}a_1q^{n-1}$,当 $|q|<1$ 时,级数收敛,其和为 $\dfrac{a_1}{1-q}$;当 $|q|\geqslant 1$ 时,级数发散.

(4) 对于幂级数 $\displaystyle\sum_{n=0}^{\infty}a_nx^n$,设 $a_n\neq 0$,如果 $\displaystyle\lim_{n\to\infty}\left|\dfrac{a_{n+1}}{a_n}\right|=\rho$,那么

① 当 $0<\rho<+\infty$ 时,收敛半径 $R=\dfrac{1}{\rho}$;

② 当 $\rho=0$ 时,收敛半径 $R=+\infty$;

③ 当 $\rho=+\infty$ 时,收敛半径 $R=0$.

(5) 周期为 2π 的函数 $f(x)$ 的傅里叶级数展开式为

$$f(x)=\frac{a_0}{2}+\sum_{n=1}^{\infty}(a_n\cos nx+b_n\sin nx),$$

其中,

$$a_0=\frac{1}{\pi}\int_{-\pi}^{\pi}f(x)\mathrm{d}x,$$

$$a_n=\frac{1}{\pi}\int_{-\pi}^{\pi}f(x)\cos nx\,\mathrm{d}x\ (n=1,2,3,\cdots),$$

$$b_n=\frac{1}{\pi}\int_{-\pi}^{\pi}f(x)\sin nx\,\mathrm{d}x\ (n=1,2,3,\cdots).$$

(6) 周期为 $2l$ 的函数 $f(x)$ 的傅里叶级数展开式为

$$f(x) = \frac{a_0}{2} + \sum_{n=1}^{\infty} \left(a_n \cos \frac{n \pi x}{l} + b_n \sin \frac{n \pi x}{l} \right),$$

其中，

$$a_0 = \frac{1}{l} \int_{-l}^{l} f(x) \mathrm{d}x,$$

$$a_n = \frac{1}{l} \int_{-l}^{l} f(x) \cos \frac{n \pi x}{l} \mathrm{d}x \quad (n = 1, 2, 3, \cdots),$$

$$b_n = \frac{1}{l} \int_{-l}^{l} f(x) \sin \frac{n \pi x}{l} \mathrm{d}x \quad (n = 1, 2, 3, \cdots).$$

（7）利用 MATLAB 软件判断级数是否收敛、求函数的幂级数展开式、计算函数的傅里叶系数的方法.

2. 拉普拉斯变换

（1）常用拉氏变换表（表 7-1）.

（2）拉氏变换的性质：

性质 1（线性性质）　设 a_1，a_2 是任意常数，且 $L[f_1(t)] = F_1(s)$，$L[f_2(t)] = F_2(s)$，则

$$L[a_1 f_1(t) + a_2 f_2(t)] = a_1 F_1(s) + a_2 F_2(s).$$

性质 2（平移性质）　设 $L[f(t)] = F(s)$，则

$$L[\mathrm{e}^{at} f(t)] = F(s - a)(s > a).$$

性质 3（延滞性质）　设 $L[f(t)] = F(s)$，则

$$L[f(t - a)] = \mathrm{e}^{-as} F(s)(a > 0).$$

性质 4（微分性质）　设 $L[f(t)] = F(s)$，$f(t)$ 在 $[0, +\infty)$ 上连续，且 $f'(t)$ 连续，则

$$L[f'(t)] = sF(s) - f(0).$$

（3）拉氏逆变换的性质：

性质 1（线性性质）

$$L^{-1}[a_1 F_1(s) + a_2 F_2(s)] = a_1 f_1(t) + a_2 f_2(t) \ (a_1, a_2 \ \text{为常数}).$$

性质 2（平移性质）

$$L^{-1}[F(s - a)] = \mathrm{e}^{at} L^{-1}[F(s)] = \mathrm{e}^{at} f(t).$$

性质 3（延滞性质）

$$L^{-1}[\mathrm{e}^{-as} F(s)] = f(t - a).$$

（4）利用 MATLAB 软件计算拉氏变换及其逆变换的方法.

三、核心能力

（1）利用定义判断简单级数的敛散性.

（2）求解幂级数的收敛半径与收敛区间.

（3）将周期函数展开成傅里叶级数.

（4）利用拉氏变换求解常系数线性微分方程.

（5）应用 MATLAB 软件进行本章相关问题的计算.

阅 读材料

药物在体内的残留量

患有某种心脏病的病人经常要服用洋地黄毒苷（digitoxin）.洋地黄毒苷在体内的清除速度与体内洋地黄毒苷的药量成正比.一天（24 h）大约有 10% 的药物被清除.假设每天给某病人 0.05 mg 的维持剂量，试估算治疗几个月后该病人体内的洋地黄毒苷的总量.

我们给病人 0.05 mg 的初始剂量，一天后有 0.05 mg 的 10% 被清除，体内残留的药量为 0.90×0.05 mg；两天后，体内残留的药量为 $0.90^2 \times 0.05$ mg；如此下去，n 天后，体内残留的药量为 $0.90^n \times 0.05$ mg，如图 7-6 所示.显然，随着时间的增加，初始剂量呈指数衰减.

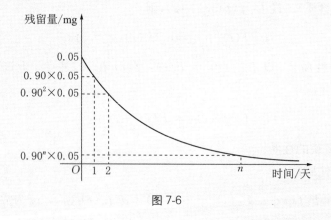

图 7-6

每次给药的时候，都需要确定洋地黄毒苷在体内的累积残留量.注意到，在第二次给药时，体内的药量为第二次给药的剂量 0.05 mg 加上第一次给药后此时在体内的残留量 0.90×0.05 mg；在第三次给药时，体内的药量为第三次给药的剂量 0.05 mg 加上第一次给药后此时在体内的残留量和第二次给药后此时在体内的残留量；在任何一次重新给药时,体内的药量为此次给药的剂量 0.05 mg 加上以前历次给药后此时在体内的残留量,见表 7-2.

表 7-2

初始给药后的天数	体内洋地黄毒苷的总量/mg
0	0.05
1	$0.05 + 0.90 \times 0.05$
$\vdots$	$\vdots$
n	$0.05 + 0.90 \times 0.05 + 0.90^2 \times 0.05 + \cdots + 0.90^n \times 0.05$

可以看到,每一次重新给药时,体内的药量是等比级数

$$0.05 + 0.90 \times 0.05 + 0.90^2 \times 0.05 + 0.90^3 \times 0.05 + \cdots$$

的部分和.故级数的和为

$$\frac{a}{1-q} = \frac{0.05}{1-0.90} = \frac{0.05}{0.10} = 0.50.$$

所以,每天给病人 0.05 mg 的药物维持剂量,将最终使病人体内的洋地黄毒苷水平达到一个 0.50 mg 的"坪台".当我们要将"坪台"降低 10%,即坪台水平达到

$$0.90 \times 0.50 \text{ mg} = 0.45 \text{ mg}$$

时,就需要调整维持剂量.在药物的治疗中,这是一项非常重要的技术.

附录

附录
MATLAB 软件的常用命令

类　　型	名　　称	功　　　　能
管理命令和函数	help	在线帮助文件
	type	列出 M 文件
	path	控制 MATLAB 的搜索路径
管理变量和 工作空间	exit	关闭 MATLAB
	quit	退出 MATLAB
	load	从磁盘文件中调入变量
	save	保存工作空间变量
	clear	从内存中清除变量和函数
	workplace	工作内存浏览器
与文件和操作系 统有关的命令	cd	改变当前工作目录
	dir	目录列表
	delete	删除文件
控制命令窗口	clc	清除命令窗口中的所有内容
	more	在命令窗口中控制分页输出
数据基本 操作函数	max	求最大元素
	min	求最小元素
	mean	求平均值
	sum	求元素和
	gcd	求最大公约数
	lcm	求最小公倍数
操作符和特殊字符	＋	加
	－	减
	＊	乘
	．＊	数组乘
	∧	幂
	．∧	数组幂
	\\	左除或反斜杠
	/	右除或斜杠
	./	数组除
	:	冒号
	（ ）	圆括号

类　　　型	名　称	功　　　　能
操作符和特殊字符	[]	方括号
	.	小数点
	..	父目录
	…	继续
	,	逗号
	;	分号
	%	注释
	!	感叹号
	'	转置或引用
	=	赋值
	==	相等
	＜	小于
	＞	大于
	＜＝	小于或等于
	＞＝	大于或等于
三角函数	sin	正弦
	cos	余弦
	tan	正切
	cot	余切
指数函数	exp	指数
	log	自然对数
	log10	常用对数
	sqrt	平方根
数值函数	round	向最近的整数取整
	simple	化简符号解
	abs	求绝对值
	vpa(y, n)	求数值 y 保留 n 个有效数字的近似值
基本矩阵函数	zeros	零矩阵
	ones	全"1"矩阵
	eye	单位矩阵

类 型	名 称	功 能
特殊变量和常数	ans	当前的答案
	eps	相对浮点精度
	pi	圆周率
	inf	无穷大
	NaN	非数值
	version	MATLAB 版本号
时间和日期	date	获取当前系统时间
多项式函数	roots	求多项式根
建立和控制图形窗口	figure	建立图形窗口
	clf	清除图对象
	close	关闭图形
	subplot	创建子图
建立和控制坐标系	axis	控制坐系的刻度和形式
	hold	保持当前图形
基本二维图形绘制函数	plot	二维曲线图形
	fplot	绘图函数
基本三维图形绘制函数	plot3	三维直角坐标曲线图
	mesh	三维网线图
	surf	三维表面图
三维图形绘制中轴的控制	box	坐标形式在封闭式和开启式之间切换
	grid	画坐标网格线
图形注释	title	图形标题
	xlabel	x 轴标记
	ylabel	y 轴标记
	text	文本注释
	gtext	用鼠标放置文本
	grid	网格线
MATLAB 编程语言	function	增加新的函数
程序控制流	if	条件执行语句
	else	与 if 命令配合使用

类　　型	名　　称	功　　能
程序控制流	elseif	与 if 命令配合使用
	end	for，while 和 if 语句的结束
	for	重复执行指定次数（循环）
	while	重复执行不定次数（循环）
	break	终止循环的执行
	return	返回引用的函数
字符串比较	strcmp	比较字符串
	upper	变字符串为大写
	lower	变字符串为小写

[1] 华罗庚.数学知识竞赛五讲[M].北京:北京出版社,2020.

[2] 王亚凌,廖建光.高等数学:课程思政改革版[M].北京:北京理工大学出版社,2019.

[3] 李昕.MATLAB数学建模[M].北京:清华大学出版社,2017.

[4] 同济大学数学系.高等数学:上册[M].7版.北京:高等教育出版社,2014.

[5] 同济大学数学系.高等数学:下册[M].7版.北京:高等教育出版社,2014.

[6] 周誓达,熊亦净,郭才顺.高等数学[M].北京:中国人民大学出版社,2010.

[7] 胡蓉.MATLAB软件与数学实验[M].北京:经济科学出版社,2010.

[8] 谢进,李大美.MATLAB与计算方法实验[M].武汉:武汉大学出版社,2009.

[9] 黄炜.工程数学[M].北京:高等教育出版社,2008.

[10] 颜文勇,柯善军.高等应用数学[M].北京:高等教育出版社,2004.

[11] 李广全.高等数学[M].天津:天津大学出版社,2004.